HEYNE
BÜCHER

Das Buch

Als im Oktober 1991 vor Neufundland ein Jahrhundertsturm ausbricht, wird der Schwertfischfänger *Andrea Gail* für seine sechsköpfige Besatzung zur tödlichen Falle. Ein Wind mit Geschwindigkeiten von mehr als 160 km/h peitscht das Meer zu über 30 Meter hohen Wellen auf und läßt dem Schiff keine Chance. Minutiös rekonstruiert Sebastian Junger den Untergang des Fischerbootes aus den Daten der Küstenwache und aus Berichten anderer Seeleute, die ähnliche Situationen überlebten. Er beschreibt die gewaltigen Kräfte der Natur, die Ängste und Hoffnungen der sechs Männer und ihren grausamen Tod.

Doch das Buch ist mehr als ein Katastrophenbericht. Junger erzählt auch vom ganz normalen Leben der Fischer auf See und an Land, in Gloucester, dem Heimathafen der *Andrea Gail*. Er berichtet vom »Nest«, der Kneipe, in der die Seeleute zwischen ihren einmonatigen Fangfahrten sieben Tage lang exzessiv den Landurlaub feiern, von der Fisch- und Werftindustrie, und vor allem von den Beziehungen der Menschen zueinander, von den Ehefrauen und Freundinnen der Fischer und den Träumen und Wünschen der Menschen an der Küste.

Sebastian Jungers Bericht wurde von Regisseur Wolfgang Petersen mit George Clooney und Mark Wahlberg in den Hauptrollen verfilmt.

»Junger gelingt ein Reportage-Amalgam aus dem Arbeitsalltag der Fischer, den physikalischen Gesetzen von Wind und Wellen, den Abläufen einer Seerettung und der Sozialgeschichte von Gloucesters Hafenbars.«

Der Spiegel

Der Autor

Sebastian Junger wurde 1962 in Belmont/Massachusetts geboren und arbeitete vor seinem Romandebüt als Journalist, insbesondere als Kriegsberichterstatter. Während der Sturm tobte, lebte Junger gerade in Gloucester, dem Heimathafen des verunglückten Fischerbootes, dessen Untergang er beschreibt. In den USA wurde der Wahl-New-Yorker mit seinem Erstlingswerk »Der Sturm« über Nacht zum Shootingstar. Zur Zeit ist er wieder als Journalist tätig.

SEBASTIAN JUNGER

DER STURM

Die letzte Fahrt der *Andrea Gail*

Das Buch zum Film

Aus dem Englischen
von Eckhard Kiehl

WILHELM HEYNE VERLAG
MÜNCHEN

HEYNE ALLGEMEINE REIHE
Band-Nr. 01/20056

Die Originalausgabe
»THE PERFECT STORM.
A True Story of Men Against the Sea«
erschien bei W. W. Norton & Company, Inc., New York

Umwelthinweis:
Dieses Buch wurde auf chlor- und säurefreiem Papier gedruckt.

Taschenbuchausgabe 7/2000

Wilhelm Heyne Verlag GmbH & Co. KG, München
Printed in Germany 2000

Umschlaggestaltung: Nele Schütz Design, München
Satz: Schaber Satz und Datentechnik, Wels
Druck und Bindung: Elsnerdruck, Berlin

ISBN: 3-453-17873-4
http://www.heyne.de

Dieses Buch ist meinem Vater gewidmet,
der mich als erster mit der See
bekannt machte.

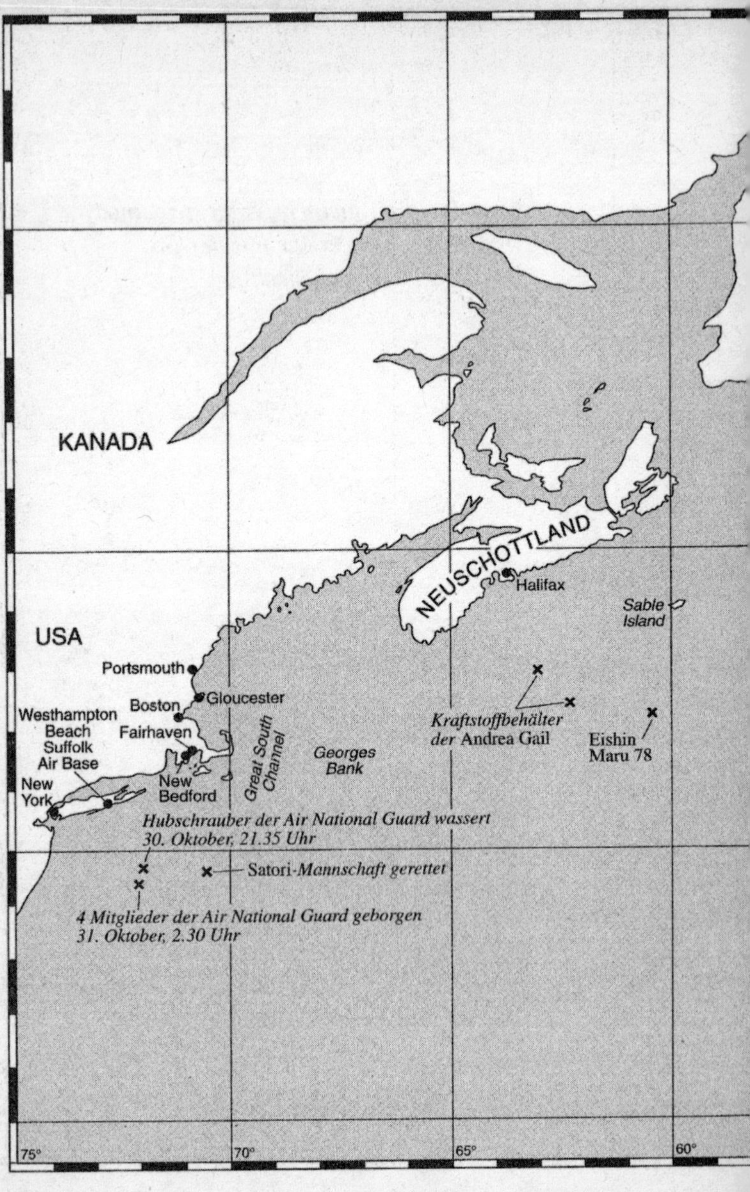

KANADA
NEUSCHOTTLAND
Halifax
Sable Island
USA
Portsmouth
Gloucester
Boston
Westhampton Beach Suffolk Air Base
Fairhaven
New York
New Bedford
Great South Channel
Georges Bank
Kraftstoffbehälter der Andrea Gail
Eishin Maru 78
Hubschrauber der Air National Guard wassert 30. Oktober, 21.35 Uhr
Satori-Mannschaft gerettet
4 Mitglieder der Air National Guard geborgen 31. Oktober, 2.30 Uhr
75°
70°
65°
60°

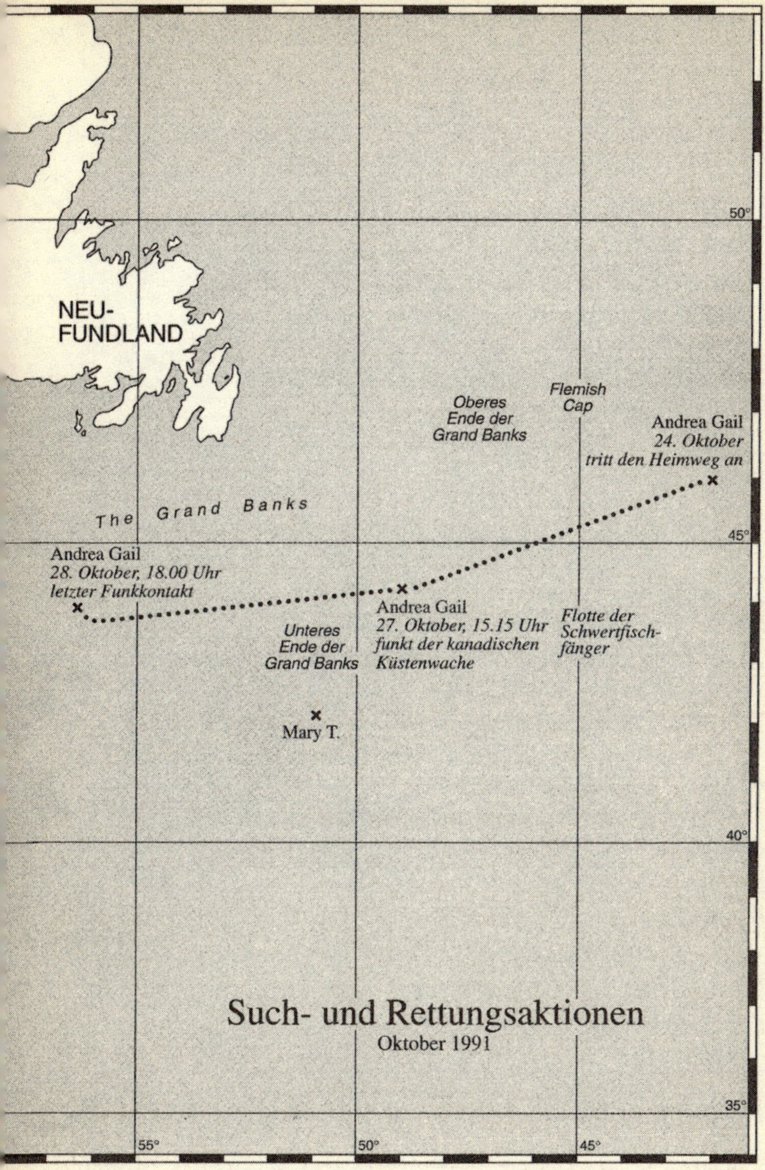
NEU-
FUNDLAND
The Grand Banks
Oberes
Ende der
Grand Banks
Flemish
Cap
Andrea Gail
24. Oktober
tritt den Heimweg an
Andrea Gail
28. Oktober, 18.00 Uhr
letzter Funkkontakt
Andrea Gail
27. Oktober, 15.15 Uhr
funkt der kanadischen
Küstenwache
Flotte der
Schwertfisch-
fänger
Unteres
Ende der
Grand Banks
Mary T.
50°
45°
40°
35°
55°
50°
45°
Such- und Rettungsaktionen
Oktober 1991

Inhalt

Vorwort

Bei dem Versuch, die letzten Tage von sechs Männern zu rekonstruieren, die spurlos auf See verschwanden, ergaben sich für mich einige Probleme. Einerseits wollte ich ein völlig auf Tatsachen beruhendes Buch schreiben, das als ein Stück Journalismus für sich bestehen konnte. Andererseits wollte ich aber auch nicht, daß die Erzählung unter einer Masse von technischen Details und Vermutungen erstickt. Ich spielte mit dem Gedanken, für kleinere Teile der Geschichte – Gespräche, persönliche Vorstellungen, tägliche Routinehandlungen – eine dichterische Darstellung zu wählen, um das Ganze lesbarer zu machen, aber damit riskierte ich, den Wert der Tatsachen, die ich herausfinden konnte, herabzusetzen. Es lief schließlich darauf hinaus, daß ich mich streng an die Fakten hielt, dabei aber den Bogen soweit spannte wie möglich. Wenn ich schon nicht genau wissen konnte, was sich zum Beispiel an Bord des dem Untergang geweihten Schiffes zugetragen hatte, dann befragte ich Menschen, die sich in einer ähnlichen Situation befunden und überlebt hatten.

Folglich enthält das Buch verschiedene Arten von Informationen. Alles, was in Anführungszeichen steht, wurde von mir in einem offiziellen Interview aufgezeichnet, entweder persönlich oder am Telefon, und wurde nur insoweit verändert, als dies aus Gründen der Grammatik oder des besseren Verständnisses wegen erforderlich schien. Alle anderen Gespräche beruhen auf der Erinnerung noch lebender Zeugen und sind in Dialogform ohne Anführungszeichen wiedergegeben. Kein einziges Gespräch wurde erfunden. Sprechfunkkontakte sind ebenfalls nach der Erinnerung der Beteiligten aufgezeichnet und im Text kursiv gesetzt. Zitate aus veröffentlichtem Material erscheinen ebenfalls in Kursivdruck, wenn auch gelegentlich etwas gekürzt, damit sie sich besser in den Text einfügen. Die technischen Erklärungen zur Meteorologie, Wellenbewegung, Schiffsstabilität usw. beruhen auf eigenen Nachforschungen in Bibliotheken und sind im einzelnen nicht belegt, wenn ich mich auch veranlaßt sehe, William G. Van Dorns *Oceanography and Seamanship* als ein umfassendes und ungeheuer lesenswertes Buch über Schiffe und das Meer zu empfehlen.

Kurz gesagt, ich habe einen so vollständigen Bericht wie möglich über etwas geschrieben, worüber wir nie alles werden erfahren können. Es ist jedoch gerade das unbekannte Element, das das Schreiben dieses Buches für den Autor so interessant gemacht hat und das es, so hoffe ich, auch für den Leser interessant machen wird. Ich hatte einige Bedenken, es *The Perfect Storm* zu nennen, kam aber schließlich zu der Überzeugung, daß die Absicht deutlich genug war. Ich verwende das Wort *perfect* hier in meteorologischem Sinne: ein Sturm, der nicht schlimmer hätte sein können. Ganz bestimmt bedeutet das keine Respektlosigkeit gegenüber den Männern, die ihr Leben auf See gelassen haben, oder gegenüber denen, die immer noch um sie trauern.

Meine eigenen Erfahrungen mit diesem Sturm beschränken sich darauf, daß ich von der Küste Gloucesters aus zehn Meter hohe Wellen auf Cape Ann habe hereinstürmen sehen, aber mehr war auch nicht nötig. Am nächsten Tag las ich in der Zeitung, man befürchte den Verlust eines Fischerbootes aus Gloucester, und ich schnitt die Meldung aus und legte sie in eine Schublade. Ohne es zu wissen, hatte ich begonnen, *The Perfect Storm* zu schreiben.

Georges Bank, 1896

An einem Mittwintertag, vor der Küste von Massachusetts, entdeckte die Mannschaft eines Makrelenschoners eine Flaschenpost. Der Schoner befand sich auf Position der Georges Bank, einem der gefährlichsten Fischgründe der Welt, und eine Flasche mit einer Botschaft darin ließ Schlimmes vermuten. Ein Matrose fischte sie aus dem Wasser, das Seegras wurde entfernt, und der Kapitän entkorkte die Flasche und wandte sich an die versammelte Mannschaft: »Treiben im Gebiet der Georges Bank, haben Ankertrosse und Ruder verloren, Schiff leck. Zwei Mann über Bord gegangen, und wir sind alle verloren, weil die Ankertrosse weg ist und das Ruder auch. Wer dies findet, soll es bekanntmachen. Herr, erbarme Dich unser.«

Die Nachricht stammte von der *Falcon,* einem Boot, das ein Jahr zuvor aus Gloucester ausgelaufen war. Man hatte nie mehr etwas von ihr gehört. Ein Boot ohne Ruder, dessen Ankertrosse im Seegebiet der Georges Bank bricht, treibt hilflos auf der Seite liegend vor dem Wind, bis es ins Flachwasser gerät und von der Brandung in Stücke geschlagen wird. Ein Besatzungsmitglied der *Falcon* mußte sich unter der Back gegen eine Koje gestemmt und im Licht einer schwankenden Laterne wie ein Besessener geschrieben haben. Dies war das Ende und bestimmt hatte es jeder an Bord gewußt. Wie verhalten sich Männer auf einem sinkenden Schiff? Klammern sie sich aneinander? Lassen sie die Wiskyflasche herumgehen? Weinen sie?

Dieser Mann schrieb; auf einem Fetzen Papier hielt er fest, was für zwanzig Männer auf dieser Welt die letzten Augenblicke waren. Dann korkte er die Flasche zu und warf sie über Bord. Wir haben nicht die geringste Chance, mußte er gedacht haben. Und dann ging er wieder unter Deck. Er atmete tief ein. Er versuchte, sich zu beruhigen. Er wappnete sich gegen den ersten Angriff der See.

Gloucester, Mass., 1991

Das ist kein Fisch, den Ihr kauft,
es sind Menschenleben.

SIR WALTER SCOTT,
Der Antiquar, Kapitel 11

Ein sanfter Herbstregen rieselt durch die Bäume, und der Geruch des Ozeans ist so stark, daß man ihn fast auf der Zunge schmecken kann. Lastwagen rumpeln die Rogers Street entlang, und Männer, die mit Fischblut befleckte T-Shirts tragen, rufen einander von Boot zu Boot etwas zu. Unter ihnen steigt der Ozean an dem schwarzen Pfahlwerk empor und fällt dann mit saugendem Geräusch bis dahin zurück, wo sich die Entenmuscheln festgesetzt haben. Bierdosen und Styroporstücke bewegen sich mit dem Wasser auf und ab, und kleine Lachen von ausgelaufenem Dieselkraftstoff wogen wie riesige irisierende Quallen. Die Boote dümpeln und reiben sich ächzend an ihren Leinen, und klagend schreien Möwen, lassen sich nieder und beklagen sich erneut. Auf der anderen Seite der Rogers Street durch den rückwärtigen Eingang des »Crow's Nest Inn« hindurch, die Zementtreppe hinauf, den teppichbelegten Gang entlang und hinter einer der Türen zur Linken findet man, ausgestreckt auf einem Doppelbett in Zimmer 27 und zugedeckt mit einem Laken, den schlafenden Bobby Shatford.

Er hat ein blaues Auge. Bierdosen und die Verpackungen irgendwelcher Lebensmittel liegen verstreut im

Raum, und aus einem Seesack quellen T-Shirts, Flanellhemden und Bluejeans heraus. Neben ihm schläft seine Freundin Christina Cotter. Sie ist eine attraktive Frau Anfang Vierzig mit rostrotem Haar und einem energischen, schmalen Gesicht. Im Zimmer stehen ein Fernseher, eine niedrige Kommode mit einem Spiegelaufsatz sowie ein Stuhl von dem Typ, wie man ihn in Universitätscafeterias findet. Der Kunststoffbezug hat einige Brandlöcher von Zigaretten. Das Fenster geht hinaus auf die Rogers Street, wo Lastwagen vorsichtig in die Parkbuchten der Fischfabriken hineinmanövrieren.

Es regnet immer noch. Auf der anderen Straßenseite befindet sich die *Rose Marine,* wo die Fischerboote ihren Treibstoff übernehmen, und jenseits eines kleinen Wasserarms liegt die staatliche Fischpier, wo sie ihren Fang ausladen. Die Staatspier ist im wesentlichen ein riesiger Parkplatz auf einem Pfahlfundament, und am hinteren Ende, jenseits eines weiteren Wasserarms, befinden sich eine Bootswerft und ein kleiner Park, in dem Mütter ihre Kinder spielen lassen. Jenseits des Parks, an der Ecke der Haskell Street, steht ein elegantes Backsteinhaus, das von dem berühmten Bostoner Architekten Charles Bulfinch entworfen wurde. Ursprünglich stand es einmal an der Ecke Washington und Summer Street in Boston, aber im Jahre 1850 wurde es vom Fundament gehoben, auf einen Prahm geladen und nach Gloucester transportiert. In diesem Haus zog Bobbys Mutter Ethel vier Söhne und zwei Töchter groß. Seit vierzehn Jahren arbeitet sie tagsüber hinter der Bar des »Crow's Nest«. Ethels Großvater war Fischer, und ihre beiden Töchter gingen regelmäßig mit Fischern aus, und alle vier Söhne hatten zu irgendeinem Zeitpunkt mit der

Fischerei zu tun. Die Mehrzahl ist immer noch dabei.

Die Fenster des »Crow's Nest« gehen nach Osten hinaus, in Richtung des anbrechenden Tages, auf eine Straße, die schon im Morgengrauen von Kühlwagen befahren wird. Gäste neigen nicht dazu, lange zu schlafen. Gegen acht Uhr müht Bobby Shatford sich, wach zu werden. Er hat flachsblonde Haare, hohle Wangen und einen sehnigen Körper, dem anzusehen ist, daß ihm Arbeit nicht fremd ist. In wenigen Stunden muß er sich an Bord der *Andrea Gail* einfinden, einem auf Schwertfischfang spezialisierten Boot, das zu einer einmonatigen Reise zu den Grand Banks auslaufen wird. Er könnte mit 5000 Dollar in der Tasche zurückkehren; er könnte aber auch nie mehr wiederkommen. Draußen regnet es immer noch. Chris gibt ein leises Stöhnen von sich, öffnet die Augen und blinzelt zu ihm hoch. Eins von Bobbys Augen hat die Farbe einer überreifen Pflaume.

Hab' ich das gemacht?

Ja.

Mein Gott.

Sie betrachtet sein Auge einen Moment lang. Wie konnte ich da hochlangen?

Sie rauchen eine Zigarette. Dann ziehen sie sich an und tappen nach unten. Eine eiserne Feuerschutztür führt auf ein dunkles Seitengäßchen. Sie stoßen sie auf und gehen zum Eingang auf der Rogers Street. Das »Crow's Nest« ist ein Gebäude im nachgemachten Tudor-Stil, das sich über den ganzen Häuserblock erstreckt, und liegt gegenüber der Fischfabrik J. B. Wright und der *Rose Marine*. Es heißt, das Spiegelglasfenster auf der Vorderseite sei das größte Barfenster in der ganzen Stadt. Das ist schon etwas Besonderes in einer Stadt, in der man derartige Fenster klein zu halten pflegt, damit Gäste nicht hindurch geworfen werden können. Es gibt einen alten Billardtisch, ein Münztelefon in der Nähe der Tür und eine hufeisenförmige Theke. Das Budweiser kostet einen Dollar und fünfundsiebzig Cent, aber häufig findet sich ein Fischer, der gerade von See zurück ist und das ganze Lokal einlädt. Geld rinnt einem Fischer durch die Finger wie Wasser durch ein Netz; ein Stammgast machte einmal eine Zeche von 4000 Dollar in einer Woche.

Bobby und Chris kommen herein und sehen sich um. Ethel steht hinter der Bar, und ein paar Frühaufsteher halten sich bereits an einer Bierflasche fest. Einer von Bobbys Bordkameraden, Bugsy Moran, sitzt an der Bar; er macht einen etwas angeschlagenen Eindruck. Rauhe Nacht gehabt, was? sagt Bobby. Bugsy brummt nur. Sein richtiger Name ist Michael. Er hat ungebändigte, lange Haare und gilt als etwas verrückt; alle Leute in der Stadt mögen ihn. Chris lädt ihn ein, mit ihnen frühstücken zu gehen, und Bugsy rutscht von seinem Hocker herunter und folgt ihnen durch die Tür hinaus in den Regen. Sie steigen in Chris' 20 Jahre alten Volvo, fahren zur »White Hen Pantry« und schlurfen hinein, mit blutunterlaufenen Augen und pochenden Schädeln. Sie kaufen Sandwiches und billige Sonnenbrillen und treten wieder hinaus ins Grau des Tages. Chris fährt zum »Nest« zurück, wo sie ein weiteres Besatzungsmitglied der Andrea Gail, den 30 Jahre alten Dale Murphy, auflesen und dann alle zur Stadt hinausfahren.

Dale wird im allgemeinen nur »Murph« genannt; er ist ein Bär von einem Kerl und kommt aus Bradenton,

Florida. Er hat zottige schwarze Haare, einen dünnen Bart und schrägstehende, fast mongolische Augen; viele Blicke folgen ihm, wenn er durch die Stadt geht. Er hat einen drei Jahre alten Sohn, der ebenfalls Dale heißt und den er offensichtlich über alles lieht. Seine Exfrau, Debra, war dreimal Boxchampion der Frauen von Südwestflorida, und so müßte eigentlich aus dem jungen Dale ein Boxer werden. Bevor er wieder hinausfährt, will Murph ihm ein paar Spielsachen kaufen, und Chris fährt die drei Männer zum Einkaufscenter am Good Harbor Beach. Sie gehen ins Ames hinein, und Bobby und Bugsy besorgen sich noch extra Thermounterwäsche und Sweatshirts für die Fahrt, und Murph schlendert durch die Gänge und füllt seinen Einkaufswagen mit Tonka-Autos, Feuerwehrhelmen und Strahlenpistolen. Als der Wagen überzuquellen droht, bezahlt er das Ganze, und dann steigen sie alle wieder ins Auto und fahren zum »Nest« zurück. Murph steigt aus, und die anderen drei beschließen, zur »Green Tavern« weiterzufahren, die gerade um die Ecke liegt, und dort noch etwas zu trinken.

Die »Green Tavern« sieht aus wie eine kleinere Ausgabe des »Nest«, ganz aus Backstein und Holzimitat. Auf der anderen Straßenseite liegt eine weitere Bar, die »Bill's« heißt; diese drei Bars bilden sozusagen das Bermudadreieck im Zentrum von Gloucester. Chris und Bugsy und Bobby gehen hinein, setzen sich an die Bar und bestellen eine Runde Bier. Der Fernseher läuft, sie gucken ohne größeres Interesse auf den Bildschirm und reden über die kommende Fahrt und wie sie letzte Nacht im »Nest« die Sau rausgelassen haben. Die Nachwirkungen der durchzechten Stunden legen sich allmählich. Sie trinken noch eine Runde, und nach ungefähr einer halben Stunde kommt Bobbys Schwester Mary Anne herein. Sie ist eine großgewachsene Blondine, die die Söhne einiger ihrer Freundinnen ins Schwärmen geraten läßt, aber sie hat eine so sachliche Art an sich, die Bobby immer Respekt eingeflößt hat. O Scheiße, flüstert er, sie kommt.

Er versteckt das Bier hinter seinem Arm und zieht die Sonnenbrille vor sein blaues Auge. Mary Anne tritt zu ihnen. Hältst du mich für blöd? fragt sie. Bobby zieht das Bier aus seinem Versteck. Sie betrachtet sein Auge. Hübsches Ding, sagt sie.

Kleine Auseinandersetzung.

Verstehe.

Jemand bestellt ihr eine Weinschorle, und sie nimmt einen kleinen Schluck. Ich wollt' mich nur vergewissern, daß du auch rechtzeitig an Bord gehst, sagt sie. Du solltest so früh am Morgen noch nicht trinken.

Bobby ist ein großer, robuster Bursche. Als Kind war er kränklich – er hatte einen Zwillingsbruder, der ein paar Wochen nach der Geburt starb –, aber mit den Jahren wurde er immer kräftiger. Fast jede Woche spielte er als Mitglied einer zusammengewürfelten Mannschaft Football, wobei es selten ohne Knochenbrüche abging. In seinen Jeans und dem Kapuzen-Sweatshirt sieht er so sehr wie ein typischer Fischer aus, daß er einem Fotografen einmal als Modell für eine Postkarte vom Hafen diente. Und dennoch, Mary Anne ist seine ältere Schwester, und er hat keine Chance, ihr zu widersprechen.

Chris liebt dich, sagt er plötzlich. Und ich auch.

Mary Anne weiß nicht, wie sie darauf reagieren soll. In letzter Zeit hat sie sich über Chris geärgert – wegen des vielen Trinkens, wegen des blauen Auges –, aber

Bobbys Aufrichtigkeit hat sie verwirrt. So etwas hat er bisher nie zu ihr gesagt. Sie bleibt so lange, bis sie ihre Schorle ausgetrunken hat, und verläßt dann das Lokal.

Als Chris Cotter das »Crow's Nest« zum ersten Mal zu Gesicht bekam, schwor sie sich, daß sie niemals hineingehen würde; es lag einfach zu weit unten auf einem Weg im Leben, den sie nicht gehen wollte. Sie war jedoch mit Mary Anne Shafford befreundet, und eines Tages zog Mary Anne sie einfach mit durch die schwere Holztür und machte sie mit allen bekannt. Es gefiel ihr: Ganz selbsverständlich luden die Gäste einander zu Drinks ein, und Ethel kochte von Zeit zu Zeit einen großen Topf Fischsuppe, und bevor sich Chris noch darüber im klaren war, gehörte sie zu den Stammgästen. Eines Abends fiel ihr ein großgewachsener junger Mann auf, der zu ihr herüberstarrte, und sie wartete darauf, daß er zu ihr an den Tisch käme, aber das tat er nicht. Er hatte ein straffes, hageres Gesicht, breite Schultern und einen etwas schüchternen Ausdruck in den Augen, der sie an Bob Dylan erinnerte. Die Augen allein reichten schon. Er sah weiterhin zu ihr herüber, blieb jedoch an seinem Platz sitzen; schließlich stand er auf und ging zur Tür.

Wohin willst du denn? fragte sie und versperrte ihm den Weg.

In den »Mariner«!

Der »Irish Mariner« lag praktisch nebenan und nach Chris' Ansicht wirklich auf dem Weg zur Hölle. Da hin wechsle ich nicht, dachte Chris, ich bin im »Nest« und das reicht; der »Mariner« ist das allerletzte. Und so verschwand Bobby Shatford für einen Monat lang aus ihrem Leben. Erst am Silvesterabend bekam sie ihn wieder zu Gesicht.

»Ich sitze da also im ›Nest‹«, sagt sie, »und er steht hinter der Bar, und das Lokal ist gerammelt voll und fast am Kochen, und es geht langsam auf Mitternacht zu, und schließlich kommen Bobby und ich ins Gespräch und gehen zu einer anderen Party. Ich blieb bei ihm, und schließlich schleppte ich ihn ab und brachte ihn zu mir nach Hause, und dann machten wir es, voll wie wir waren, und ich erinnere mich, wie ich am nächsten Morgen aufwachte und ihn ansah und dachte, oh, mein Gott, das ist wirklich ein netter Mann, was hab' ich gemacht? Ich sagte ihm, du mußt verschwinden, bevor meine Kinder aufwachen. Danach fing er an, mich anzurufen.«

Chris war geschieden und hatte drei Kinder, und Bobby lebte getrennt und hatte zwei. Er arbeitete als Barmann und Fischer, um seine Unterhaltsschulden für die Kinder abzuzahlen, und lebte abwechselnd in der Haskell Street und in seinem Zimmer über dem »Nest«. (Es gibt dort ungefähr ein Dutzend Zimmer, und sie sind sehr billig, wenn man die richtigen Leute kennt. Wie zum Beispiel die eigene Mutter, die hinter der Bar arbeitet.) Bald verbrachten Chris und Bobby jede freie Minute zusammen, als hätten sie sich schon ein Leben lang gekannt. Eines Abends, als sie »Mudslides« im »Mariner« tranken – Chris hatte nun doch ihre Meinung geändert –, fiel Bobby vor ihr auf die Knie und fragte sie, ob sie ihn heiraten wollte. Natürlich will ich! schrie sie, und von da an war es nur eine Frage der Zeit, bis sie zusammenleben würden.

Der Zeit – und des Geldes. Bobbys Frau hatte ihn wegen Nichtzahlung des Unterhalts verklagt, und im

Spätfrühjahr 1991 ging die Sache vor Gericht. Bobby hatte die Wahl, sofort eine Anzahlung zu machen oder auf der Stelle ins Gefängnis zu gehen. Und so beschaffte Ethel das Geld, und hinterher gingen alle in eine Kneipe, um sich zu erholen. Bobby machte Chris erneut einen Heiratsantrag, diesmal im Beisein von Ethel, und als sie allein waren, sagte er ihr, daß er auf der *Andrea Gail* anheuern könnte, wenn er wollte. Die *Andrea Gail* war ein bekannter Schwertfischfänger, deren Kapitän, Billy Tyne, ein alter Freund der Familie war. Tyne verdankte den Posten eigentlich dem früheren Skipper, Charly Reed, der sich vom Schwertfischfang zurückgezogen hatte, weil er nicht mehr so viel Geld einbrachte wie früher. (Reed hatte mit Hilfe der *Andrea Gail* so viel Geld verdient, daß er seine drei Kinder auf ein privates College schicken konnte.) Diese Tage waren zwar vorüber, aber sie war immer noch eines der gewinnbringendsten Schiffe im Hafen. Bobby hatte Glück, daß er dort eine freie Koje gefunden hatte.

Mit Schwertfischfang läßt sich eine Menge Geld verdienen. Ich kann damit alle meine Schulden loswerden, sagte er zu Chris.

Das ist gut; wie lange mußt du dafür jedesmal raus?

Dreißig Tage.

Dreißig Tage? Bist du verrückt?

»Wir waren verliebt und wir waren eifersüchtig, und ich konnte mir das einfach nicht vorstellen«, sagt Chris. »Ich konnte mir nicht einmal einen halben Tag ohne ihn vorstellen.«

Schwertfischfänger werden auch Langleiner genannt, weil ihre Fangleine bis zu vierzig Meilen lang ist. Sie wird in bestimmten Abständen mit Ködern bestückt, ausgesteckt und jeden Tag wieder eingeholt – und das zehn oder zwanzig Tage lang. Die Boote folgen den Schwertfischen wie die Seemöwen einem Trawler, hinauf zu den Grand Banks im Sommer und hinunter in die Karibik im Winter; insgesamt acht oder neun Fahrten im Jahr. Es sind die großen Schiffe, mit denen sich großes Geld verdienen läßt, und sie sind selten länger als jeweils eine Woche im Hafen, um ihre Ausrüstung zu erneuern und notwendige Reparaturen durchzuführen. Einige Boote fahren bis vor die Küste Chiles, um ihren Fang zu machen, und für die Fischer ist es die selbstverständlichste Sache der Welt, nach Miami oder San Juan zu fliegen, wenn sie dort auf einem Boot anheuern können. Sie sind zwei oder drei Monate fort, kommen dann zurück, besuchen ihre Familien und gehen erneut hinaus auf See. Sie sind die »Abkassierer« unter den Fischern, aber viele von ihnen enden genau dort, wo sie angefangen haben. »Sie leiden einfach daran, daß sie keine Träume haben«, wie ein Einheimischer sagte.

Bobby Shatford, jedoch, hatte Träume. Er wollte ein geregeltes Leben führen, seine Geldprobleme lösen und Chris Cotter heiraten. So wie er es sah, stammte die Frau, von der er getrennt lebte, aus einer sehr wohlhabenden Familie, und er begriff nicht, warum er ihr so viel Geld schulden sollte; offensichtlich sah das Gericht das anders. Er würde nicht eher frei sein, bis alles abbezahlt war, und das bedeutete sieben oder acht Fahrten auf der *Andrea Gail* – ein volles Jahr in der Fischerei. Anfang August 1991 lief Bobby also zum ersten Mal in seinem Leben zu einer Fangfahrt auf Schwertfisch aus. Als sie ablegten, suchten seine Augen den Parkplatz ab, aber Chris war schon gegangen. Sie waren übereingekommen, daß es nur Unglück brächte, wenn sie zusah, wie der Geliebte in See stach.

Chris konnte nicht wissen, wann Bobby zurückkehren würde, also sah man sie nach einigen Wochen immer öfter auf der Rose Pier, von wo aus die *Andrea Gail* hinaus auf See gegangen war, nach dem Schiff Ausschau halten. Es gibt Häuser in Gloucester, in denen die Dielenbretter vor einem im oberen Stock gelegenen, seewärtigen Fenster von den Schritten besorgter Frauen abgetreten sind. Chris nutzte zwar keine Dielenbretter ab, aber Tag für Tag füllte sich der Aschenbecher in ihrem Wagen bis zum Rand. Ende August fegte ein besonders schlimmer Hurrikan die Küste herauf – Hurrikan Bob –, und Chris ging zu Ethel hinüber, starrte nur auf den Wetterkanal im Fernsehen und wartete auf das Läuten des Telefons. Der Sturm walzte auf Cape Cod ganze Wälder von Robinien nieder, aber über die Fischerflotte waren keine schlechten Nachrichten zu hören, und so ging Chris, wenn auch mit einem unbehaglichen Gefühl, wieder zu ihrem Beobachtungsposten auf die Rose Pier zurück.

Endlich, Anfang September, klingelte eines Nachts das Telefon in Chris' Wohnung. Es war Billy Tynes neue Freundin, die aus Florida anrief. Sie laufen morgen nacht ein, sagte sie. Ich komme nach Boston geflogen; kannst du mich abholen?

»Ich war ein Wrack; ich war wie von Sinnen«, sagt Chris. »Ich holte Billys Freundin am Flughafen ab, und das Boot lief ein, während ich noch unterwegs war. Wir hielten gegenüber vom »Nest« und sahen, daß die *Andrea Gail* schon an ihrem Liegeplatz an der Rose Pier festgemacht hatte, und ich rannte über die Straße, und die Tür fliegt auf, und es war Bobby. ›Ooch‹, stöhnte er, packte mich und hob mich hoch, und ich schlug meine Beine um seine Taille, und so haben wir sicher zwanzig Minuten dagestanden; ich wollte mich nicht von ihm lösen, ich konnte es einfach nicht, schließlich war er dreißig Tage weg gewesen und nicht ums Verrecken hätt' ich ihn losgelassen.«

Die ganze Gesellschaft in der Kneipe beobachtete die Wiedervereinigung durch das Fenster. Chris fragte Bobby, ob er die Karte gefunden habe, die sie in seinem Seesack versteckt hatte, kurz bevor er an Bord ging. Hätte er, sagte er. Jede Nacht hätte er sie gelesen.

Gut, sagte Chris.

Bobby stellte sie vor der Tür zurück auf die Füße und zitierte die Karte Wort für Wort. Die Jungs sind mir deswegen so auf die Eier gegangen, daß ich sie in einer Zeitschrift verstecken mußte, sagte er. Bobby zog Chris ins »Nest« hinein, bestellte ihr einen Drink, und dann stießen sie auf seine glückliche Heimkehr an. Da saß schon Billy mit seiner Freundin, die ihm wie eine Klette am Hals hing, und Alfred telefonierte mit seiner Freundin in Maine, und Bugsy kam an der Bar zur Sache. Der Abend war mit voller Schubkraft gestartet; alle tranken und schrien durcheinander, weil sie wieder heil nach Hause gekommen und mit den Menschen zusammen waren, die sie liebten. Bobby Shatford gehörte jetzt zur Besatzung von einem der besten Schwertfischfänger an der Ostküste.

Sie waren einen Monat draußen gewesen und hatten fünfzehn Tonnen Schwertfisch aus dem Meer geholt. Die Preise schwanken jedoch so stark, daß die Männer auf einem Schwertfischfänger oft erst dann wissen, wieviel sie verdient haben, wenn der Fang verkauft ist. Und selbst dann muß man noch mit Irrtümern rechnen: es kommt vor, daß Bootseigner mit dem Käufer unter der Hand einen niedrigeren Preis ausmachen und sich dann heimlich einen Teil des Verlustes wiedergeben lassen. Auf diese Weise brauchen sie nicht den gesamten Profit mit der Mannschaft zu teilen. Wie dem auch sei, die *Andrea Gail* verkaufte ihren Fang für 136 812 Dollar an die O'Hara Seafoods; dazu kamen noch 4770 Dollar für einen Beifang von Thunfisch. Bob Brown, der Eigner, zog von dieser Summe erst einmal die Auslagen für Kraftstoff, Fanggerät, Köder, eine neue Langleine, Kaigebühren, Eis und zahllose andere Kleinigkeiten ab, die sich zusammen auf 35 000 Dollar beliefen. Dieser Betrag wurde vom Bruttogewinn abgezogen, und dann nahm Brown sich die Hälfte von dem, was übrigblieb: ungefähr 53 000 Dollar. Die Gesamtausgaben für die Mannschaft – Nahrungsmittel, Handschuhe, Helfer an Land – waren auf Kredit gemacht worden und wurden deshalb von den anderen 53 000 Dollar abgezogen, und der Rest dann unter die Mannschaft aufgeteilt: Ungefähr 20 000 Dollar gingen an Kapitän Billy Tyne, 6453 Dollar an Pierre und Murphy, 5495 Dollar an Moran und jeweils 4537 Dollar an Shatford und Kosco. Der Anteil richtete sich danach, wie lange jemand schon an Bord war, und wenn Shatford und Kosco das nicht paßte, stand es ihnen frei, sich ein anderes Boot zu suchen.

Die Woche an Land fing anstrengend genug an. In der ersten Nacht, bevor sie den Fang auch nur angesehen hatten, gab Brown jedem Mannschaftsmitglied einen Scheck über 200 Dollar, und bei Tagesanbruch war das meiste davon ausgegeben. Gegen ein oder zwei Uhr morgens kroch Bobby mit Chris ins Bett und rollte sich vier Stunden später wieder hinaus, um beim Löschen der Ladung zu helfen. Sein jüngerer Bruder Brian – der wie ein Holzfäller gebaut war und nur einen einzigen Wunsch hatte, so wie seine Brüder auf Fischfang zu gehen – kreuzte ebenfalls auf, um zu helfen, zusammen mit Rusty, einem weiteren Bruder. Bob Brown zeigte sich, und selbst einige der Frauen erschienen. Die Fische wurden aus dem Laderaum gehievt und dann in die Kühlräume der Rose Pier gefahren. Anschließend hievten sie zwanzig Tonnen Eis aus dem Laderaum, schrubbten die Decks und verstauten das Fanggerät. Es war ein Acht- oder Neunstundentag. Am späten Nachmittag erschien Brown wieder mit Schecks über die Hälfte des ihnen zustehenden Betrags – den Rest würden sie erhalten, wenn der Händler den Fisch tatsächlich verkauft hatte –, und die Mannschaft ging über die Straße in eine Bar namens »Pratty's«. Wenn überhaupt möglich, erreichte die Feier noch höhere Höhen als in der Nacht zuvor. »Die meisten von ihnen sind Junggesellen, die nichts Besseres im Kopf haben, als eine Menge Geld auszugeben«, sagt Charly Reed, der frühere Kapitän des Bootes. »Ein paar Tage lang werfen sie mit dem Geld nur so um sich. Dann gehen sie wieder hinaus auf See.«

Verschwenderisch oder nicht, von der Mannschaft wird dennoch verlangt, daß sie jeden Morgen zur Arbeit auf der Pier erscheint. Zwangsläufig ist irgend etwas auf der Reise zu Bruch gegangen – eine Leine hat sich um die Antriebswelle gewickelt, man muß hinuntertauchen und sie beseitigen; die Antennen sind abgeknickt, der Funk gibt keinen Ton mehr von sich. Je nachdem, was für ein Problem man hat, kann es einen Nachmittag oder mehrere Tage dauern, bis man es gelöst hat. Dann geht es an die Überholung der Maschine; Treibriemen und Filter sind auszuwechseln, der Ölstand ist zu prüfen, die Hydraulik aufzufüllen, die Einspritzdüsen und Zündkerzen müssen gereinigt und die Generatoren überprüft werden. Schließlich bleibt noch die endlose Aufgabe, das Decksgeschirr instand zu halten. Blöcke müssen gefettet, Leinen gespleißt und Ketten und Trossen ersetzt werden; Roststellen sind abzuschleifen und neu zu streichen. Ein schlecht gewarteter Ausrüstungsgegenstand kann zum Tod eines Mannes führen. Charly Reed sah einmal, wie ein Heißblock auf jemanden herunterfiel und ihm den Arm vom Körper trennte; jemand hatte vergessen, einen Schäkel richtig festzuziehen.

Was ihr Pflichtbewußtsein angeht, so hat die Mannschaft jedoch nicht gerade eine militärische Einstellung. Einige Male in jener Woche wachte Bobby im »Nest« auf, sah aus dem Fenster und kroch wieder ins Bett. Das war ihm kaum übelzunehmen. Von jetzt an würde sich sein eigentliches Leben in brutal kurzen Zeitspannen abspielen, zwischen denen lange Perioden auf See lagen, und alles, was ihm darüber hinweghelfen konnte, waren ein paar Fotos an der Wand und vielleicht ein Brief in seinem Seesack. Und wenn es für die Männer schon hart war, so war es noch härter für die Frauen. »Es war so, als hätte ich erst ein Leben und nach seiner Rückkehr ein anderes«, sagt Jody Tyne, die sich deswegen von Billy scheiden ließ. »Ich habe das lange Zeit durchgehalten, aber eines Tages wurde es mir einfach zuviel; es würde sich nie ändern, er würde nie mit der Fischerei aufhören, obwohl er es gesagt hatte. Wenn er zwischen mir und dem Boot zu wählen gehabt hätte, er hätte das Boot gewählt.«

Billy war eine Ausnahme insofern, als er den Fischfang wirklich und wahrhaftig liebte. Bei Charly Reed war es genauso; das war einer der Gründe, weswegen die beiden Männer so gut miteinander auskamen. »Es ist die Weite – da draußen hab' ich so viel Einsamkeit, wie ich nur will«, sagt Reed. »Niemand setzt mich wegen irgend etwas unter Druck. Und ich sehe Dinge, die andere Leute nie zu Gesicht bekommen – Wale, die direkt neben mir aus dem Wasser springen, Delphine, die dem Boot folgen. Ich hab' Zeug aus dem Wasser gefischt, von dem nicht einmal was in den Büchern steht – wirklich unheimliches Zeug, gräßlich aussehende Wesen. Und wenn ich in der Stadt die Straße entlanggehe, begegnet mir jeder mit Respekt: »Hallo, Käpt'n, wie geht's, Käpt'n.« Es ist schön, sich irgendwo hinzusetzen, und ein 70jähriger Mann sagt zu einem, ›Hallo, Käpt'n‹. Das ist ein gutes Gefühl.«

Vielleicht muß man Kapitän sein, um sich wirklich in das Fischerleben zu verlieben. (Ein Scheck über 20 000 Dollar trägt sicher einiges dazu bei.) Die meisten anderen haben jedoch recht wenig für dieses Geschäft übrig; für sie ist der Fischfang ein brutaler Job ohne Aufstiegsmöglichkeiten, den sie so schnell wie möglich hinter sich zu bringen versuchen. Bei Gedenkgottesdiensten in Gloucester hört man immer wieder Worte wie »Die Fischerei war sein Leben« oder »Er starb in Ausübung des Berufs, den er liebte«, aber im großen und ganzen sind derartige Äußerungen nur als Trost für die Lebenden gedacht. In den meisten Fällen gehen die jungen Leute von Gloucester zur See, weil sie pleite sind und schnell Geld brauchen.

Der einzige Ausgleich für solch geistbetäubende Arbeit, so scheint es, ist die gleichermaßen betäubende Hinwendung zum Alkohol. Ein Schwertfischer, von einer einmonatigen Fahrt zurück, gleicht einem kleinen Wirbelsturm von Bargeld. Er kann das Zeug nicht schnell genug loswerden. Er kauft fünfzig Lotterielose auf einmal und verteilt sie im Lokal. Ist ein Gewinn dabei, kauft er fünfzig neue und spendiert Drinks für alle Anwesenden. Ein paar Minuten später gibt er dem Barmann 20 Dollar Trinkgeld und bestellt noch eine Lokalrunde; langsamere Trinker haben vielleicht schon zwei oder drei volle Flaschen vor sich stehen. Wenn sich vor jemandem zu viele volle Flaschen ansammeln, werden an deren Stelle Plastikmarken ausgegeben, damit das Bier nicht warm wird. (Es heißt, daß es sofort Streit darüber gibt, wer diese Marken bekommt, wenn im »Irish Mariner« jemand betrunken zu Boden geht.) Ein Fischer, gerade von See zurück, macht den Eindruck, daß es ihm kaum die Mühe wert ist, sich nach einem 20-Dollar-Schein zu bücken, der ihm aus der Hand gesegelt ist. Die Geldscheine werden über die Theke geschoben wie schmutzige Spielkarten, und wenn das Lokal schließt, hat er vielleicht den Lohn einer ganzen Woche ausgegeben.

»Großer Gott, letzte Nacht war das Besäufnis fast schon unwirklich«, sagt Chris. »Die Kneipe platzte aus allen Nähten, und Bugsy war in wirklich übler Stimmung, weil er immer noch kein Mädchen fürs Bett gefunden hatte, das machte ihn ganz verrückt. Das ist schon wichtig, wenn man nur sechs Tage an Land ist, weißt du. Sie tranken und tranken, und schließlich war es Zeit zu gehen, und die Zeit an Land war zu kurz, und sie hatten auch nicht genug Geld bekommen. Am letzten Morgen wachten wir über dem ›Nest‹ auf, und wir waren wirklich erledigt, und Bobby hatte dieses große blaue Auge, wir hatten eine kleine handgreifliche Auseinandersetzung gehabt, was nur am Alkohol lag, glaub mir. Wenn ich jetzt daran denke, kann ich nicht glauben, daß ich ihn so hab' hinausfahren lassen. Ich kann nicht glauben, daß ich ihn mit einem blauen Auge an Bord gehen ließ.«

Im Jahre 1850 schrieb Herman Melville sein Meisterwerk *Moby Dick,* ein Buch, das auf seine eigenen Erfahrungen auf einem Walfänger in der Südsee zurückging. Es beginnt damit, daß der Erzähler, Ismael, in New Bedford, Massachusetts, durch einen Schneesturm stolpert und nach einer Bleibe für die Nacht sucht. Er hat nicht viel Geld und läßt eine Unterkunft, »Gekreuzte Harpunen« genannt, links liegen, weil sie ihm »zu gemütlich und zu teuer« erscheint. Als nächstes kommt er an der »Schwertfisch-Schenke« vorbei, aber auch das verbreitet zuviel Wärme und gute Laune. Schließlich gelangt er zum »Gasthaus zum Walfisch«. »Da das Lichtchen so schwindsüchtig brannte«, schreibt er, »und das kleine, baufällige Holzhaus aussah, als sei es von den Ruinen einer Brandstätte hergekarrt worden, und da das baumelnde Gasthausschild ein so erbarmenswürdiges Ächzen an sich hatte, dachte ich, daß einzig und allein hier die Stelle für ein billiges Nachtquartier und den besten aller Zichorienkaffes war.«

Wie sich herausstellte, trogen ihn seine Gefühle nicht: Er bekam eine warme Mahlzeit und durfte sich das Bett mit einem Südseekannibalen namens Quiqueg teilen. Quiqueg wurde so etwas wie ein Adoptivbruder und rettete ihm schließlich sogar das Leben. Seit es den kommerziellen Fischfang gibt, hat es auch Unterkünfte gegeben, welche die Ismaels dieser Welt aufgenommen haben – und die Murphs, die Bugsys und die Bobbys. Ohne sie, so könnte man sich vorstellen, wäre der Fischfang gar nicht möglich. Eines Abends kam ein Schwertfischfänger in das »Crow's Nest«, voll wie eine Haubitze nach einmonatiger Reise. Die Geldscheine fielen ihm nur so aus den Taschen. Greg, der Wirt, nahm das Geld an sich – es handelte sich um die gesamte Abrechnung für den Fang – und verschloß es in seinem Panzerschrank. Am nächsten Morgen kam der Fischer aus seinem Zimmer herunter und sah etwas verdrießlich aus. Lieber Mann, was war das gestern für eine Nacht. Und ich kann einfach nicht glauben, wieviel Geld ich ausgegeben hab'...

Daß ein Fischer glauben kann, er habe 2000 Dollar in einer einzigen Nacht ausgegeben, sagt eine Menge über die Fischer. Und daß ein Wirt dessen Geld zur Sicherheit wegschließt, sagte eine Menge darüber aus, wie Fischer ihre Kneipen aussuchen. Sie finden Orte, die ihnen ein zweites Zuhause sind, weil viele von ihnen gar kein richtiges Zuhause haben. Die älteren unter ihnen haben das natürlich – sie haben Familien, Hypotheken, und was sonst noch alles dazugehört –, aber es gibt nicht viele ältere auf den Langleinenbooten. In der Hauptsache sind es Kerle wie Murph und Bobby und Bugsy, die in ihrer Jugendzeit mit einer Rolle von 10- und 20-Dollar-Scheinen in der Tasche herumlaufen. »Es ist eine Sache für junge Leute, eine Sache für Junggesellen«, wie Ethel Shatford sagt.

Folglich hat das »Crow's Nest« etwas von einem Waisenhaus. Es nimmt Menschen auf, bietet ihnen einen Platz zum Leben und eine Ersatzfamilie. Einige kommen vielleicht gerade von den Grand Banks zurück, andere wettern gerade ihren privaten Nordatlantik ab: Scheidung, Drogensucht, oder nur ein paar harte Jahre ihres Lebens. Eines Abends an der Theke schloß ein dünner, alter Mann, dessen Nichte gerade an Aids gestorben war, Ethel in die Arme und ließ sie erst nach fünf oder zehn Minuten wieder los. Am anderen Ende des Spektrums gibt es einen gewalttätigen, kleinen Alkoholiker namens Wally, der ein wandelndes Zeugnis für die Auswirkungen von Kindesmißhandlung ist. Mehrere einstweilige Verfügungen sind schon gegen ihn ergangen, und manchmal gleitet er in Sphären von so außerordentlicher Obszönität ab, daß Ethel ihn anschreien muß, damit aufzuhören. Aber irgendwie hat sie auch etwas für ihn übrig, weil sie weiß, was er als Kind hat durchmachen müssen, und einmal packte sie ihm ein Geschenk ein und gab es ihm am Weihnachtsmorgen. (Das tut sie für jeden, der über die Feiertage oben in seinem Zimmer hocken muß.) Den ganzen Tag lang vermied es Wally, das Päckchen zu öffnen, bis Ethel ihm schließlich sagte, daß sie sich beleidigt fühlen würde, wenn er das verdammte Ding nicht endlich aufmachte. Etwas verlegen öffnete er langsam das Papier – es war ein Schal oder etwas ähnliches –, und plötzlich brach der gewalttätigste Mann in ganz Gloucester vor ihr in Tränen aus.

Ethel, sagte er, den Kopf schüttelnd, niemand hat mir je zuvor ein Geschenk gemacht.

Ethel Shatford ist in Gloucester zur Welt gekommen und hat ihr ganzes Leben eine halbe Meile vom »Crow's Nest Inn« entfernt verbracht. Es gibt Leute in der Stadt, sagt sie, die nie in ihrem Leben nach Boston gefahren sind, das nur fünfundvierzig Minuten entfernt liegt, und es gibt welche, die noch nicht einmal die Brücke überquert haben. Zum besseren Verständnis muß man wissen, daß diese Brücke einen so schmalen Wasserlauf überspannt, daß die Fischerboote ihn nur mit Mühe durchfahren können. Aus vielerlei Gründen brauchte es eigentlich gar keine Brücke zu geben; eine Menge Leute in der Stadt bekommen öfter die Grand Banks zu sehen als, sagen wir mal, den nächsten Ort an der Küste.

Die Brücke wurde 1948 gebaut, als Ethel zwölf war. Zu der Zeit segelten noch Schoner aus Gloucester zu den Grand Banks, um mit Dories, kleinen Beibooten, auf Dorschfang zu gehen. Ethel erinnert sich, daß in jenem Frühjahr die älteren Jungen schulfrei bekamen, um bei der Bekämpfung der Buschfeuer zu helfen, die am Cape Ann wüteten; das Feuer fraß sich durch ein unwirtliches Gebiet, Dogtown Common genannt, eine Sumpf- und Moränenlandschaft, die einst den Verrückten und Vergessenen der Gegend als Zufluchtsort gedient hatte. Die Brücke markierte den nördlichen Endpunkt der um Boston herumführenden Route 128 und sorgte im Prinzip für den Einzug des 20. Jahrhunderts in das Geschäftsviertel von Gloucester. Die Stadterneuerung in den siebziger Jahren verlieh dem Hafenviertel ein neues Betongesicht, und bald entwickelte sich ein blühender Drogenhandel, und man verzeichnete mit die höchste Zahl von Herointoten im ganzen Land. Im Jahre 1984 wurde die Mannschaft der *Valhalla*, eines Schwertfischfängers aus Gloucester, festgenommen, weil sie Waffen für die IRA geschmuggelt hatten; die Waffen waren mit Drogengeld der irischen Mafia von Boston gekauft worden.

Gegen Ende der achtziger Jahre zeigte das Ökosystem der Georges Bank erste Zeichen des Zusammenbruchs, und die Stadt war gezwungen, sich Einkünfte zu beschaffen, indem sie sich einem föderativen Umsiedlungsprogramm anschloß. Sie stellte Menschen aus anderen, noch ärmeren Städten in Massachusetts billige Unterkünfte zur Verfügung und erhielt dafür Geld von der Regierung. Je mehr Leute sie aufnahm, desto größer wurde die Arbeitslosenquote, was die Fischindustrie noch weiter belastete. Im Jahre 1991 hatten die Fischvorkommen schon soweit abgenommen, daß man begann, über das Undenkbare zu diskutieren: die Sperrung der Georges Bank für die gesamte Fischerei, und zwar auf unbestimmte Zeit. Für einen Zeitraum von 150 Jahren war die Georges, vor Cape Cod, sozusagen der Brotkorb für die Fischerei Neuenglands gewesen; jetzt war sie praktisch leer gefischt. Charly Reed, der in der zehnten Klasse von der Schule abging, um auf einem Fischerboot zu arbeiten, sah das Ende kommen: »Keins meiner Kinder hat etwas mit der Fischerei zu tun«, sagt er. »Sie haben mich immer wieder gebeten, sie mal mit rauszunehmen, aber ich hab' ihnen gesagt, das kommt nicht in Frage. Es könnte euch gefallen – so hart wie es da draußen auch zugeht, es könnte euch gefallen.«

Ethel arbeitet schon seit 1980 im »Crow's Nest«. Sie kommt um 8.30 Uhr am Dienstagmorgen, arbeitet bis 16.30 Uhr und bleibt anschließend oft noch ein bißchen und trinkt ein paar Cola mit Rum. Das macht sie vier Tage in der Woche; aber gelegentlich arbeitet sie auch an Wochenenden. Von Zeit zu Zeit bringt einer der Stammkunden einen Fisch mit, und sie kocht im Hinterzimmer ein *chowder.* Diese dicke Fischsuppe teilt sie in Plastikschälchen aus, und was übrig ist, köchelt den Rest des Tages in einem Keramiktopf vor sich hin. Stammgäste kommen herein, schnuppern den Duft und nehmen sich eine Kostprobe.

Ganz offensichtlich ist dies ein Ort, an den ein Fischer sich gewöhnen könnte. Die mit Vorhängen versehenen Fenster zur Straße hin haben den großen Vorteil, daß man hinaussehen kann, ohne gesehen zu werden. Die ganze Kneipe kann so beobachten, wer da gleich in ihrer kollektiven Mitte erscheinen wird, und da bietet dann die Hintertür eine willkommene Möglichkeit, dem aus dem Weg zu gehen. »Das hat manch einen vor einer Begegnung mit seiner Frau, seiner Freundin oder wem sonst auch immer bewahrt«, sagt Ethel. Betrunkene geben sich ebenfalls zu erkennen: Ihre Silhouetten torkeln am Fenster vorbei und Ethel beobachtet, wie sie an der Tür haltmachen, sich zusammenreißen und noch einmal tief Luft holen. Dann stoßen sie die große braune Tür auf und steuern die hinterste Ecke im Raum an.

In den Zimmern über dem Lokal bleiben die Gäste von stundenweise bis jahrelang, und am Anfang ist es manchmal schwer zu sagen, worauf es denn hinauslaufen wird. Für Fischer, Lastwagenfahrer und Freunde beträgt der Preis für die Übernachtung 27,40 Dollar, für alle anderen 32,90 Dollar. Für den, der länger bleibt, gibt es einen günstigen Wochenpreis. Ein Mann blieb so lange dort wohnen – fünf Jahre –, daß er sein Zimmer streichen und mit einem Teppichboden auslegen ließ. Außerdem hängte er zwei Kronleuchter auf. Fischer, die über kein Bankkonto verfügen, lösen ihre Schecks im »Crow's Nest« ein (dabei ist es recht nützlich, wenn sie dem Lokal Geld schulden), und Fischer, die keine feste Anschrift haben, können sich ihre Post hierherschicken lassen. Das verschafft ihnen einen deutlichen Vorteil gegenüber dem Finanzamt, einem Anwalt oder einer Exfrau. Der Barmann nimmt natürlich alle möglichen Botschaften entgegen, siebt unerwünschte Anrufer aus und sagt vielleicht sogar einmal die Unwahrheit. Das Münztelefon am Eingang hat die gleiche Nummer wie der Hausapparat, und wenn es klingelt, geben einige der Gäste Ethel ein Signal, ob sie offiziell anwesend sind oder nicht.

Im großen und ganzen ist es eine Bar, in der sich die Leute kennen; Leute, die man nicht kennt, werden zu einem Drink eingeladen. Es ist schwierig, sich im »Crows Nest« ein Bier auf eigene Rechnung zu bestellen, und es ist noch schwieriger, nach nur einem Bier zu gehen; wenn man überhaupt dort ist, bleibt man auch, bis der Laden dichtmacht. Schlägereien sind im »Nest« selten, weil sich alle so gut kennen, aber andere Hafenkneipen – »Pratty's«, »Mitch's« oder der »Irish Mariner« – werden in regelmäßigen Abständen auseinandergenommen. Ethel arbeitete einmal in einem Lokal, in dem der Eigentümer so viele Schlägereien anfing, daß sie sich weigerte, ihm in seinem eigenen Lokal einen Drink auszuschenken; daß er auch noch in der Nationalgarde war, verbesserte die Situation nicht gerade. John, der ebenfalls im »Nest« an der Bar arbeitete, erinnert sich an eine Hochzeit, bei der Braut und Bräutigam in Streit gerieten und der Bräutigam schließlich im Zorn davonlief, treulich geleitet von allen Männern der Hochzeitsgesellschaft. Natürlich steuerten sie die nächste Kneipe an, wo einer von ihnen eine bissige Bemerkung über einen untersetzten Mann machte, der allein und still an einem Tisch saß.

Der Mann stand auf, nahm seinen Hut ab und ging zur Theke, wo er die gesamte männliche Hälfte der Hochzeitsgesellschaft, einen nach dem anderen, k. o. schlug.

Was dieser Begebenheit jemals im »Nest« am nächsten kam, geschah eines Abends, als sich eine ziemlich finstere Gruppe von Landarbeitern aus den Südstaaten an einem Ende des Raumes und eine Handvoll schwarzer Lastwagenfahrer am anderen versammelt hatten. Die Lastwagenfahrer waren Stammgäste im »Nest«, aber die Landarbeiter waren nicht aus der Gegend, genausowenig wie ein aufgedrehter Haufen von Fischern, die sich lautstark redend um den Billardtisch versammelt hatten. Im Mittelpunkt der Aufmerksamkeit dieser heiklen Versammlung standen ein schwarzer und ein weißer Bursche, die Lochbillard spielten und dabei herumstritten, wie es sich anhörte, über ein Rauschgiftgeschäft. Als die Spannung im Raum stieg, rief einer der Fahrer John zu sich und sagte, hey, mach dir keine Sorgen, diese beiden Burschen taugen nichts, und was auch passiert, wir helfen dir.

John dankte ihm und ging zurück, Gläser zu waschen. Die Schwertfischfänger waren gerade von einer Fahrt zurück und hatten schon so viel getrunken, daß sie sich kaum noch auf den Beinen halten konnten; die Landarbeiter gaben durchaus hörbare Kommentare über die anderen Gäste ab, und John wartete nur auf den großen Knall. Schließlich rief ihn einer der Landarbeiter zu sich und deutete mit dem Kinn auf die schwarzen Lastwagenfahrer.

Ein Jammer, daß Sie dieses Volk bedienen müssen, aber Sie können sicher nicht gegen das Gesetz an, sagte er.

John dachte einen Augenblick über die Worte nach und erwiderte dann: Ja, und nicht nur das, es sind auch alles meine Freunde.

Er ging zum Billardtisch hinüber und warf die beiden Burschen hinaus, wandte sich dann an die Schwertfischfänger und sagte, wenn sie Ärger wollten, könnten sie den ganz schnell haben. Johns Freunde waren besonders groß geratene Exemplare der menschlichen Rasse, und die Fischer signalisierten, daß sie die Botschaft verstanden hätten. Die Landarbeiter verließen schließlich das Lokal, und am späten Abend war alles wieder wie gewohnt.

»Es ist schon ein recht ordentlicher Haufen«, sagt Ethel. »Manchmal kommen diese verrückten Kammuschelsammler rein, aber meistens sind es nur Freunde. Eine der schönsten Stunden, die ich hier erlebt habe, war, als dieser Ire hereinkam und fünfzig Bier bestellte. Es war ein Sonntagnachmittag, das Lokal wie ausgestorben, und ich sah ihn nur stumm an. Er sagte, daß seine Freunde jede Minute kommen würden, und so war es auch, eine ganze irische Fußballmannschaft stürmte herein. Sie waren in Rockport gewesen, einer ›trockenen‹ Stadt, in der kein Alkohol ausgeschenkt wird, und so waren sie einfach losmarschiert. Sie waren den ganzen Weg der Route 127 gefolgt, ein Fußmarsch von fünf Meilen, und dies war die erste Bar, die sie erreichten. Sie tranken ihr Bier so schnell, daß wir es direkt aus den Kästen verkauften. Schließlich standen sie auf den Tischen und sangen dreistimmig.«

In früheren Zeiten war der Fischfang einer der härtesten Berufe in Gloucester – und einer der tödlichsten. Schon in den fünfziger Jahren des 17. Jahrhunderts liefen kleine, offene Boote mit einer Besatzung von drei Mann die Küste hinauf; sie führten Steine als Ballast mit, hatten unverstagte Masten und blieben meist eine Woche draußen. Starkem Wind hielten die Masten oft nicht stand. Die Männer trugen geteerte Segeltuchhüte, Lederschürzen und Rindslederstiefel, die *redjacks* genannt wurden. Das Essen war spärlich. Für eine einwöchige Reise führte ein Schiffer aus Gloucester folgenden Proviant mit: vier Pfund Mehl, fünf Pfund Schweineschmalz, sieben Pfund Schiffszwieback und »etwas Neuengland-Rum«. Die Mahlzeiten, wenn man es denn so nennen soll, wurden im Freien eingenommen, weil es unter Deck keinen Raum gab, in dem sie hätten Schutz suchen können. Sie mußten hinnehmen, was der Himmel ihnen bescherte.

Die ersten Fischerboote aus Gloucester, die diesen Namen verdienen, waren die 30-Fuß-Schebecken. Sie hatten zwei ziemlich weit vorn eingesetzte Masten, ein scharfes Heck und Kajüten vorn und achtern. Der Bug nahm die See gut, und das hochgezogene Heck hielt die auflaufende See von Deck. Im Mannschaftslogis im Vorschiff fanden sich auf engstem Raum ein paar Kojen und ein gemauerter Herd, in dem die Leute den wertlosen Beifang räucherten. Davon konnten sie sich auf See ernähren, denn der Kabeljau war zu wertvoll, um ihn an die Mannschaft zu verschwenden. In jedem Frühjahr wurden die Schebecken abgekratzt, kalfatert und geteert und wieder auf die Fischgründe geschickt. Dort angekommen, wurden die Boote vor Anker gelegt, und die Männer fischten, über die niedrige Mittschiffsreling gelehnt, mit der Handleine. Jeder Mann hatte seinen bestimmten Platz, *berth* genannt, der durch das Los zugeteilt und während der ganzen Reise beibehalten wurde. Sie brachten zwei mit einem zehnpfündigen Bleigewicht versehene Leinen von 25 bis 60 Faden (ca. 50 bis 120 m) aus, die sie täglich viele Dutzend Male einholten. Die Schultermuskeln, die sich bei dieser Arbeit im Laufe des Lebens entwickelten, machten es leicht, einen Fischer auf der Straße zu erkennen. Sie wurden *handliners* genannt, und die Leute machten ihnen bereitwillig Platz.

Der Kapitän brachte, wie jeder andere, seine Leinen aus, und der Lohn richtete sich danach, wie viele Fische der einzelne fing. Den Fischen wurden die Zungen herausgeschnitten und getrennt in Pützen aufbewahrt; am Ende des Tages trug der Kapitän die Zahlen in das Logbuch ein und warf die Zungen über Bord. Es dauerte ein paar Monate, bis die Laderäume voll waren – die Fische wurden entweder getrocknet oder, in späteren Jahren, auf Eis gelegt –, und dann ging es zurück in den Hafen. Trafen sie auf einen großen Schwarm, konnten einige Kapitäne der Versuchung nicht widerstehen, ihre Schiffe so voll zu laden, daß das Deck fast unter Wasser kam. Das nannte man Tiefladen, und ein solches Schiff war in größter Gefahr, wenn das Wetter sich verschlechterte. Die Heimfahrt dauerte einige Wochen, und die Ladung wurde durch ihr eigenes Gewicht so zusammengedrückt, daß die ganze überschüssige Flüssigkeit aus dem Fleisch gepreßt wurde. Die Mannschaft pumpte das Wasser über Bord, und so tauchten die tiefgeladenen Grand Bankers allmählich aus der See auf, während sie sich dem Heimathafen näherten.

In den sechziger Jahren des 18. Jahrhunderts hatte Gloucester fünfundsiebzig Fischschoner auf dem Wasser; etwa ein Sechstel der gesamten Neuengland-Flotte.

Der Kabeljau war so wichtig für die Wirtschaft, daß John Rowe, ein wohlhabender Politiker, im Jahre 1784 eine Holzfigur – den »Heiligen Kabeljau« – im Parlamentsgebäude von Massachusetts aufhängen ließ. Die Staatseinkünfte aus der Kabeljaufischerei in Neuengland beliefen sich zur Zeit der Revolution auf über eine Million Dollar im Jahr, und John Adams weigerte sich, den Vertrag von Paris zu unterzeichnen, bis die Briten den Amerikanern das Recht einräumten, auf den Grand Banks zu fischen. Die endgültige Vereinbarung besagte, daß es amerikanischen Schonern gestattet sein sollte, ungehindert in kanadischen Gewässern zu fischen und an unbesiedelten Küstenstrichen von Neuschottland und Labrador an Land zu gehen, um dort ihren Fang einzusalzen und zu trocknen.

Beim Kabeljau unterschied man drei Qualitäten. Die beste, die man als *dun fish* bezeichnete (was besagte, daß der Fisch durch Einsalzen und Lagern an einem dunklen Ort haltbar gemacht wurde), wurde im Frühjahr gefangen und nach Portugal und Spanien verschifft, wo er die höchsten Preise brachte. (Ein beliebtes Gericht in den Restaurants von Lissabon ist immer noch *bacalhão,* der getrocknete Kabeljau oder Stockfisch.) Die zweitbeste Sorte wurde im Lande verkauft, und die schlechteste Qualität – »Abfall-Fisch« – verwendete man zur Ernährung der Sklaven auf den westindischen Zuckerrohrfeldern. Kaufleute aus Gloucester segelten mit Ladungen von Salzfisch in die Karibik und kehrten mit Rum, Sirup und Rohrzucker zurück. Als dieser lukrative Handel während des Krieges von 1812 von den Briten erschwert wurde, stiegen die Kapitäne einfach auf kleinere Boote um und verließen den Hafen heimlich in mondlosen Nächten. Die Fischerei auf der Georges Bank begann in den dreißiger Jahren des 19. Jahrhunderts, und die erste Eisenbahnlinie erreichte Gloucester 1848, dem gleichen Jahr, in dem auch die ersten Eislagerhäuser entstanden. In den achtziger Jahren des 19. Jahrhunderts – in der die Zeit der Fischschoner ihren Höhepunkt erreichte – verfügte Gloucester über eine Flotte von vier- bis fünfhundert Booten, die den Hafen bis zum letzten Winkel füllten. Es hieß, man könne geradewegs nach Rocky Neck hinübergehen, ohne sich die Füße naß zu machen.

Der Kabeljau war ein Segen, aber durch ihn allein wäre ein derartiger Wohlstand nicht zustande gekommen. Im Jahre 1816 erfand Abraham Lurvey, ein Fischer aus Cape Ann, den künstlichen Makrelenköder, indem er einen Stahlhaken an einem tropfenförmigen Stückchen Blei befestigte. Dabei fungierte das Blei nicht nur als Senker, sondern war auch, wenn man es im Wasser auf und ab tanzen ließ, unwiderstehlich für die Makrelen. Nachdem man zwei Jahrhunderte lang diese schwer zu fangenden Fische in so dichten Schwärmen hatte vorbeiziehen sehen, daß sie die See verdunkelten, verfügten die Fischer aus Neuengland plötzlich über eine neue Fangmethode. Kapitäne aus Gloucester ignorierten die von der Bundesregierung ausgesetzte Prämie für Kabeljau und segelten nach Sable Island, während Ausgucks auf den Salings saßen und die Wasseroberfläche nach der verräterischen Dunkelfärbung absuchten, die einen Makrelenschwarm verriet. *School-O!* schrien sie dann, das Schiff drehte in den Wind, und gemahlener Fischköder – *chum* – wurde ins Wasser geworfen. Je »reifer« dieser Köder war, um so besser lockte er den Fisch an; der vom Wind herübergetragene Geruch von fauligem

Fischköder bedeutete, daß sich irgendwo in Luv ein Makrelenschoner befand.

Das Angeln mit dem künstlichen Köder funktionierte gut, aber es war absehbar, daß sich die Neuengländer bald eine noch effizientere Methode ausdenken würden. Im Jahre 1855 wurde die Ringwade erfunden, eine 1300 Fuß lange Netzwand aus geteertem Garn, mit Bleigewichten an der Unterleine und Korkschwimmern an der Oberleine. Sie war in einem Beiboot verstaut, das der Schoner nachschleppte, und wenn der Fisch gesichtet worden war, kreiste das Beiboot den Schwarm mit dem Netz ein und zog es mit der Schnürleine zusammen. Es wurde an Bord geholt, und die Fische wurden aufgeschnitten, ausgenommen und, nach Entfernen des Kopfes, in Fässer mit Salz geworfen. Manchmal entkam der Schwarm, bevor das Netz geschnürt war, und die Mannschaft zog einen sogenannten »Wasserfang« herauf; ein anderes Mal war das Netz vielleicht so voll, daß sie es kaum an Bord hieven konnten.

Die Ringwadenfischerei galt zu ihrer Zeit als prestigeträchtiges Unternehmen, und es dauerte nicht lange, bis die Kabeljaufischer ihre eigene Version entwickelten. Man nannte es Baljen-Trawling, und wenn diese Methode auch den Fisch effektiver tötete, so tötete sie doch auch den Menschen effektiver. Grundfischfänger arbeiteten nicht mehr auf dem relativ sicheren Deck eines Schoners; sie verließen das Mutterschiff auf hoher See in hölzernen, 16 Fuß langen Beibooten. Jedes dieser Dories führte ein halbes Dutzend 300-Fuß-Schleppleinen mit, die in Baljen aufgeschossen und deren Haken schon mit Ködern versehen waren. Die Bootsbesatzungen ruderten am Morgen hinaus, steckten ihre Schleppleinen aus, und holten sie alle paar Stunden wieder ein. Das waren 1800 Haken pro Dory, bei zehn Dories pro Schoner, und einigen hundert Schiffen in der gesamten Flotte. Die Grundfische hatten also täglich millionenfach Gelegenheit, ihr Leben zu verlieren.

Eine drittelmeilenlange Schleppleine vom Meeresboden heraufzuholen war jedoch eine Knochenarbeit ersten Ranges und bei schwerem Wetter auch unglaublich gefährlich. Im November 1880 legten zwei Fischer namens Lee und Devine in ihrem Dory vom Schoner *Deep Water* ab. Der November war eine verdammt schlechte Zeit, um sich mit irgendeinem Schiff auf den Grand Banks aufzuhalten, und in einem Dory war das der reine Wahnsinn. Sie nahmen eine Welle breitseits, als sie ihre Leinen einholten, und beide Männer stürzten ins Wasser. Devine gelang es, wieder ins Boot zu klettern, aber Lee, durch seine Seestiefel und die Winterkleidung behindert, begann zu sinken. Er war bereits mehrere Faden unter Wasser, als er eine der Schleppleinen zu fassen bekam, die an die Oberfläche führte, und begann sich hochzuziehen.

Fast sofort hing er mit der rechten Hand an einem Haken fest. Er riß sich los, wobei er einen Teil eines Fingers wie ein Stück Heringsköder am Haken ließ, und zog sich weiter nach oben, dem Licht entgegen. Schließlich erreichte er die Oberfläche und hievte sich ins Dory. Es war nahezu vollgeschlagen, und Devine, der wie ein Verrückter Wasser schöpfte, hatte keine Zeit, ihm zu helfen. Lee wurde vor Schmerzen einen Moment ohnmächtig, und als er wieder zu sich kam, griff er sich einen Eimer und half beim Ausschöpfen des Bootes. Sie mußten es unbedingt leerbekommen, bevor eine weitere ungewöhnliche Welle es traf. Zwanzig Minuten später war die größte Gefahr vorüber, und Devine fragte Lee, ob er zum Schoner zurückwolle. Lee schüttelte den Kopf und sagte, daß sie erst die Schleppleinen einholen sollten. Die nächste Stunde zog er mit seiner zerfleischten Hand die Trawl-Leinen aus dem Wasser. Das war die Dory-Fischerei in ihrer Glanzzeit.

Es gibt jedoch schlimmere Arten, ums Leben zu kommen, als die, welcher Lee nur knapp entgangen war. Das warme Wasser des Golfstroms trifft über den Grand Banks auf den Labradorstrom; das Resultat ist eine Nebelwand, die völlig unerwartet heraufziehen kann. Dory-Mannschaften, die gerade ihre Leinen einholten, wurden vom Nebel verschluckt und nie wieder gesehen. Im Jahre 1883 verlor ein Fischer namens Howard Blackburn – in der Stadt immer noch ein Held und Gloucesters Antwort auf Paul Bunyan* – den Kontakt zu seinem Schiff und trotzte drei Tage lang einem Januarsturm auf See. Sein mit ihm im Dory sitzender Partner starb an Unterkühlung, und Blackburn mußte seine eigenen Hände an den Riemengriffen festfrieren lassen, damit er weiterrudern konnte, Kurs Neufundland. Am Ende waren alle seine Finger erfroren. Er erreichte das Land an einer einsamen Küste und schleppte sich mehrere Tage lang durch die Gegend, bis er schließlich gerettet wurde.

Jedes Jahr hörte man eine ähnlich schreckliche Überlebensgeschichte wie die von Blackburn. Im Jahr zuvor waren zwei Männer von einem südamerikanischen Handelsschiff geborgen worden, nachdem sie acht

* Volks- und Opernheld (B. Britten), der die Zivilisation in die Urwälder Amerikas brachte.

Tage lang hilflos auf dem Meer getrieben waren. Sie landeten in Pernambuco, in Brasilien, und sie brauchten zwei Monate, bis sie Gloucester wiedersahen. Von Zeit zu Zeit wurden Dory-Besatzungen vom Sturm auch über den Atlantik getrieben, drifteten hilflos im Passat und ernährten sich von rohem Fisch und Tauwasser. Für diese Männer gab es keine Möglichkeit, ihre Familien zu benachrichtigen, wenn sie schließlich die Küste erreichten; sie fuhren einfach mit dem nächsten Schiff nach Hause, und kamen dann nach Monaten die Rogers Street entlang wie Männer, die von den Toten zurückkehrten.

Für die Familien zu Hause war die Dory-Fischerei die Quelle neuer Leiden. Jetzt gab es nicht nur den Schmerz, den Mann an die See verloren zu haben; jetzt kam dazu noch die Qual der Ungewißheit. Vermißte Dory-Crews konnten jederzeit wieder auftauchen, und so gab es keinen bestimmten Moment, an dem die Familien wußten, daß es jetzt Zeit war, zu trauern und das Leben neu einzurichten. »Wir sahen einen Vater morgens und abends auf den Hügel gehen, von dem man einen weiten Blick über den Ozean hatte«, schrieb der *Provincetown Advocate* nach einem schrecklichen Sturm im Jahre 1841. »Dort saß er dann, sah stundenlang auf die See hinaus und suchte den fernen Horizont ab … nach einem Pünktchen, das seiner Hoffnung Nahrung geben würde.«

Und sie beteten. Sie gingen die Prospect Street hinauf bis zur Spitze einer steilen Anhöhe, die Portage Hill hieß und standen vor dem doppelten Glockenturm der Kirche, die den schönen Namen »Our Lady of Good Voyage« trug. Diese Türme sind eine der höchsten Erhebungen in Gloucester und können schon auf viele Meilen Entfernung von hereinkommenden Schiffen gesichtet werden. Zwischen den Türmen ist ein Standbild der Jungfrau Maria, die voller Liebe und Anteilnahme auf das Bündel in ihren Armen blickt. Dies ist die Jungfrau, der man die Sicherheit der örtlichen Fischer anvertraut hat. Das Bündel in ihrem Arm ist nicht das Jesuskind; es ist ein Gloucester-Schoner.

Nachdem Mary Anne die »Green Tavern« verlassen hat, trinken Chris und Bobby ihre Gläser aus und sagen Bugsy, daß sie eine Weile nach draußen gehen wollen. Aus dem Halbdunkel der Bar treten sie in das weiche, graue Licht hinaus, das der Regen in Gloucester erzeugt, und gehen über die Straße zu »Bill's«. Bobby bestellt zwei Budweiser, während Chris ein 10-Cent-Stück aus ihrer Tasche kramt und vom Münztelefon ihre Freundin Thea anruft. Sie und Thea waren einmal Nachbarn in einer Wohnsiedlung, und Chris glaubt, sie könnte Theas Wohnung ein paar Stunden borgen, damit sie sich richtig von Bobby verabschieden kann. Sie möchte mit ihm allein sein, und sie möchte, wenn es geht, auch Bugsy helfen. Möglicherweise könnte Thea sich ja für ihn interessieren – in ein paar Stunden legt sein Boot ab und geht auf die Grand Banks, aber man weiß ja nie.

Thea sagt, sie könnten jederzeit vorbeikommen, und Chris legt auf und geht ins Lokal zurück. Bobbys Kater hat sich, wie durch Zauberei, in ein immenses Hungergefühl verwandelt, und so trinken sie ihr Bier aus, legen einen Dollar auf die Theke und gehen wieder. Sie fahren durch die Stadt zu einem Schnellimbiß und bestellen noch zwei Bier, Fischfrikadellen und Bohnen. Fischfrikadellen sind Bobbys Lieblingsgericht, und wahrscheinlich bekommt er sie nicht mehr zu Gesicht, bis er wieder an Land ist. Das letzte, was Fischer auf See essen wollen, ist Fisch. Sie beeilen sich, holen Bugsy ab und fahren dann bei Ethel vorbei. Chris hat sich mit dem Freund von Ethel überworfen und will jetzt alle Sachen abholen, die sie bei ihr untergestellt hat. Es regnet immer noch ein wenig, alles sieht jetzt dunkel und irgendwie bedrückend aus. Sie tragen die Kartons mit ihren Sachen die Treppe hinunter und verstauen sie im Volvo. Sie packen den Wagen voll mit Lampen und Kleidern und Pflanzen, quetschen sich dann selbst hinein und fahren durch die Stadt zu den Mietskasernen in der Arthur Street.

Thea interessiert sich nicht für Bugsy; sie hat schon einen Freund. Die vier sitzen herum, reden und trinken Bier, und da fällt es den Männern siedendheiß ein: Sie haben die Hot dogs vergessen. Murph, der die Verpflegung für die Reise besorgen soll, wird von sich aus keine besorgen; wenn sie also welche wollen, müssen sie jetzt selbst losziehen. Sie fahren zum Supermarkt in Cape Ann und Bobby und Bugsy rennen in das Geschäft und kommen ein paar Minuten später mit Hot dogs im Wert von fünfzig Dollar heraus. Der Nachmittag schreitet voran, und die Zeit wird knapp. Chris fährt mit ihnen die Rogers Street entlang, an Walgreen's, Americold und Gorton's vorbei, und biegt dann auf den mit Kies bestreuten Platz hinter Rose's Marine ab. Bobby und Bugsy steigen aus dem Wagen und springen von der Pier auf das Deck der *Andrea Gail*.

Als sie die Männer auf dem Boot herumlaufen sieht, denkt Chris: Diesen Winter wird Bobby in Bradenton sein, nächsten Sommer wieder hier, aber dann jeweils einen Monat lang auf See; so ist es eben; Bobby ist ein Schwertfischfänger und hat eine Menge Schulden. Aber wenigstens haben sie einen Plan. Bobby hat eine Erklärung unterzeichnet, in der Bob Brown angewiesen wird, den Scheck über die ganze Bobby noch zustehende Summe Chris zu übergeben, und sie wird das Geld – nahezu 3000 Dollar – dazu verwenden, einige seiner Schulden abzuzahlen und sich eine Wohnung in Lanesville zu nehmen, das an der Nordküste von Cape Ann liegt. Wenn sie dort wohnen, verbringen sie vielleicht etwas weniger Zeit im »Nest«. Außerdem hat sie zwei Jobs in Aussicht; einen im »Old Farm Inn« in Rockport und einen zweiten als Betreuerin des behinderten Sohnes einer Freundin. Sie werden zurechtkommen. Bobby wird viel fort sein, aber sie werden zurechtkommen.

Plötzlich gibt es drüben am Boot Geschrei: Auf der Pier, im Regen, stehen sich Bugsy und Bobby wie Kampfhähne gegenüber und zerren an einer Kanne mit Bleichmittel. Fäuste werden gehoben, und mal hat dieser, mal jener die Kanne, und jeden Moment sieht es so aus, als wolle der eine dem anderen eine verpassen. Das geschieht jedoch nicht; Bobby wendet sich schließlich ab, Flüche ausstoßend, und geht wieder an die Arbeit. Aus dem Augenwinkel sieht Chris einen Fischer namens Sully über den Kies herankommen. Er geht auf den Wagen zu und beugt sich zum offenen Fenster hinunter.

Ich hab' gerade auf dem Boot angeheuert, sagt er; als Ersatz für einen, der ausgestiegen ist. Er sieht zu Bobby und Bugsy hinüber. Ist das zu glauben? Dreißig Tage vor sich, und es geht schon los?

Die *Andrea Gail* ist ein Knickspanter mit ausfallendem Vorsteven und einem Decksaufbau, der unter dem Namen *western-rig* bekannt ist. Das heißt, ihr Bug ist weit nach vorn geneigt, sie hat einen fast quadratischen Hauptspantquerschnitt, und ihr Ruderhaus befindet sich vorn statt achtern, auf einem erhöhten Runddeck, das der Walrücken genannt wird. Sie ist 72 Fuß lang, hat einen Rumpf aus durchgehend geschweißten Stahlplatten und wurde 1978 in Panama City, Florida, gebaut. Sie hat einen 370-PS-Dieselmotor mit Turboaufladung, der dem Boot eine Geschwindigkeit von maximal zwölf Knoten verleiht. An Bord befinden sich sieben Schwimmwesten, sechs Imperial-Rettungsanzüge, eine 406-Megahertz-Funkbake zur Kennzeichnung der Rettungsposition (EPIRB), eine 121,5-Megahertz-EPIRB und eine Givens-Rettungsinsel. Sie führt vierzig Meilen einer auf 700 Pfund getesteten Monofil-Leine und Tausende von Haken mit und bietet Raum für fünf Tonnen Köderfisch. Eine Eismaschine, die drei Tonnen Eis pro Tag erzeugen kann, steht auf dem Walrückendeck, und das Ruderhaus ist voll von modernster Elektronik: Radar, Loran, Einseitenbandsender, Ukw-Empfänger, Wettersatellitenempfänger. Eine Waschmaschine mit Trockner befindet sich ebenfalls an Bord, und die Kombüse ist mit Paneelen aus nachgemachtem Holz verkleidet und verfügt über einen Herd mit vier Kochstellen.

Die *Andrea Gail* ist eines der gewinnbringendsten Schiffe im Hafen von Gloucester, und Billy Tyne und Bugsy Moran sind für den Platz an Bord die ganze Strecke von Florida heraufgefahren gekommen. Das einzige andere Boot im Hafen, das sie vielleicht beim Fischen schlagen könnte, ist die *Hannah Boden*, die unter dem Kommando von Linda Greenlaw steht, einer Absolventin des Colby College. Linda Greenlaw ist nicht nur eine der wenigen Frauen in diesem Geschäft, sie ist auch einer der besten Kapitäne an der gesamten Ostküste überhaupt. Jahr für Jahr, Fahrt für Fahrt macht sie mehr Geld als fast jeder andere. Sowohl die *Andrea Gail* als auch die *Hannah Boden* gehören Bob Brown, und sie können so viel Fisch aus dem Wasser holen, daß Ethels Sohn Ricky gelegentlich aus Hawaii anruft, um sich zu erkundigen, ob eins der beiden Boote im Hafen ist. Wenn die *Hannah Boden* ihren Fang in Gloucester löscht, fallen die Preise für Schwertfisch noch eine halbe Welt entfernt.

Bisher hat Billys zweite Reise auf der *Andrea Gail* jedoch ziemlich schlecht angefangen. Die Männer haben die ganze Woche viel getrunken und sind alle schlechter Laune. Keiner von ihnen hat Lust, wieder auf See zu gehen. In den letzten Tagen hat fast jeder Versuch, irgendwelche Arbeiten am Boot vorzunehmen, zu einem Streit geführt oder zur nächsten Gelegenheit, über die Straße in die Bar zu gehen. Es ist der 20. September; für eine neue Reise reichlich spät in der Saison, und Tyne bekommt kaum eine komplette Mannschaft zusammen. Alfred Pierre – ein riesiger, freundlicher Jamaikaner aus New York City – hat sich mit seiner Freundin in einem Zimmer über dem »Nest« verkrochen. Einmal sagt er, er fährt mit, im nächsten Augenblick sagt er, er fährt nicht: So geht das schon den ganzen Tag. Bobby ist irgendwo in der Stadt mit seinem blauen Auge und einem Mordskater. Bugsy ist gereizt, weil er keine Frau gehabt hat. Murph jammert über das liebe Geld und darüber, daß er sein Kind vermißt, und – das allerletzte – ein neues Mitglied der Besatzung ist heute morgen, ohne ein Wort der Erklärung, einfach abgehauen.

Dieser Bursche heißt Adam Randall, und er sollte eigentlich Doug Kosco ersetzen, der auf der letzten Fahrt dabei war. Zusammen mit seinem Schwiegervater war Randall morgens im Wagen von East Bridgewater, Massachusetts, herübergekommen, um seine Arbeit anzutreten. Er hielt auf den Parkplatz hinter Rose's Marine und stieg aus, um sich das Boot anzusehen. Randall war ein geschmeidiger, außerordentlich gutaussehender 30jähriger Mann mit blonder Rockstar-Frisur und kalten blauen Augen. Er war Schweißer, Maschinist und Sporttaucher und arbeitete schon sein ganzes Leben in der Fischerei. Er erkannte ein unsicheres Boot auf den ersten Blick, aber die *Andrea Gail* war alles andere als das. Sie erweckte den Eindruck, als mache es ihr nichts aus, breitseits von einem Flugzeugträger gerammt zu werden. Dazu kannte Randall fast die ganze Besatzung, und seine Freundin hatte ihm praktisch bedeutet, daß er nicht mehr nach Hause zu kommen brauchte, wenn er den Job nicht annähme. Er hatte seit drei Monaten nicht mehr gearbeitet. Er ging zum Auto zurück, sagte seinem Schwiegervater in spe, daß er so ein komisches Gefühl habe, und die beiden fuhren los zur nächsten Bar.

Menschen haben oft Vorahnungen, wenn sie eine Arbeit tun müssen, die sie das Leben kosten kann, und in der Hochseefischerei – immer noch einer der gefährlichsten Berufe im Lande – sind Vorahnungen gang und gäbe. Das Schwierige dabei ist, zu wissen, wann man auf sie hören soll. Im Jahre 1871 heuerte ein Koch namens James Nelson auf dem Schoner *Sachem* für eine Fahrt zur Georges Bank an. Eines Nachts wurde er durch einen wiederkehrenden Traum aus dem Schlaf gerissen und lief nach achtern zum Kapitän. Um Gottes willen, halten Sie sich von den Banks fern, flehte er ihn an. Ich habe wieder diesen Traum gehabt. Zweimal habe ich nach diesem Traum schon Schiffbruch erlitten.

Der Kapitän war ein alter Fahrensmann namens Wenzell. Er fragte den Koch, was er denn geträumt habe. Ich sehe weißgekleidete Frauen, die im Regen stehen, erwiderte Nelson.

Es herrschte nahezu Windstille, und Wenzell war nicht weiter beeindruckt. Er sagte Nelson, er solle sich wieder hinlegen. Wenig später erhob sich eine leichte Brise. Innerhalb einer Stunde hatte der Wind Sturmstärke, und die *Sachem* lag beigedreht unter dichtgerefftem Vorsegel. Der Rumpf schlug leck, und die Mannschaft ging an die Pumpen. Sie kamen gegen das eindringende Wasser jedoch nicht an, und Wenzell signalisierte verzweifelt einem Gloucester-Schoner in der Nähe, der *Pescador.* Die *Pescador* setzte Dories aus, denen es gelang, die Besatzung der *Sachem* zu bergen. Innerhalb einer halben Stunde kenterte die *Sachem* durch und versank, mit dem Bug voran, in der See.

Selbst heutzutage hört man noch auf Instinkte und geheime Ängste. Randall machte sich ohne ein Wort davon, und Tyne war plötzlich gezwungen, die Stelle neu zu besetzen. Er fragte herum und fand schließlich den 28jährigen David Sullivan. Sully, wie er genannt wird, genießt in der Stadt eine gewisse Berühmtheit, weil er in einer kalten Januarnacht die ganze Besatzung seines Schiffes gerettet hat. Dieses Schiff, die *Harmony,* war draußen auf See durch eine Leine mit einem anderen Schiff verbunden, als an Bord plötzlich ein Wassereinbruch entdeckt wurde. Die Mannschaft schrie um

Hilfe, konnte jedoch die Männer auf dem anderen Boot nicht aufwecken, also sprang Sully über Bord in den eiskalten Nordatlantik und zog sich an der Leine zum anderen Boot hinüber. Mit anderen Worten, einen Mann wie Sullivan an Bord zu haben, war eine gute Sache.

Tyne sagte, er käme in einer halben Stunde, um ihn abzuholen. Sully packte seinen Seesack und rief ein paar Freunde an, um ihnen mitzuteilen, daß er eine Zeitlang fort sein würde. Seine Pläne für den Abend hatten sich plötzlich erledigt; für die nächsten vier Wochen war sein Leben praktisch auf »Pause« geschaltet. Billy erschien so gegen zwei Uhr, und sie kamen gerade rechtzeitig zu Rose's zurück, um mitzubekommen, wie Bobby und Bugsy in Streit gerieten. Wunderbar, dachte Sully. Er hielt einen Augenblick an, um Chris zu begrüßen, und dann schickte ihn Billy zum Cape Ann Market, um den Proviant für die Reise einzukaufen. Murph begleitete ihn. Viertausend Dollar in bar beulten Sullys Tasche aus.

Zu den Eigenheiten der Berufsfischerei gehört, daß alles anscheinend bis zum Äußersten getrieben wird. Im üblichen Sinne des Wortes arbeiten Fischer nicht; sie sind einen Monat lang auf See und feiern anschließend zu Hause eine Woche lang durch. Sie haben kein Einkommen wie die meisten anderen Leute; entweder kommen sie völlig pleite nach Hause oder mit Fisch im Wert von einer Viertelmillion Dollar im Laderaum. Und wenn sie für einen Monat Proviant kaufen, dann hat das nichts mit dem zu tun, was normale Menschen unter Einkaufen verstehen; es gleicht eher einer Katastrophe biblischen Ausmaßes.

Murph und Sully fahren zum Cape Ann Market

draußen an der Route 127 und laufen die Gänge im Supermarkt auf und ab, wobei sie einen Armvoll Lebensmittel nach dem anderen in ihren Einkaufswagen werfen. Sie raffen fünfzig Laibe Brot zusammen, genug um zwei Karren zu füllen. Sie packen hundert Pfund Kartoffeln ein, dreißig Pfund Zwiebeln, fünfundzwanzig Gallonen Milch, eingeschweißte Steak-Packen zu je achtzig Dollar. Jedesmal, wenn sie einen Wagen voll haben, schieben sie ihn nach hinten und holen sich einen neuen. Die Herde von Karren wächst und wächst – zehn, fünfzehn, zwanzig –, und die Leute beginnen schon, sich unruhige Blicke zuzuwerfen, und gehen ihnen aus dem Weg. Murph und Sully greifen sich, worauf sie Lust haben und davon jede Menge: Eiskremschnitten, kleine Napfkuchen, Speck und Eier, Erdnußbutter, Porterhouse-Steaks, mit Schokolade überzogene Getreideflocken, Spaghetti, Lasagne, tiefgefrorene Pizzas. Sie kaufen nur erstklassige Lebensmittel ein, und das einzige, was sie nicht anrühren, ist Fisch. Schließlich nehmen sie noch dreißig Stangen Zigaretten mit, und dann treiben sie alle ihre Wagen zusammen, als wären es Kühe aus rostfreiem Stahl. Der Laden macht extra zwei Kassen für sie auf, es dauert eine halbe Stunde, bis alles abgerechnet ist. Die Summe leert fast völlig Sullys Tasche; er zahlt, während Murph den Laster rückwärts an eine Rampe fährt, und dann laden sie alles ein und fahren zum Boot zurück. Tüte um Tüte schleppen sie Proviant im Wert von viertausend Dollar in den Laderaum der *Andrea Gail*.

Die *Andrea Gail* hat einen kleinen Kühlschrank in der Kombüse und zwanzig Tonnen Eis im Laderaum. Das Eis sorgt dafür, daß der Köderfisch und die Lebensmittel während der Ausfahrt nicht verderben und daß der

Schwertfisch auf der Heimfahrt frisch bleibt. (Im Notfall kann es auch dazu verwendet werden, eine Leiche zu konservieren. Einmal starb ein schwer alkoholkranker Seemann auf der *Hannah Boden,* und Linda Greenlaw mußte ihn im Laderaum auf Eis legen, weil die Küstenwache sich weigerte, ihn auszufliegen. Kommerzieller Fischfang wäre ohne Eis nicht möglich. Ohne Dieselmotoren, vielleicht; ohne Loran, Wetterfaxe oder hydraulische Winden ginge es auch, aber nicht ohne Eis. Es gibt einfach keinen anderen Weg, den Fang frisch auf den Markt zu bringen. In früheren Zeiten liefen die Grand Banks Fischer Neufundland an, um dort ihren Fang vor der Heimreise einzusalzen und zu trocknen; aber die Entwicklung der Eisenbahn in den vierziger Jahren des 19. Jahrhunderts veränderte alles. Plötzlich konnten Nahrungsmittel schneller transportiert werden, als sie verdarben, und Eislagerhäuser entstanden praktisch über Nacht, um den neuen Markt zu bedienen. Im Winter sägten sie das Eis von gefrorenen Seen in Stücke, packten es in Sägemehl und verkauften es im Sommer an die Fischschoner. Richtig gepackt hielt es so lange – und war so wertvoll –, daß Händler es bis nach Indien verschifften und dabei immer noch ein Geschäft machen konnten.

Die Nachfrage nach frischem Fisch änderte die Fischerei für alle Zeit. Schonerkapitäne konnten nun nicht mehr mit einem Laderaum voll von eingesalzenem Kabeljau gemächlich die Rückfahrt antreten; jetzt wurde alles eine einzige Wettfahrt. Mehrere Schoner, die gleichzeitig in den Hafen einliefen, konnten den Markt sättigen und damit alle Mühe und Arbeit eines nachfolgenden Bootes zunichte machen. In den neunziger Jahren des 19. Jahrhunderts mußte ein Schoner

200 Tonnen Heilbutt in den Hafen von Gloucester kippen, weil sechs Schiffe den Hafen früher erreicht hatten. Überladene Schoner, gebaut wie Rennslups, kämpften sich durch die Herbststürme nach Hause, mit jedem Fetzen Segel gesetzt und dem Deck praktisch unter Wasser. In schwerem Wetter sanken diese eleganten Boote dutzendweise, aber eine Menge Leute machten auch eine Menge Geld. Und in Städten wie Boston und New York aßen die Leute plötzlich frischen Kabeljau aus dem Atlantik.

Wenig hat sich inzwischen geändert. Wenn die Laderäume voll sind, versuchen Fischerboote immer noch, so schnell wie möglich die Küste zu erreichen, genau wie vor 150 Jahren, und die kleineren Boote – diejenigen, die keine Eismaschinen an Bord haben – kaufen es immer noch en gros von der Cape-Pond-Ice-Gesellschaft, die sich in einem niedrigen Ziegelsteingebäude zwischen Felicia Oil und Parisi Seafoods befindet. In früheren Zeiten pflegte Cape Pond Männer anzuheuern, um das Eis eines örtlichen Sees mit riesigen Eissägen in passende Stücke zu zerlegen, aber jetzt wird das Eis fabrikmäßig in Reihen von 350-Pfund-Blöcken hergestellt, die *cans* genannt werden. Diese *cans* sehen aus wie die Eisschalen, die man im Gefrierfach der Kühlschränke findet, nur eben viel, viel größer. Sie werden aus den im Boden eingelassenen Gefriermaschinen herausgezogen, in Aufzüge geschoben, in den dritten Stock gefahren und dort von Männern mit riesigen Stahlbaken eine Gleitbahn entlanggezogen. Die Männer arbeiten praktisch in einem hausgroßen Kühlschrank und tragen Hemden mit der Aufschrift: »Cape Pond Ice – The Coolest Guys Around«. Die Eisblöcke gelangen über eine Rutsche in eine stählerne Zerkleinerungstrommel, in der sie in schrecklichen Zuckungen herumspringen, bis der ganze 350-Pfund-Block in kleine Splitter geschlagen ist und durch einen dicken Schlauch in den Laderaum eines Schiffs befördert wird.

Cape Pond Ice ist eine der Hunderte von Firmen, die den Hafen von Gloucester säumen. Boote kommen herein, entladen ihren Fang, und haben die Woche über damit zu tun, Reparaturen durchzuführen, neuen Proviant zu übernehmen und ihre Ausrüstung für die nächste Reise zu ergänzen. Eine große Welle kann einen Schwertfischfänger ein paar Sekunden unter sich begraben – »Es wird dann hier drinnen ziemlich dunkel«, wie Linda Greenlaw diese Erfahrung beschreibt –, und die Beseitigung der Schäden, die ein Boot dabei davonträgt, kann Tage dauern, sogar Wochen. (Ein Boot kam einmal in den Hafen zurück und war in der Längsachse völlig verdreht.) Die meisten Boote werden bei Gloucester Marine Railways repariert, eine Werft, die schon seit 1856 im Geschäft ist. Die Slipanlage besteht aus einem massiven, hölzernen Rahmen auf Stahlrädern, die auf zwei ins Wasser hinunterführenden Eisenbahnschienen laufen. Boote von 600 Tonnen werden aufgeklotzt, festgelascht und mit Hilfe einer doppelt geführten einzölligen Kette, die über ein riesiges, stählernes Untersetzungsgetriebe läuft, an Land gezogen. Die Maschine wurde vor hundert Jahren gebaut und seitdem nicht mehr angefaßt. Insgesamt gibt es drei Eisenbahnen; eine im Binnenhafen und zwei draußen auf Rocky Neck. Die Hafenbahn ist die klapprigste von den dreien und endet in einem verschmierten kleinen Kellergewölbe, das sich mit zwei seltsamen, irgendwie maurisch aussehenden Bögen aus Ziegelsteinen schmückt. Die anderen beiden sind von den berühmten Galerien und Pianobars von Rocky Neck umgeben. Touristen wandern vergnügt an Maschinen vorbei, die ohne weiteres ihre Sommerhäuser vom Fundament reißen könnten.

Die *Andrea Gail* ist auf der Gloucester Marine Railways überholt worden, aber die meisten größeren Arbeiten wurden 1987 in St. Augustine, Florida, durchgeführt. Dabei wurde ihr Heck um drei Fuß verlängert, um die beiden 1900 Gallonen fassenden Treibstofftanks unterbringen zu können; das Walrückendeck wurde um neun Fuß nach achtern verlängert, und ein stählernes Schanzkleid an Backbordseite wurde erhöht und um achtzehn Fuß verlängert. Darüber hinaus wurden 28 Fässer mit Dieselkraftstoff, sieben Wasserfässer sowie die Eismaschine auf dem Walrücken aufgestellt.

Insgesamt wurde das Gewicht des Walrückens um vielleicht zehn Tonnen Stahl, Kraftstoff und Maschinerie erhöht. Das zusätzliche Gewicht befindet sich ziemlich weit oben; ungefähr acht Fuß über Deck und vielleicht doppelt so hoch über der Wasserlinie. Der Gewichtsschwerpunkt des Schiffs war nur geringfügig verändert worden. Die *Andrea Gail* würde jetzt tiefer im Wasser liegen und eine etwas längere Rollperiode haben.

Andererseits konnte sie jetzt sechs Wochen ununterbrochen auf See bleiben. Darauf kam es schließlich an, und kein Mann an Bord hätte widersprochen.

Gottesland

»Ein Schiff ist schlimmer als ein Gefängnis... und überdies besteht bei einem Schiff noch der Nachteil, daß es in ständiger Gefahr schwebt.«

JAMES BOSWELL, Dr. Samuel Johnson, Leben und Meinungen, 1791

Am Nachmittag ist die *Andrea Gail* seeklar: Der Proviant und die Köderfische sind verstaut, Kraftstoff- und Wassertanks sind aufgefüllt, Reservefässer sind auf dem Walrückendeck festgezurrt, das Geschirr befindet sich in gutem Zustand, und die Maschine arbeitet einwandfrei. Jetzt brauchen sie nur noch auszulaufen. Bobby geht ohne ein Wort zu Bugsy von Bord – sie sind beide noch mürrisch nach ihrem Streit – und über den Parkplatz zu Chris im Volvo. Sie fahren zu Thea zurück und eilen in dem weichen, warmen Regen schnell die Eingangsstufen hinauf. Thea hört ihre Schritte auf der Veranda, bittet sie herein und reagiert dann, wie verabredet, auf einen Blick von Chris. Ich muß noch einige Sachen erledigen, sagt sie; ich bin in ein paar Stunden zurück. Macht es euch gemütlich.

Chris und Bobby zerren sich gegenseitig in das dunkle Schlafzimmer und lassen sich aufs Bett fallen. Von draußen hören sie das eintönige Tropfen des Regens. Chris und Bobby können den Ozean zwar nicht sehen, aber sie können ihn riechen; ein dumpfer Geruch nach Salz und Seetang, der die ganze Halbinsel erfüllt und sie als der See zugehörig beansprucht. An regnerischen Tagen kann man ihm nirgends entfliehen, wohin man auch geht, atmet man diesen Geruch ein, und heute ist einer von diesen Tagen. Chris und Bobby liegen auf Theas Bett, reden und rauchen und versuchen die Tatsache zu ignorieren, daß dies ihr letzter Tag ist. Nach einer Stunde läutet das Telefon, und Bobby springt auf und nimmt den Hörer ab. Es ist Sully, der aus dem »Crow's Nest« anruft. Es ist fünf Uhr, sagt Sully. Zeit aufzubrechen.

Als sie zum »Nest« kommen, ist die Stimmung dort düster und gespannt. Alfred Pierre hat sich immer noch oben in dem Zimmer mit seinem Mädchen eingeschlossen und weigert sich, herauszukommen. Billy Tyne ist gerade von einem zweistündigen Telefonat mit seiner Exfrau Jodi zurück. Murph hat einen Haufen Spielzeug auf dem Billardtisch ausgebreitet und ist dabei, es in einen Karton zu packen. Ethel ist im Hinterzimmer und weint: Bobbys Geldprobleme, sein blaues Auge, die bevorstehenden dreißig Tage auf See. Die Grand Banks im Oktober sind kein Vergnügen, und jeder weiß das. Von der gesamten Ostküstenflotte werden kaum ein halbes Dutzend Boote draußen sein.

Alfred Pierre kommt schließlich herunter und schiebt sich an die Theke. Er ist ein großer, schüchterner Mann, der in der Stadt nicht besonders bekannt ist, aber die Leute scheinen ihn zu mögen. Seine Freundin ist aus Maine gekommen, um ihn zu verabschieden, aber sie macht das nicht gerade gut; ihre Augen sind gerötet, und sie hält ihn fest, als könnte sie ihn mit Gewalt davon abhalten, an Bord zu gehen. Murph hat das Paket mit den Spielsachen zugeklebt und bittet Chris, ihn schnell noch einmal in die Stadt zu fahren. Er will noch ein paar Videokassetten abholen. Sully unterhält sich in einer Ecke mit Bugsy, und alle wünschen dann Ethels ältestem Sohn, Rusty, alles Gute für seine Hochzeit in der kommenden Woche. Die meisten Leute hier im Raum werden dann tausend Meilen weit draußen auf dem Atlantik sein.

Chris und Murph kommen zehn Minuten später mit einem Karton voller Kassetten zurück. Auf der *Andrea Gail* gibt es einen Videorecorder, und jemand von einem anderen Boot hat Murph die Filme angeboten. Alfred umklammert mit seiner großen Pranke eine Bierflasche und murmelt immer noch vor sich hin, daß er nicht mitwill. Das gleiche sagt auch Sully, er steht in einer gelben Regenjacke am Billardtisch und erklärt Bugsy, daß er wegen dieser Fahrt ein ungutes Gefühl habe. Es ist nur das Geld, sagt er; wenn ich das Geld nicht bräuchte, würd' ich noch nicht mal im Traum daran denken, mitzumachen.

Okay, Jungs, sagt Billy. Das letzte Glas. Jeder stürzt einen letzten Drink hinunter. Okay, noch einen, sagt einer. Jeder läßt sich noch einmal nachschenken. Bobby trinkt Tequila. Er steht neben Chris und starrt auf den Fußboden, und sie hält seine Hand, und keiner von beiden mag jetzt noch viel reden. Sully kommt herüber und fragt, ob mit ihnen alles okay ist. Chris sagt, sicher, es ist alles in Ordnung, und dann sagt sie: Eigentlich bin ich mir nicht sicher. Eigentlich, glaube ich, nicht.

Sechs Männer gehen für einen Monat auf See, und man hat das Gefühl, als schlügen alle Dinge eine neue Richtung ein, in eine leere Dimension, aus der sie womöglich nie zurückkehren. Ethel, die sich bemüht, nicht die Fassung zu verlieren, geht im Raum herum und umarmt die Männer. Die einzige Person, die sie nicht umarmt, ist Alfred, weil sie ihn nicht gut genug kennt. Bobby fragt seine Mutter, ob sie den über der Theke stehenden Farbfernseher mitnehmen können. Wenn es Billy recht ist, sagt sie.

Billy sieht auf. Ethel, sagt er, sie können den Fernseher von mir aus mitnehmen, aber wenn sie davorhocken, anstatt ihre Arbeit zu tun, fliegt er über Bord.

In Ordnung, Billy, in Ordnung, sagt Ethel.

Billys Freundin entdeckt Bobbys blaues Auge unter dem Schirm seiner Budweiser-Kappe und sieht Chris an. Sie gehört zu jener Generation von Frauen, die ihre Männer niemals schlagen würden.

Ihr Nordstaatenmädchen, sagt sie.

War keine Absicht, sagt Chris. Es war ein Versehen. Jetzt ist es zu spät, als daß irgend jemand noch einen Rückzieher machen könnte. Das heißt, natürlich könnte einer durch die Tür davonlaufen – aber so funktionieren die Menschen nicht. Mehr oder weniger tun sie das, was die anderen von ihnen erwarten. Wenn jetzt einer von der Mannschaft abspränge, würde er nur einen Monat herumsitzen und dann entweder zu einer Willkommensfeier oder zu einem Gedenkgottesdienst gehen. Jedes auf seine Weise schrecklich. Die halbe Mannschaft hat ein ungutes Gefühl bei dieser Fahrt, aber sie gehen trotzdem. Sie haben eine unsichtbare Linie überschritten, und jetzt könnte sie auch die schrecklichste Vorahnung nicht mehr retten. Tyne, Pierre, Sullivan, Moran, Murphy und Shatford werden mit der *Andrea Gail* auf die Grand Banks gehen.

Okay, sagt Billy, los dann.

Alle gehen durch die große, hölzerne Tür hinaus. Der Regen hat aufgehört, und man sieht sogar einige blaue Flecken am westlichen Himmel. Ein blasses Spätsommerblau. Chris und Bobby klettern in ihren Volvo, Alfred und sein Mädchen steigen in ihr Auto, die anderen gehen zu Fuß. Sie überqueren die Rogers Street, schlängeln sich durch den ungeduldigen Strom des Freitagnachmittagsverkehrs, und treten durch das Tor im Maschendrahtzaun. Hinter Rose's stehen Benzintanks auf Eisengestellen; daneben, hinter einem ramponierten Schild, auf dem »Carter's Boat Yard« steht, kleine, mit Persennings abgedeckte Boote. Auf einen der Benzintanks hat jemand zwei Buckelwale gemalt. Chris fährt an der kleinen Gruppe vorbei – die Reifen knirschen auf dem Kiesbelag – und hält vor der *Andrea Gail.* Das Schiff liegt hinter dem »Old Ports Seafood« an der Pier, neben dem Feuerlöschboot und einer Benzinpumpe. Bobby sieht hinüber.

Ich will das nicht, sagt er. Wirklich nicht.

Chris hält ihn auf dem Vordersitz ihres Volvo umschlungen, ihr ganzer Besitz liegt auf dem Rücksitz. Gut, dann geh eben nicht. Zum Teufel damit. Bleib hier.

Ich muß. Das Geld; ich muß gehen.

Billy Tyne kommt herüber und beugt sich zum Fenster hinunter. Alles in Ordnung mit euch? fragt er. Chris nickt stumm. Bobby muß jetzt mit den Tränen kämpfen und wendet sein Gesicht ab, damit Billy nichts mitbekommt. Okay, sagt Billy zu Chris. Wir sehen uns, wenn wir zurück sind. Er geht über die Pier und springt an Deck. Dann kommt Sully zu ihnen. Er kennt Bobby fast schon sein ganzes Leben lang – ohne ihn würde er wahrscheinlich gar nicht hier sein –, und jetzt macht er sich Sorgen um ihn. Weil er fürchtet, daß Bobby es irgendwie nicht schafft, daß die ganze Fahrt ein Riesenfehler war. Seid ihr okay? fragt er. Wirklich?

Ja, sagt Chris. Nur noch eine Minute.

Sully lächelt, schlägt mit der flachen Hand aufs Autodach und geht wieder. Bugsy und Murph haben niemand, bei dem sie noch bleiben könnten, und verlieren deshalb keine Zeit, an Bord zu gehen; an Land sind jetzt nur noch die beiden Paare in ihren Wagen. Alfred reißt sich von seiner Freundin los, steigt aus und geht über die Pier auf das Schiff zu. Seine Freundin dreht sich um, weinend, und entdeckt Chris im Volvo. Sie fährt sich mit zwei Fingern die Wangen hinunter – »Ja, ich bin auch traurig« – und sitzt dann nur noch da, die Tränen strömen. Jetzt gibt es nichts mehr zu warten, nichts mehr zu sagen. Bobby versucht, Haltung zu bewahren, wegen der anderen fünf auf dem Schiff, aber Chris versucht es gar nicht erst.

Also, ich muß jetzt wohl, sagt er.

Ja.

Und, Christina – du weißt, daß ich dich immer lieben werde.

Sie lächelt ihn durch ihre Tränen an. Ja, das weiß ich, sagt sie. Bobby küßt sie und steigt aus, wobei er ihre Hand nicht losläßt. Dann schließt er die Tür, lächelt ihr ein letztes Mal zu und geht dann über den Kies auf das Boot zu. Wie sich Chris erinnert, blickt er nicht zurück, nicht ein einziges Mal.

Fast sofort, nachdem die Neue Welt entdeckt war, begannen die Europäer, dort zu fischen. Zwölf Jahre nach Kolumbus überquerte ein Franzose namens Jean Denys den Atlantik, fischte auf den Grand Banks vor Neufundland und kehrte mit einer großen Ladung Kabeljau zurück. Innerhalb weniger Jahre befanden sich so viele portugiesische Boote auf den Banks, daß sich der König genötigt sah, eine Einfuhrsteuer zu erheben, um die Fischer, die sich auf die heimischen Küsten beschränkten, zu schützen. Der Kabeljau trat vor Neufundland in so dichten Schwärmen auf, sagte man, daß sie die Fahrt der Schiffe bremsten.

Ganz so zahlreich war der Kabeljau sicher nicht vorhanden, doch es lohnte schon eine Atlantiküberquerung. Und die Fische ließen sich leicht transportieren: Die Mannschaften salzten sie noch an Bord ein, trockneten sie, wenn sie wieder zu Hause waren, und verkauften sie dann zu Hunderttausenden. Die Alternative war, mit zwei Mannschaften hinüberzusegeln, die eine zum Fischen, die andere, um den Fang an der nächstgelegenen Küste zu konservieren. Die Fische wurden der Länge nach aufgeschnitten und dann über Stellagen gehängt, wo sie den ganzen Sommer in der Luft Neufundlands trockneten. Wie man es auch machte, das Ergebnis war ein hartes Stück Protein, das sich handhaben ließ wie eine Schuhsohle und dann durch Einweichen wieder in einen eßbaren Zustand gebracht werden konnte. Bald segelten europäische Schiffe regelmäßig über den Atlantik, um diesem äußerst lukrativen – wenn auch gefährlichen – Geschäft nachzugehen.

In den ersten fünfzig Jahren begnügten sich die europäischen Mächte damit, auf hoher See vor Neufundland zu fischen und sich von den Küsten fernzuhalten. Das waren zerklüftete, trostlose Plätze, die kaum mehr zu bieten schienen als die Möglichkeit, das Schiff an einer Klippe zerschellen zu lassen. Dann, im Jahre 1598, holte der französische Marquis Troïlus de Mesgouez 60 Sträflinge aus französischen Gefängnissen und setzte sie auf einem öden Sandstreifen, genannt Sable Island, südlich von Neuschottland aus. Sich selbst überlassen, jagten die Männer verwildertes Vieh, bauten sich Hütten aus dem Holz gestrandeter Schiffe, stellten Fischöl her und brachten einander allmählich um. Im Jahre 1603 waren nur noch elf von ihnen am Leben, und diese Unglücklichen wurden nach Frankreich zurückgeschafft und König Heinrich IV. vorgeführt. Sie waren in Tierfelle gehüllt, und ihre Bärte reichten ihnen halb über die Brust. Der König war so gnädig, diese Jammergestalten nicht nur zu begnadigen, sondern ihnen auch eine Belohnung zu gewähren, um sie für ihre Leiden zu entschädigen.

Es war um diese Zeit, daß Cape Ann zum ersten Mal von Europäern gesichtet wurde. Im Jahre 1605 segelte der große französische Forschungsreisende Samuel de Champlain von Casco Bay, Maine, aus nach Süden; als er die felsigen Riffe der Thatcher's-, Milk- und Salt-Insel umfahren hatte, warf er vor einem sandigen Strand die Anker. Die Eingeborenen zeichneten ihm eine Karte des südlichen Verlaufs der Küste, und Champlain setzte seine Reise fort, um den Rest von Neuengland zu erkunden, bevor er im folgenden Jahr wieder nach Cape Ann zurückkehrte. Dieses Mal kämpfte er sich in stürmischem Herbstwetter mühsam die Küste hinauf, als er in einem natürlichen Hafen, den er früher übersehen hatte, Schutz suchen mußte. Er wurde von einer Gruppe Wampanoag-Indianer begrüßt, von denen einige noch Reste portugiesischer Kleidungsstücke am Leibe trugen, die sie vor hundert Jahren eingetauscht hatten; sie gaben sich zunächst äußerst gastfreundlich, bevor sie aus den Wäldern von Rocky Neck zu einem Überraschungsangriff ansetzten. Die Franzosen hatten jedoch keine Schwierigkeiten, sie abzuwehren, und am letzten Septembertag im Jahre 1606, während die Indianer winkend am Ufer standen und Eiche und Ahorn schon Herbstfarben anlegten, ließ Champlain wieder die Segel setzen. Wegen der geschützten Buchten und der dichtbesiedelten Muschelbänke nannte er den Ort »Beauport« – den Guten Hafen. Siebzehn Jahre später segelte ein Schiff mit einer Gruppe Engländer in den Hafen hinein, entdeckte den reichlich vorhandenen Kabeljau und ließ den Anker fallen. Das war im Jahre 1623. Dieses Schiff war von der Dorchester Company finanziert worden, einer Gruppe von Investoren aus London, die die Reichtümer der Neuen Welt erschließen wollten. Sie hatten die Absicht, auf Cape Ann eine Siedlung zu gründen mit der Aufgabe, eine Flotte von Booten zu unterstützen, die das ganze Frühjahr und den Sommer über fischen und dann im Herbst nach Europa zurückkehren sollten. Die Mannschaft an Land hatte die Aufgabe, eine bewohnbare Siedlung aufzubauen und den angelandeten Fang zu trocknen. Leider hatten die Dorchesterleute von Anfang an Pech. Im ersten Sommer fingen sie zwar eine Riesenmenge Kabeljau, aber die Marktpreise fielen in den Keller, und sie konnten nicht einmal ihre Ausgaben decken. Im nächsten Jahr erreichten die Preise wieder ihren normalen Stand, aber diesmal fingen sie so gut wie gar nichts; und im dritten Jahr beschädigten heftige Stürme die Boote und zwangen sie, nach England zurückzukehren. Die Gesellschaft mußte ihre Vermögenswerte liquidieren und die Männer nach Hause holen.

Einige der Siedler weigerten sich jedoch, wieder zurückzugehen. Sie taten sich mit einer Bande von Ausgestoßenen aus der tyrannischen Plymouth-Kolonie zusammen und bildeten mit ihr den Kern einer neuen Kolonie in Gloucester. Neuengland war in diesen Tagen ein unversöhnliches Land, in dem, wie es den Anschein hatte, nur die Desperados und die Frommen zu überleben vermochten, und auf Gloucester entfiel ein weitaus größerer Anteil der ersteren. Der berüchtigtste Einwohner war der Pfarrer John Lyford, dessen Handlungen so unchristlich waren – er kritisierte die Kirche und vergriff sich an einem Dienstmädchen –, daß sie von einem örtlichen Chronisten als nicht druckreif angesehen wurden. Ein weiterer war ein »schiffbrüchiger Abenteurer« namens Fells, der aus Plymouth floh, um der öffentlichen Auspeitschung zu entgehen. Sein Verbrechen bestand darin, daß er »unrechtmäßige Beziehungen« zu einer jungen Frau unterhielt.

Gloucester war genau der richtige Ort für lockere Vögel wie Lyford und Fells. Es war arm, weit abgelegen, und die Puritanerpriester kümmerten sich nicht weiter darum, was da oben passierte. Nachdem der Ort für kurze Zeit aufgegeben worden war, wurde er im Jahre 1631 wieder besiedelt, und fast sofort begannen die Einwohner mit dem Fischfang. Sie hatten auch kaum eine andere Wahl, denn Cape Ann ist nichts als ein einziger großer Felsen, aber in anderer Hinsicht war das ein Segen. Farmer sind leicht unter Kontrolle zu halten, weil sie an ihr Land gebunden sind, aber Fischer nicht. Ein Zwanzigjähriger, der von einer dreimonatigen Fahrt zu den Banks zurückkommt, hat verdammt wenig Grund, den spießbürgerlichen Sitten der Stadt irgendwelche Beachtung zu schenken. Gloucester stand bald in dem Ruf, eine Stadt der Toleranz, wenn nicht sogar der offenen Ausschweifungen zu sein, was

Leute aus der ganzen Kolonie anzog. Die Stadt begann zu gedeihen.

Auch in anderen Gemeinden fand sich ein kräftiger Schuß Gottlosigkeit, aber doch eher nur in den Randgebieten. (Wellfleet, zum Beispiel, hatte für seine jungen Männer eine Insel vor dem Hafen reserviert. Im Laufe der Zeit entstanden dort ein Freudenhaus, eine Kneipe und ein Wal-Beobachtungsstand, also praktisch alles, was ein junger Fischer brauchte.) Eine derartige Pufferzone hatte Gloucester jedoch nicht; alles ereignete sich direkt am Hafen. Junge Frauen vermieden es, durch bestimmte Straßen zu gehen, Ortspolizisten waren auf der Suche nach Fischern, die vom Pfad der Tugend abgewichen waren, und Besitzer von Obstgärten koppelten Stolperdrähte mit Flinten, um ihre Apfelbäume zu schützen. Einige Fischer aus Gloucester respektierten offensichtlich nicht einmal den Sonntag: »Einige Kapitäne aus Cape Cod bekamen einen wilden Blick angesichts ihres qualvollen inneren Konflikts«, schrieb ein Cape-Cod-Chronist namens Josef Berger, »wenn sie ihrer Mannschaft aus der Bibel vorlasen, während irgendein gottloses Gloucesterboot direkt vor ihnen lag und ein Netz voll Makrelen oder Kabeljau aus dem Wasser holte.«

Wenn die Fischer aus dem vollen lebten, so taten sie das sicher auch deswegen, weil der Tod ihnen so nahe war. In den Glanzzeiten der Fischerei verlor Gloucester jedes Jahr zweihundert Männer an die See, das waren vier Prozent der Stadtbevölkerung. Seit 1650 sind schätzungsweise zehntausend Männer aus Gloucester auf See geblieben; das sind weit mehr Opfer, als alle Kriege forderten, die das Land führte. Manchmal fegte ein Sturm über die Grand Banks und versenkte ein halbes Dutzend Boote; das waren hundert Männer auf einen Schlag. Mehr als einmal wachten die Küstenbewohner Neufundlands auf und fanden ihre Strände übersät mit Ertrunkenen.

Die Grand Banks sind deswegen so gefährlich, weil sie auf einer der schlimmsten Sturmbahnen der Welt liegen. Tiefdruckgebiete bilden sich über den Great Lakes oder Cape Hatteras und folgen dem Jetstream aufs Meer hinaus, wobei sie genau über die Fischgründe ziehen. In früherer Zeit konnten die Boote nicht viel mehr unternehmen, als noch mehr Ankertrosse zu stecken und zu versuchen, den Sturm abzureiten. So gefährlich die Grand Banks auch waren, Georges Bank – nur 180 Meilen östlich von Cape Cod gelegen – war noch schlimmer. Die Georges Bank hatte etwas so Unheilvolles, daß Fischerbootkapitäne sich dreihundert Jahre lang weigerten, auch nur in die Nähe dieser Untiefe zu fahren. Die Strömungen auf der Georges Bank verliefen in seltsamen Strudeln, und die Tide lief so schnell ab, sagte man, daß der Grund des Ozeans zu Tage trat und die Möwen dort nach Nahrung suchten. Männer sprachen von merkwürdigen Träumen und Visionen, die sie dort gehabt hatten, und von dem unheimlichen Gefühl, sich an einem Sammelpunkt schrecklicher Kräfte zu befinden.

Leider war die Georges Bank auch die Heimat einer der höchsten Konzentrationen marinen Lebens auf der Welt, und es war nur eine Frage der Zeit, bis jemand auf die Idee kommen würde, dort zu fischen. Im Jahre 1827 drehte der Schiffer John Fletcher Wonson aus Gloucester vor der Georges Bank bei, warf eine Angelleine aus und zog einen Heilbutt aus dem Wasser. Es ging ihm nicht mehr aus dem Kopf, mit welcher Leichtigkeit er den Fisch gefangen hatte, und drei Jahre später kam er wieder, nur um dort zu fischen. Es passierte auch nichts Schreckliches und bald liefen Schiffe zwischen der Georges Bank und dem Festland hin und her, ohne daß noch jemand darüber nachdachte. Es war nur eine Tagesfahrt von Gloucester, und die abergläubischen Vorstellungen, die mit diesem Ort verbunden waren, begannen zu verblassen.

Weil die Fischgründe relativ klein waren und sich so nahe der Küste befanden, konnten dort an einem schönen Tag Dutzende von Schonern in Sichtweite voneinander vor Anker liegen. Wenn sich ein Sturm eher langsam entwickelte, blieb der Flotte Zeit genug, um ankerauf zu gehen und sich mit genügend Abstand in tieferem Wasser zu verteilen. Ein plötzlicher Sturm jedoch konnte Schiff auf Schiff treiben, bis sie schließlich alle in einem wüsten Knäuel von Tauwerk und gebrochenen Spieren untergingen. Deshalb standen für gewöhnlich Männer auf dem Bug bereit, um die Ankertrossen zu kappen, wenn ein anderes Boot auf sie zutrieb. Aber das war im allgemeinen auch schon das Todesurteil. Die Chancen, sich von der Untiefe freizusegeln, waren erschreckend gering.

Eine der schlimmsten Katastrophen dieser Art ereignete sich im Jahre 1862, als ein Wintersturm auf siebzig Schoner niederfuhr, die dabei waren, einen riesigen Schwarm dicht bei dicht schwimmender Kabeljaus abzufischen. Ohne Vorwarnung wurde der Himmel schwarz, und der Schnee kam fast horizontal herunter. Einer der Fischer beschrieb, was danach geschah:

> Meine Bordkameraden ließen keine Furcht erkennen; sie waren jetzt alle an Deck, und der Kapitän

hielt scharf Ausguck. Irgendwann so gegen neun Uhr rief der Kapitän: Voraus hat sich ein Boot selbständig gemacht! Klar bei Handbeil, aber kappt die Leine nicht, bevor ich es sage! Alle Augen waren jetzt auf das treibende Schiff gerichtet. Es kam immer näher, direkt auf uns zu. Nur noch einen Augenblick, und der Befehl zum Kappen mußte gegeben werden. Mit der Geschwindigkeit einer Möwe schoß das Boot an uns vorbei, so nahe, daß ich hätte an Bord springen können. Die hoffnungslosen, angsterfüllten Gesichter der Mannschaft waren nur einen Augenblick zu sehen, während das dem Untergang geweihte Boot vorbeitrieb. Es rammte ein anderes Schiff der Flotte etwas weiter achteraus, und wir sahen, wie beide Boote nach kurzer Zeit vom Wasser verschlungen wurden.

Einige moderne Schwertfischfänger fischen immer noch auf der Georges Bank, aber die meisten nehmen die lange Reise zu den Grand Banks auf sich. Sie sind zwar länger auf See, aber sie kommen mit mehr Fisch zurück – die alte Geschichte: Was man auf der einen Seite verliert, holt man auf der anderen wieder herein. Es dauert eine Woche, bis man mit einem modernen Schiff die Grand Banks erreicht. Man läuft rund um die Uhr Richtung Ostnordost, bis man Gloucester zwölfhundert Meilen hinter sich gelassen hat und rund vierhundert Meilen östlich von Neufundland steht. Von da aus ist es leichter, die Azoren zu erreichen, als wieder zum »Crow's Nest Inn« zu kommen. Wie die Georges Bank sind auch die Grand Banks so flach, daß das Sonnenlicht bis zum Grund vordringen kann. Ein Zufluß kalten Wassers, der Labradorstrom, kreuzt die Untiefen und erzeugt eine ideale Umgebung für Plankton; dann kommen kleine Fische, um das Plankton zu fressen, und schließlich große Fische, um die kleinen zu fressen. Bald ist die gesamte Nahrungskette da, bis hinauf zu den siebzig Fuß langen Schwertfischfängern.

Die Ausfahrt und die Heimfahrt sind im Grunde die einzigen Zeiten des Monats, in denen die Fischer richtig zum Schlafen kommen. Im Hafen haben sie genug damit zu tun, soviel Leben wie nur möglich in die fünf oder sechs Tage zu packen, die sie zu Hause sind, und auf den Fischgründen läßt ihnen die Arbeit keine Ruhe. Sie arbeiten zwanzig Stunden am Tag, und das zwei oder drei Wochen hintereinander; danach fallen sie in die Koje und erholen sich auf der langen Fahrt in den Heimathafen. Die Fahrten erfordern jedoch mehr als nur Essen und Schlafen. Das Fischfanggerät, ebenso wie das Decksgeschirr, muß eine Menge aushalten und daher dauernd instand gesetzt werden. Die Mannschaft will nicht einen Fangtag verlieren, nur weil das Gerät nicht in Ordnung ist, und deshalb wird alles auf der Ausfahrt in Ordnung gebracht. Wenn sie in kanadische Gewässer kommen, müssen sie nach internationalem Recht ihr Gerät verstauen und haben dann für kurze Zeit nichts zu tun. Sie schlafen, reden, sehen fern und lesen; es gibt Schulabbrecher, die auf der Georges Bank ein halbes Dutzend Bücher verschlingen.

Gegen acht oder neun Uhr abends quetscht sich die Mannschaft in die Kombüse und schlingt hinunter, was immer der Koch zusammengerührt hat. (Murph ist der Koch auf der *Andrea Gail;* er bekommt eine Zulage und übernimmt die Wache, wenn die anderen essen.) Beim Essen reden die Männer über das, worüber Männer überall reden – Frauen, den Mangel an Frauen, Kinder,

Sport, Pferderennen, Geld, den Mangel an Geld, die Arbeit. Sie reden viel über die Arbeit sie reden darüber, wie Männer im Gefängnis über die Zeit reden. Die Arbeit ist es, was sie davon abhält, nach Hause zu gehen, und sie wollen alle nach Hause. Je mehr Fisch sie fangen, desto eher ist die Fahrt zu Ende, und diese einfache Gleichung verwandelt sie alle in Amateur-Meeresbiologen. Nach dem Essen übernimmt derjenige, der an der Reihe ist, das Abwaschen, und Billy geht ins Ruderhaus, damit auch Murph essen kann. Niemand wäscht gern ab, und daher kaufen einige sich manchmal mit einem Päckchen Zigaretten von der Pflicht los. Je länger die Reise dauert, desto billiger wird diese Arbeit, bis schließlich ein Fischer mit einem Jahresverdienst von 50 000 Dollar für eine einzige Zigarette den Abwasch übernimmt. Am Ende einer solchen Reise besteht das Abendessen vielleicht noch aus einer Schale gerösteter Brotwürfel mit Salatsoße.

Jeder in der Mannschaft übernimmt zweimal am Tag die Wache. Jeder Wachgang dauert zwei Stunden und verlangt wenig mehr als die Beobachtung des Radarschirms und das gelegentliche Eingeben einiger Zahlen in den Autopiloten. Wenn das Fanggerät ausgebracht ist, müssen die Nachtwachen das Boot vielleicht öfter mal auf die Hauptleine ausrichten, um nicht zu weit abzutreiben. Die *Andrea Gail* hat einen gepolsterten Stuhl in ihrem Ruderhaus, aber er steht weit hinter dem Steuerrad, so daß niemand während der Wache einschlafen kann. Radar und Loran sind an der Decke angeschraubt, ebenso wie das Ukw-Gerät und die Einseitenbandanlage; der Video-Plotter und die Selbststeueranlage befinden sich auf der Bedientafel an Backbord. Das Ruderhaus hat neun Lexan-Fenster und ist mit einem Suchscheinwerfer ausgerüstet, dessen Pistolengriff sich ebenfalls unter der Decke befindet. Das Steuerrad hat die Größe eines Fahrradreifens und ist genau in der Mitte des Ruderhauses angebracht, ungefähr in Hüfthöhe. Es gibt keinen Grund, das Steuerrad zu bewegen, es sei denn, der Autopilot ist ausgeschaltet, und das ist selten der Fall. Von Zeit zu Zeit kontrolliert der Rudergänger den Maschinenraum, ansonsten starrt er hinaus auf die See. Seltsamerweise wird einem der Anblick der See nie langweilig – Wellenzüge laufen aufeinander zu und überkreuzen sich in Mustern, die es nie zuvor gab und die es in dieser Form nie mehr geben wird. Es kann manchmal Stunden dauern, bis man seine Augen von diesem Anblick losreißen kann.

Billy Tyne ist schon Dutzende Male auf den Grand Banks gewesen, und er hat auch schon vor Nord- und Süd-Carolina, Florida und in der Karibik gefischt. Er wuchs in der Gloucester Avenue auf, ganz in der Nähe der Stelle, wo die Route 128 über den Annisquam River führt, und heiratete ein junges Mädchen aus der Nachbarschaft. Für jemand, der mitten aus Gloucester kam, war Billy insofern eine Ausnahme, weil er damals nicht als Fischer arbeitete, und es seinen Eltern relativ gutging. Eine Weile betrieb er ein Geschäft für mexikanische Importe, arbeitete dann bei einem Tresorhersteller, danach verkaufte er Wasserbetten. Sein älterer Bruder wurde mit zweiundzwanzig Jahren in Vietnam von einer Landmine getötet, und vielleicht zog Billy daraus den Schluß, daß man das Leben nicht damit vertun dürfe, in einer Bar herumzuhängen. Er schrieb sich wieder in der Schule ein, nahm sich vor, Psychologe zu werden, und begann, drogensüchtige Teenager zu beraten. Er war auf der Suche nach etwas, probierte Verschiedenes aus, aber nichts schien für ihn das Richtige zu sein. Er verließ die Schule und fing wieder an zu arbeiten; aber inzwischen hatte er eine Frau und zwei Töchter zu versorgen. Seine Frau, Jodi, hatte ihn gedrängt, es doch einmal mit der Fischerei zu versuchen, denn sie hatte eine Cousine, deren Mann damit eine Menge Geld verdiente. Man kann nie wissen, sagte sie, vielleicht gefällt es dir ja.

»Damit war alles gelaufen«, sagt Jodi. »Haben sie erst einmal damit angefangen, kennen die Männer nichts anderes mehr. Sie lieben es, und es beherrscht ihr ganzes Leben, und das ist es dann. Manche sind von der Kirche oder Gott besessen, und die Fischerei gehört eben auch zu den Sachen, von denen man besessen sein kann. Es ist etwas in ihnen, das niemand ihnen wegnehmen kann, und wenn sie es nicht tun können, werden sie nicht mehr glücklich sein.«

Natürlich war es von Vorteil, daß Billy ein ausgesprochenes Talent für den Beruf besaß. Er hatte eine fast unheimliche Fähigkeit, Fischschwärme zu entdecken, ein unbewußtes Gefühl dafür, wo sie sich aufhielten. »Es war eigenartig – als hätte er ein eingebautes Radar gehabt«, sagt Jodi. »Er war einer der wenigen, die jedesmal, wenn sie auf See gingen, auch mit Fisch nach Hause kamen. Alle wollten immer mit ihm fischen, weil er immer Geld machte.« Tyne machte seine erste Reise auf der *Andrea Gail,* und danach wechselte er auf die *Linnea C.,* die einem Mann namens Warren Cannon gehörte. Tyne und Cannon wurden gute Freunde, und Cannon brachte ihm acht Jahre lang alles bei, was er wußte. Nach seiner langen Lehrzeit beschloß Tyne, sich selbständig zu machen, und begann mit der *Haddit* hinauszufahren – »diese verdammte Chlorox-Flasche«, wie Charly Reed sie nannte. (Es handelte sich um ein Fiberglasboot.) Inzwischen hing Tyne fest am Haken; durch die Belastungen seiner vielen Fahrten war seine Ehe in die Brüche gegangen, aber seinen Beruf aufgeben wollte er deswegen nicht. Er zog nach Florida, um seiner Exfrau und den Töchtern näher zu sein, und fischte mehr denn je.

Jeden Sommer kamen Tynes Töchter, Erica und Billie Jo, nach Gloucester, um ihre Großeltern zu besuchen und zwischen seinen Fahrten kam Tyne dort vorbei, um sie zu sehen. Er blieb auch in Verbindung mit Charlie Reed, und als der das Kommando auf der *Andrea Gail* abgab, kam Billys Name ins Gespräch. Brown bot ihm die Stelle als Kapitän an sowie ein Drittel des Mannschaftsanteils. Das war ein gutes Angebot; ein Mann wie Tyne konnte damit 100 000 Dollar pro Jahr verdienen. Er nahm an. Inzwischen hatte Reed einen 90-Fuß-Trawler übernommen; die *Corey Pride.* Er würde weniger verdienen, dafür aber öfter zu Hause sein. »Ich konnte das Zigeunerleben einfach nicht mehr ertragen«, sagt Reed. »Immer unterwegs, manchmal drei Monate hintereinander nicht zu Hause – ich bin einigermaßen damit klargekommen, aber für meine Frau war es die Hölle. Und ich dachte, ich hätte genug Geld gemacht, um alle meine Kinder durch die Schule zu bringen. Das stimmte zwar nicht so ganz, aber ich glaubte es zumindest.«

Die *Andrea Gail* läuft auf der Rückseite eines Hochdrucksystems, das vom kanadischen Festland aufs Meer hinausragt, zu den Fischgründen aus. Der Wind kommt aus Nordwest, und der Himmel ist von einem harten Dunkelblau. Das ist der vorherrschende Wind in diesem Gebiet. Schoner, die mit diesem Wind nach Osten segelten, konnten innerhalb von vierundzwanzig Stunden in St. John oder Halifax sein. Ein 365-PS-Dieselmotor ließ das weniger augenfällig erscheinen, aber die Ausfahrt braucht immer noch weniger Zeit als die Heimfahrt. Am 26. oder 27. September befindet sich Billy Tyne ungefähr auf 42° Nord und 49° West, rund 300 Meilen vor der Spitze Neufundlands in dem Teil der Grand Banks, der allgemein *tail*, der Schwanz, genannt wird. Die kanadischen Hoheitsgewässer, die sich zweihundert Meilen seewärts erstrecken, verschließen fremden Booten den größten Teil der Grand Banks, aber zwei kleine Gebiete ragen im Nordosten und Südosten über die Trennlinie hinaus: die »Nase« und der »Schwanz«. Schwertfischfänger patrouillieren auf einem Kreisbogen, dessen höchster Punkt ungefähr auf 50° West und 44° Nord liegt. Innerhalb dieses Kreisbogens liegen die weiten fruchtbaren unterseeischen Ebenen der Grand Banks, verbotenes Gebiet für alle, bis auf die kanadischen und lizenzierten ausländischen Boote. Aber auch außerhalb dieses Kreisbogens finden sich Tausende »legaler« Schwertfische, die sich möglicherweise von einer an einem großen Stahlhaken hängenden Makrele verlocken lassen.

Schwertfische sind keine sanften Tiere. Sie schwimmen mitten durch einen Schwarm Fische hindurch, schlagen wie wild mit ihrem Schwert um sich und versuchen, so viele Fische wie möglich zu töten; dann genießen sie das Festmahl. Schwertfische haben schon Boote angegriffen, Fischer über Bord gezogen und Fischer an Deck aufgeschlitzt. Der wissenschaftliche Name des Schwertfischs ist *Xiphias gladius;* das erste

Wort bedeutet »Schwert« auf griechisch, und das zweite Wort »Schwert« auf Latein. »Der Wissenschaftler, der ihn benannte, war offensichtlich beeindruckt von der Tatsache, daß er ein Schwert hatte«, wie es in einem Handbuch heißt.

Das Schwert, eine knöcherne Verlängerung des Oberkiefers, ist auf beiden Seiten tödlich scharf und kann vier oder fünf Fuß lang werden. Geführt von einem geschmeidigen, muskulösen und gut fünfhundert Pfund schweren Fisch, kann diese Waffe eine Menge Schaden anrichten. Schwertfische haben ihre Waffe schon mitten durch die Planken eines Bootes getrieben. Gewöhnlich passiert so etwas nur, wenn der Fisch am Haken hängt oder harpuniert wurde, aber im 19. Jahrhundert griff ein Schwertfisch einmal ohne ersichtlichen Grund einen Klipper an. Der Segler wurde dabei so beschädigt, daß der Eigner beim Versicherer eine Entschädigung beantragte, und die ganze Geschichte endete schließlich vor einem Gericht.

Die Grand-Banks-Schwertfische laichen in der Karibik und schwimmen dann während der Sommermonate langsam nordwärts, auf das kalte, proteinreiche Wasser vor Neufundland zu. Am Tage arbeiten sie sich langsam die Wassersäule hinunter bis zu einer Tiefe von 3000 Fuß, und jagen dabei Tintenfisch, Seehecht, Kabeljau, Butterfisch, Blaufisch, Makrele, Menhade und Bonito, und bei Nacht folgen sie ihrer Beute wieder an die Oberfläche. Ihre Jungen kommen mit Schuppen und Zähnen zur Welt, wenn auch ohne Schwert, und werden von manchen als etwas »wehmütig aussehend« beschrieben. Obwohl alle möglichen Fische sich an den Jungschwertfischen vergreifen, werden die ausgewachsenen Exemplare doch nur von Makohaien,

Pott- und Schwertwalen angegriffen. Ein ausgewachsener Schwertfisch gilt als einer der gefährlichsten Beutefische überhaupt und kann ohne Unterbrechung drei bis vier Stunden lang kämpfen. Bei diesem Überlebenskampf sind schon kleinere Boote versenkt worden. Zum Schwertfischfang verwenden Sportfischer lebende Köder an schweren Stahlbaken, befestigt an Stahldraht oder Ketten, die auf eine Bruchfestigkeit von 500 Pfund getestet sind; sie brauchen auch eine »Lähmungskeule« an Bord, mit der sie die Fische bewußtlos schlagen können. Die Berufsfischer, deren Job es ist, jeden Nervenkitzel beim Fischen zu vermeiden, bedienen sich ganz anderer Methoden. Sie legen tausend mit Ködern versehene Haken an einer vierzig Meilen langen Monofil-Leine aus und kriechen dann in die Koje, um zu schlafen.

Bob Brown weiß nicht, wann Billy die ersten Leinen ausbringt, weil Billy es haßt, über Funk mit ihm zu sprechen. Man weiß, daß er schon Nachrichten bei Linda Greenlaw hinterlassen hat, nur um nicht mit Bob Brown sprechen zu müssen; man weiß auch, daß er atmosphärische Störungen im ESB-Funkgerät vorgetäuscht hat. Aber man kann annehmen, daß Tyne die Leinen zum ersten Mal in der Nacht des 27. September ausbringt. Die Ausleger des Bootes sind ausgebaumt und zwei Stahlplatten, *birds* genannt, hängen an Ketten im Wasser, um die Stabilität zu erhöhen. Über dem Ozean liegt bereits die schnell hereinbrechende Dunkelheit des Herbstes, und der Wind hat auf Südost gedreht. Die Oberfläche der See zeigt die Kreuzschraffierung, die mit einer sich ändernden Wetterlage einhergeht.

Das Köderauslegen ist ungefähr so faszinierend wie

Schichtarbeit in einer Fabrik, aber erheblich gefährlicher. Die Leine ist auf einer großen Lindegren-Trommel aufgewickelt, die im Schutz des Waldecks an Backbordseite aufgestellt ist. Sie läuft diagonal über das Deck und dann durch einen hängenden Block, von dem sie zum Heck umgelenkt wird. Ein Ring aus Stahl führt sie über die Reling zum Wasser hinunter. An dieser Stelle stehen die Männer, die die Köder anbringen. Auf der Heckreling ist der »Ködertisch« angebracht – eigentlich ein hölzerner Behälter, in dem sich Tintenfische und Makrelen befinden – und an beiden Seiten ein *leader cart.* Das sind kleine Trommeln, auf denen Hunderte von Sieben-Faden-Leinen aufgewickelt sind, die sogenannten Vorfächer. Jedes Vorfach hat an einem Ende einen Haken Nr. 10 und am anderen einen Karabinerhaken aus rostfreiem Stahl.

Der Ködermann läßt sich das Vorfach von dem hinter ihm stehenden Mann zureichen, der sie einzeln von der Trommel zieht. Der Ködermann steckt einen Tintenfisch oder eine Makrele auf den Haken, schließt das Vorfach mit dem Karabiner an die Hauptleine und wirft das Ganze über Bord. Der Haken ist groß genug, um die Hand eines Mannes zu durchbohren, und wenn er sich am Körper des Ködermannes oder in seiner Kleidung verfängt, dann wird er mit über Bord gerissen. Deshalb haben die Ködermänner die absolute Kontrolle über die Handhabung des Hakens; niemand macht sich am Vorfach zu schaffen, solange sie damit beschäftigt sind. Am Ködertisch ist auch ein Messer angebracht. Ein Ködermann kann es vielleicht noch packen und die Leine kappen, bevor er über Bord geht.

Da Schwertfische nachts auf Jagd gehen, ist jeder Haken auch mit einem Cylume-Lichtstab versehen, der den Köder beleuchtet. Cylumes sind zigarrengroße Plastikröhren mit phosphoreszierenden Chemikalien, die aktiviert werden, wenn man das Röhrchen in der Mitte knickt. Sie kosten einen Dollar pro Stück, und ein Schwertfischfänger kann auf einer Reise gut fünftausend davon verbrauchen. Der Abstand zwischen den einzelnen Haken beträgt ungefähr dreißig Fuß, aber die genaue Entfernung wird durch die Geschwindigkeit des Bootes bestimmt. Wenn der Kapitän die Haken näher zusammenhaben möchte, geht er mit der Geschwindigkeit herunter; will er sie auseinanderziehen, erhöht er die Fahrt. Die typische Geschwindigkeit für das Ausbringen der Leine auf den Grand Banks ist sechs oder sieben Knoten. Bei dieser Fahrt benötigt man ungefähr vier Stunden, um dreißig Meilen Leine auszubringen.

Bei jedem dritten Haken steckt der Ködermann eine kleine Kugelboje an der Leine an, die an der Oberfläche schwimmt und die Leine in der richtigen Tiefe hält. Üblicherweise hängt man die Leine auf fünf Faden und die Haken auf zwölf – also ungefähr siebzig Fuß tief. Das ist die Tiefe, in der Schwertfische gern jagen, wenn auch Strömungen und plötzliche Veränderungen der Temperatur berücksichtigt werden müssen. Alle vier Meilen wird, anstelle der Kugelboje, ein sogenannter *highflyer* an der Leine befestigt. Der *highflyer* ist ein Schwimmkörper mit einer Aluminiumstange, die an der Spitze einen Radarreflektor trägt. Er bewegt sich auf der Oberfläche auf und ab und ist sehr gut auf dem Radarschirm auszumachen. Schließlich wird noch alle acht Meilen ein Funksender angebracht. Er hat eine große Peitschenantenne, über die er ein Niederfrequenzsignal abstrahlt. Das ermöglicht es dem Kapitän, die Leine wiederzufinden, wenn sie einmal bricht und wegdriftet.

Eine voll mit Ködern bestückte Langleine repräsentiert eine beträchtliche Geldsumme, und man weiß, daß manch ein Kapitän das Leben der Mannschaft aufs Spiel gesetzt hat, um sie wieder zu bergen. Vierzig Meilen einer Monofil-Leine kosten 1800 Dollar. Jede der Funkbaken kostet ebenfalls 1800 Dollar, und an einer Langleine befinden sich sechs davon. Die kleinen Schwimmer kosten sechs Dollar pro Stück und werden bei jedem dritten Haken angebracht. Das ist bei tausend Haken ein Haufen Geld. Die Haken selbst kosten einen Dollar pro Stück, die Leuchtröhrchen ebenfalls einen Dollar, genausoviel wie ein Tintenfisch, und ein Vorfach bekommt man für zwei Dollar. Mit anderen Worten, ein Schwertfischfänger läßt jede Nacht Fischgerät im Wert von 20 000 Dollar in den Atlantik fallen. Der heftigste Streit auf einem Schwertfischfänger wird darüber geführt, ob man das Gerät ausbringen soll oder nicht. Mannschaften haben schon in einem vollen Sturm die Leinen einholen müssen, weil ihr Kapitän das Wetter falsch eingeschätzt hatte.

Das Anbringen der Köder dauert gewöhnlich bis zum späten Abend, und die Mannschaft der *Andrea Gail* hängt ihr Ölzeug weg und begibt sich in die Kombüse. Sie essen schnell, und danach steigt Billy den Niedergang hinauf, um Murph am Ruder abzulösen. Er kontrolliert die Loran-Peilungen, die ihren Standort auf der Karte festlegen, sowie den Video-Plotter, der ihren Standort in bezug auf die Hauptleine bestimmt. Das Radar ist immer eingeschaltet; es hat eine Reichweite von ungefähr fünfzehn Meilen; die Radarbaken an der Hauptleine sind als kleine Vierecke auf dem

Bildschirm zu sehen. Das Ukw-Gerät ist auf Kanal 16 eingestellt und das ESB-Gerät auf 2182 Kilohertz. Das sind beides Notkanäle. Wenn zwei Boote miteinander sprechen wollen, rufen sie sich an und schalten dann auf einen anderen Betriebskanal. Um 23 Uhr wird von der National Oceanic and Atmospheric Administration (NOAA) eine Wettervorhersage gesendet, und für gewöhnlich setzen sich die Kapitäne anschließend miteinander in Verbindung, um sich über einige Detailfragen zu unterhalten. Um diese Zeit liegen die meisten Mannschaftsmitglieder bereits in der Koje, in den kommenden drei Wochen werden sie zwanzig Stunden pro Tag arbeiten, und Schlaf wird zu einer so begehrenswerten Sache wie Zigaretten. Die Kojen sind an den spitz zulaufenden Bordwänden des Vorschiffs festgeschraubt, und die Männer schlafen ein, während sie auf das Arbeiten des Diesels und das Schlagen der Wellen gegen die Bordwand lauschen. Unter Wasser breiten sich das Singen des Propellers und Hunderttausende von Luftbläschen aus. Das Geräusch schmiegt sich um das Küstenvorland von Neufundland, wird abgelenkt durch den Temperatursprung am Golfstrom und verliert sich in den erdrückenden, schwarzen Tiefen jenseits des Festlandsockels. Langwellige Schwingungen pflanzen sich im Wasser unglaublich lange fort, und das Hämmern der Maschine der *Andrea Gail* muß nahezu alle Lebewesen auf den Grand Banks erreichen.

Morgendämmerung auf See, eine graue Leere steigt langsam aus einer größeren schwarzen auf. »Und die Erde war wüst und leer, und es war finster auf der Tiefe.« Wer immer das schrieb, kannte die See – kannte das fahle Erwachen der Welt jeden Morgen; eine Welt, die absolut nichts enthielt, nicht das Geringste.

Ein langes Tuten des Schiffhorns ertönt.

Die Männer stolpern aus den Kojen und schenken sich im Neonlicht der Kombüse Kaffee ein, wobei sie schlecht gelaunt unter geschwollenen Lidern hervorblinzeln. Wenn sie an Deck gehen, können sie nur Schatten wahrnehmen. Es ist naßkalt, und unter ihrem wasserdichten Zeug tragen sie Sweatshirts, Flanellhemden und Thermowäsche. Bis Tagesanbruch ist es noch eine Stunde, aber sie fangen an zu arbeiten, sobald sie etwas erkennen können. Auf 43° Nord, eine Woche nach der Tagundnachtgleiche, bedeutet das 5.30 Uhr morgens.

Das Boot befindet sich am Anfang der Hauptleine, ungefähr hundert Meilen außerhalb der kanadischen Hoheitsgewässer. Gewöhnlich bringt man die Leine in den Golfstrom aus und holt sie dann in entgegengesetzter Richtung wieder ein; deshalb waren sie gestern nachmittag in den warmen 4-Knoten-Strom hinein nach Westen gelaufen und hatten dabei das Gerät ausgebracht. Dann waren sie umgekehrt und wieder nach Osten gelaufen, zurück zum Anfang der Hauptleine. Dadurch bleibt die gesamte Leine ungefähr die gleiche Zeit im Wasser und es wird verhindert, daß das Boot durch die Strömung zu weit nach Osten abtreibt. Billy hat den Anfang der Leine mit Hilfe der Funkbakensignale aufgespürt und liegt jetzt mit dem Bug in Richtung Amerika, bereit zum Einholen. Das Einholen ist weniger gefährlich als das Ausbringen, weil die Haken jetzt binnenbords geholt werden, aber die Hauptleine wird immer noch mit ziemlicher Geschwindigkeit aus dem Wasser gezogen. Das Vorfach mit dem Haken kann über die Reling peitschen und schlimme Verletzungen verursachen; ein Mann bekam einmal einen Haken ins Gesicht, dessen Spitze unterhalb des Backenknochens in das Fleisch eindrang und durch die Augenhöhle wieder herauskam. Das schlimme an der Sache ist, daß ein Boot nur selten eine stabile Plattform ist und auch nur selten trocken. Auf den Beinen zu bleiben, während achtzehn Zoll Deckswasser durch die Speigatten laufen, verlangt das Gleichgewichtsgefühl eines Stahlbaumonteurs in einem Hagelschauer. Trotz allem, hier wird ein Lotterielos eingeholt, und noch der Abgebrühteste an Deck will wissen, was er gezogen hat. Die Leine ist aus dem Führring an der Heckreling ausgehakt worden und läuft jetzt durch eine Aussparung in der Steuerbordreling und weiter durch den hängenden Block. Der Kapitän steuert das Boot vom Hilfsruderstand an Deck und läuft von Zeit zu Zeit in das Ruderhaus, um auf dem Radarschirm zu prüfen, ob sich noch andere Boote auf ihrem Kurs befinden. Der Mann an der Leine, der Einholer, hat die Aufgabe, die Vorfächer abzuhaken und sie dem Aufwickler zu reichen, der dann die noch vorhandenen Köder abnimmt und jedes Vorfach auf die Trommel wickelt. Einholer zu sein ist ein höchst anstrengender Job; ein Mann sagte einmal, er hätte am Ende des Tages seine Finger mit Gewalt vom Hydraulikhebel der Leinenwinde lösen müssen, weil seine Hand völlig verkrampft war. Einholer werden besonders gut bezahlt und deshalb ausgewählt, weil sie alle paar Sekunden ein Vorfach abhaken können, und das vier Stunden ohne Unterbrechung.

Ein Schwertfisch am Haken verleiht der Leine eine verräterische Schwere; wenn der Einholer das spürt, geht er sofort mit dem Hydraulikhebel zurück, damit der Haken nicht ausreißt. Sobald der Fisch in Reichweite ist, schlagen ihm zwei Männer Handhaken in die Seiten und ziehen ihn an Deck. Lebt der Fisch noch, harpuniert ihn einer der Handhakenmänner vielleicht und holt ihn an einer stärkeren Leine an Bord, damit er nicht entkommt. Dann liegt der Fisch einfach da, mit heraustretenden Augen und einem Maul, das sich öffnet und schließt. Wenn es ein guter Fang ist, dann rutschen manchmal drei oder vier halbtote Schwertfische auf dem überspülten Deck herum und prallen gegen die arbeitenden Männer. Eine Stichwunde durch die Waffe eines Schwertfischs hat zumeist sofort eine schwere Infektion zur Folge. Deshalb werden jedem Fisch so schnell wie möglich Kopf und Schwanz abgesägt; anschließend werden sie ausgenommen und im Laderaum auf Eis gelegt.

Makohaie fressen nahezu das gleiche wie Schwertfische, und daher holen Langleiner gelegentlich auch Makos aus dem Wasser. Sie sind jedoch sehr gefährlich: Ein Makohai verpaßte Murphy einmal eine so schwere Bißwunde, daß er mit dem Hubschrauber an Land gebracht werden mußte. (Selbst das Berühren eines abgetrennten Makohaikopfes kann noch einen Beißreflex auslösen.) Bei Makos gilt, daß man vor ihnen nicht sicher ist, bis sie im Laderaum auf Eis liegen. Aus diesem Grund ist es auf einigen Booten verboten, einen lebenden Makohai an Bord zu holen. Hat man einen gefangen, hält ihn ein Mann mit dem Fischhaken fest, während ihm ein anderer mit einem Gewehr in den Schädel schießt. Erst dann wird er an Deck geholt und ausgenommen. »Wir fischen zu weit draußen, um irgendwelche Risiken einzugehen«, sagt ein früheres Besatzungsmitglied der *Hannah Boden.* »Man ist außer Reichweite der Hubschrauber, und Hilfe gibt es erst nach zwei Tagen Fahrt weiter im Westen. Falls du noch am Leben bist, wenn das Boot die Küste erreicht, bringt man dich in ein Krankenhaus in Neufundland. Und dann haben deine Schwierigkeiten erst angefangen.«

An einem guten Tag kann ein Langleiner zehn bis zwanzig Schwertfische aus dem Wasser holen, eine Tonne Fleisch. Soweit Bob Brown weiß, war der größte Fang, der je gemacht wurde, fünf Tonnen am Tag – und das sieben Tage hintereinander; insgesamt also rund 70 000 Pfund Fisch. Das war auf der *Hannah Boden,* Mitte der achtziger Jahre. Das am schlechtesten bezahlte Mannschaftsmitglied verdiente 10 000 Dollar. Deshalb gehen Leute auf Fischfang; deshalb verbringen sie zehn Monate im Jahr in einem siebzig Fuß langen Kasten aus Stahlplatten.

Aber auf jede Fangfahrt dieser Art kommt ein Dutzend Mißerfolge. Fische sind nicht gleichmäßig auf die Wassermassen verteilt; sie sammeln sich in bestimmten Zonen. Man muß wissen, wo diese Zonen sind. Im allgemeinen bringt man die Leine in westlicher Richtung in die Strömung aus. Mit Hilfe eines Temperaturmessers erhält man Wärmeangaben für verschiedene Tiefen; mit einem Dopplergerät lassen sich Geschwindigkeit und Richtung einer Unterwasserströmung in drei verschiedenen Tiefen messen. Man sollte die Leine in »schnellem Wasser« ausbringen, weil das Gerät so eine größere Fläche abdeckt. Man könnte ein Ende der Leine in kaltem Wasser verankern, das sich langsamer vorwärtsbewegt, weil man dann weiß, wo sie wieder zu finden ist. Der Köder sollte zwischen Schichten kalten und warmen Wassers hängen, weil sich die Nahrungskette dort zu sammeln pflegt. Tintenfische ernähren sich von Kaltwasser-Plankton, und die Schwertfische kommen aus kleinen Ausbuchtungen des warmen Golfstromwassers herausgeschossen und fallen über sie her. Warmwasserstrudel, die sich vom Golfstrom ablösen, sind besonders gute Stellen zum Fischen; die Kapitäne versuchen sie mit Hilfe der täglichen Oberflächentemperaturkarten ausfindig zu machen, die von den NOAA-Wettersatelliten stammen. Schließlich sollte man auch bei der Planung der Fangfahrt die Neumondnächte vermeiden. Niemand weiß, warum, aber einige Tage vor und nach Neumond beißen die Fische nicht.

Die Kapitäne von Schwertfischfängern sind gesetzlich verpflichtet, genau darüber Buch zu führen, welche Positionen befischt, wie oft Leinen ausgebracht und wie viele Fische gefangen wurden. Das erleichtert nicht nur die Feststellung, ob das Boot sich an die geltenden Gesetze gehalten hat, sondern erlaubt auch den Meeresbiologen, die Gesundheit des Schwertfischbestandes zu beurteilen. Gesetzmäßigkeiten der Fischwanderungen, demographische Verschiebungen, Sterblichkeitsraten – all dies kann aus den Fangberichten erschlossen werden. Darüber hinaus gehen Beobachter des Nationalen Hochseefischereidienstes (National Marine Fisheries Service) gelegentlich als Beobachter mit den Booten hinaus, um sich über den Industriezweig, den sie zu regulieren haben, aus erster Hand zu informieren. Am 18. August 1982 ging der Hauptplaner des Küstenprogramms von Massachusetts (Massachusetts Coastal Zone Management Program), Joseph Pelczarski, zu einer solchen Beobachtungsfahrt in See. Er verließ New Bedford auf der *Tiffany Vance,* einem Langleiner aus Kalifornien, der es vor der Georges Bank mit einem Wandnetz versuchen wollte. (Wandnetze waren für die Ostküste etwas Neues, und Pelczarski wollte sehen, wie es funktionierte.) Wie sich jedoch herausstellte, hatten Beobachtungsflugzeuge gemeldet, daß sich auf der Georges Bank so gut wie keine Schwertfische befanden, aber Infrarot-Satelliten-Bildmaterial enthüllte einen riesigen Warmwasserwirbel am unteren Ende der Grand Banks. Alex Bueno, der Kapitän des Schiffes, beschloß daher, es im Norden mit der Langleine zu versuchen, und Pelczarski blieb weiter an Bord. Sein Bericht hatte kaum Auswirkungen auf die Wandnetz-Bestimmungen – es wurde nur ein einziges Mal ausgebracht, und sie fingen einen einzigen Fisch –, aber er lieferte den Biologen und Statistikern der Regierung einen seltenen Einblick in das Leben an Bord eines Langleiners:

> Das Fischereifahrzeug *Tiffany Vance* erreichte im Morgengrauen des 21. August Shelburne, Neuschottland. Nach Ergänzung unserer Kraftstoff- und Proviantvorräte liefen wir 17.30 Uhr wieder aus und wurden bei unserer Ausfahrt aus dem Hafen von Delphinen begleitet, die auf der Bugwelle schwammen. Zwei auf Westkurs liegende spanische Fischerboote (ein Mannschaftsmitglied der *Tiffany Vance* kam ebenfalls aus Spanien) wurden gesichtet. Auch sichteten wir zahlreiche Containerschiffe, die Richtung Kanada steuerten. Wir erreichten den »Schwanz« der Grand Banks am 25. August. Die Wassertemperatur wurde konstant auf Grenzschichten kontrolliert, an denen

sich kaltes und warmes Wasser treffen. Am 26. August fand der Kapitän eine geeignete Stelle zwischen anderen Schwertfischfängern, und wir sollten am Abend unsere Leine ausbringen. Das Ausbringen dauerte eineinhalb Stunden, und wir verwendeten fünfhundert Haken.

Um 5.10 Uhr morgens begannen wir mit dem Einholen. Der Kapitän, der das Boot steuert und die Fahrt genau reguliert, fischt die Langleine nach dem »Gewicht«. Der erste Fisch war ein Schwertfisch. Als sein Schwert die Wasseroberfläche durchstieß und er dann auf den Rücken rollte, sahen wir, daß er tot war; er wurde dann mit der Leine an das Boot herangeholt. Mit Haken wird er an Deck gezogen und ausgenommen, das Schwert abgesägt. Die Männer prüfen den Mageninhalt und die innere Körpertemperatur, um einen Anhalt zu bekommen, in was für Wasser der Fisch sich aufgehalten hatte. Die meisten Schwertfische ernährten sich von Tintenfischen. Die nächsten beiden Tage fischten wir in dem gleichen Gebiet südlich des »Schwanzes« der Grand Banks. Am zweiten Tag fingen wir elf Schwertfische, vier Blauhaie, einen Makohai, eine Seeschildkröte (die wir lebendig ins Wasser zurückwarfen) und einen Rochen. Zusätzlich zu den Schwertfischen behielten wir auch den Mako. Am dritten Tag kamen wir beim Ausbringen mit einer anderen Leine unklar. Trotz der Bemühungen der Kapitäne, die einzelnen Fangbereiche festzulegen und alle anderen Boote über die Position des eigenen Fanggeräts zu informieren, überliefen wir eine Langleine. Die Stabilisatoren unseres Bootes, die an Auslegern ungefähr achtzehn Fuß unterhalb der Oberfläche hängen, verfingen sich an einer Langleine. Der Backbord-Stabilisator blieb hängen, aber der Steuerbord-Stabilisator, der aus Stahl und Blei besteht, kam aus dem Wasser und krachte in die Köderkiste und verfehlte einen Matrosen nur um wenige Zoll.

Um derartigen Gefahren und den immer zahlreicher werdenden Booten zu entgehen, liefen wir nach Nordosten, in das Gebiet über den unterseeischen Gebirgen Neufundlands. Der nächste Fangtag, der 30./31. August, verlief ziemlich normal. Der Kapitän verwendete diesmal allerdings weniger Haken (300), weil ihm das Wasser nicht ganz geeignet vorkam (zu flach). Trotzdem fingen wir neun Schwertfische. Beim Einholen verloren wir das Gerät etwa eine Stunde, weil die Hauptleine brach. Um bessere Gewässer zu finden, liefen wir nach dem Einholen die ganze Nacht in Richtung Nordost und legten ungefähr 170 Meilen in Richtung des Flemish Cap zurück. Wale zeigten sich in größerer Entfernung. Am 4. September brachten wir eine Leine mit 400 Haken aus, und der Fang bestand aus zwölf Schwertfischen, einem Makohai, drei Golpims (Alepisaurus ferox), drei Rochen, einem Blauhai und einer Schildkröte, die lebend wieder ins Meer entlassen wurde.

In der Nacht zum 5. September traf sich der Kapitän mit dem Schwertfischfänger *Andrea Gail,* damit ich wieder nach Hause konnte. Die Fahrzeuge machten Heck zu Heck mit einer Leine fest, und ich übergab mein Gepäck mit Hilfe einer zweiten Leine. Dann wurden die Leinen losgenommen, die *Andrea Gail* legte sich mit ihrer Steuerbordseite quer zum

Heck der *Tiffany Vance*, und ich schwamm die 30 Yards zur *Andrea Gail* hinüber. Sie zogen mich an Bord, und zwei Tage später liefen wir in den Hafen von Burin, Neufundland, ein. Der Eigner der *Andrea Gail*, Robert Brown, der nach Neufundland geflogen war, um schlecht funktionierende Generatoren auszutauschen, flog am 9. September 1982 mit mir zurück zum Beverly Airport. Die *Tiffany Vance* kam am 18. Oktober nach New Bedford zurück – sie war dreiundsechzig Tage auf See gewesen und brachte 25 000 Pfund Schwertfisch mit.

Schwertfischfänger, insbesondere diejenigen, die auf die Grand Banks hinausgehen, sind immer wieder längere Zeiten auf See und haben keinen Kontakt zum Festland. Bei diesen Fischern ließe sich sehr gut das Phänomen des kurzfristigen Kulturschocks studieren, und entsprechende Untersuchungen sollten in Angriff genommen werden.

Die letzten Septembertage und die erste Woche im Oktober bringt die Mannschaft der Andrea Gail unermüdlich die Leine aus, läuft zurück, holt sie wieder ein und bringt sie erneut aus. Die Tage sind heiß, und die Männer arbeiten in T-Shirts, wobei ihre Haut von der Nachmittagssonne zu einem salzstreifigen Braun gegerbt wird. Am Abend ziehen sie Sweatshirts und Jacken an und arbeiten mit hochgezogenen Kapuzen am Ködertisch. Das Licht fällt unter einem immer kleineren Winkel ein, rötet sich und versinkt schließlich im Dunkel; ein Dunkel, in dem die Deckslichter das Funkeln der Sterne zunichte machen und die scharfe, kalte Luft Erinnerungen an den Herbst in Neuengland heraufbeschwört. Gegen 22 Uhr machen die Männer die letzten

Handgriffe und fallen in ihre Kojen, um ein paar Stunden zu schlafen.

Für einen Fischer sind die Grand Banks so charakteristisch und leicht zu erkennen wie für andere, sagen wir mal, die Wüsten Arizonas oder die Sümpfe von Georgia. Sie haben ihr eigenes, besonderes Wasser, Licht, Tierleben, ihre besondere Atmosphäre. Kein Hochseefischer würde je auf den Grand Banks aufwachen und glauben, er befände sich, sagen wir, vor der Georges Bank oder Long Island. Nebelgebirge wandern heran und hüllen die Boote manchmal für Wochen ein. Winterliche Kaltfronten fegen heulend vom kanadischen Festlandsockel herunter und lassen das Wasser dampfen. Das Meer ist so reich an Plankton, daß es eine trübe grüngraue Farbe annimmt und das Licht verschluckt, anstatt es zu reflektieren. Sturmvögel und Sturmtaucher umkreisen die Boote, einige hundert Meilen von der Küste entfernt. Riesenraubmöwen stoßen auf die Wasseroberfläche herab und schreien ihr krächzendes *hah-hah-hah* in die leere Welt. Prähistorisch aussehende Kreaturen, Schnabelwale genannt, lassen die Mannschaften im Nebel steckender Boote erschauern. Schwertwale schwimmen die Langleinen ab und fressen – seltsamerweise – nur die Brustflossen der Blauhaie.

Billy fischt rund zweihundert Meilen östlich des »Schwanzes«, in der Nähe einer Reihe von Untiefen, die als das Seegebirge Neufundlands bekannt sind. Am Horizont kann er gelegentlich das weiße Ruderhaus der *Mary T.* ausmachen, die unter dem Kommando von Albert Johnston aus Florida steht. Immer hin und her fahrend, fischen Johnston und Billy ungefähr eine Woche in diesem Gebiet, wobei sie ihr Gerät wie zwei riesige parallele Linien nach Südwesten ausbringen. Gelegentlich sehen sie sich beim Einholen der Leine, aber meistens sind sie füreinander nur zwei undeutliche Punkte auf dem Radarschirm, Schwertfischfänger auf hoher See haben kaum Kontakte miteinander. Eigentlich sollte man das Gegenteil vermuten – mein Gott, bei dieser ungeheuren Leere –, aber im allgemeinen geben sie sich lieber in einer Bar mit jemandem ab oder im Bett mit ihren Frauen. (Ein alter Hafenwitz: Was macht ein Fischer als zweites, wenn er nach Hause kommt? – Er setzt seinen Seesack ab.) Einige Kapitäne holen auf der Heimfahrt einen Stabilisator aus dem Wasser, weil er die Geschwindigkeit des Bootes einen halben Knoten herabsetzt. Im Laufe einer Woche sind das immerhin zwölf Stunden, die sie dann früher zu Hause sind.

Am 4. oder 5. Oktober holt Johnston seine letzte Leine ein und teilt der übrigen Flotte mit, daß er die Heimfahrt antritt. Er sagt, daß er sie über die Wetterbedingungen auf dem laufenden halten wird. Das Boot rollt in einer alten, abklingenden Dünung dahin, die Mannschaft holt ihren Schlaf nach und geht abwechselnd ans Ruder. Am 7. Oktober steigt ein neuer Mond auf und sie folgen seiner blassen Spur den ganzen Tag lang bis in den späten Nachmittag hinein. Der Sonnenuntergang ist ein blutiges Rostrot an einem klaren herbstlichen Horizont, und die Nacht kommt schnell mit einem Nordwestwind und einem Himmel, der mit Sternen übersät ist. Man hört nichts als das Klatschen des Wassers am stählernen Rumpf und das tiefe Gurgeln des Diesels. Die *Mary T.* legt am 12. Oktober in Fairhaven, Massachusetts, an, nach über einem Monat auf See.

Fairhaven ist eine kleinere Ausgabe von New Bedford, das eine halbe Meile entfernt auf der anderen Seite des Acushnet River liegt. Beide Städte sind rauhe, bankrotte kleine Orte, die es während des jahrhundertelangen Niedergangs der Fischerei in Neuengland nie geschafft haben, andere Industrien aufzubauen. Wenn Gloucester der straffällige Jugendliche ist, der sich schon ein paarmal mit dem Gesetz angelegt hat, dann ist New Bedford der wirklich bösartige ältere Bruder, der eines Tages jemanden umbringen wird. In einer Bar in New Bedford wurde eine Frau von mehreren Männern vergewaltigt; in einer anderen wurde ein Dobermann als »Rausschmeißer« eingesetzt. Eine Menge Heroin nimmt seinen Weg durch New Bedford, und viele Fischer geraten dort in Schwierigkeiten. Einer aus Johnstons Mannschaft löste einmal einen Scheck über 13 000 Dollar in New Bedford ein und kam nach einer Woche völlig pleite zurück; er hatte nicht einmal mehr Schuhe an den Füßen.

Johnston macht an der Union Wharf fest, neben McLean's Seafood und North Atlantic Diesel. McLean's ist ein arg mitgenommenes zweistöckiges Gebäude mit Zementböden, auf denen das Fischblut gut ablaufen kann, und einem Labyrinth von Büros im oberen Stockwerk, in denen die Geschäfte abgewickelt werden. Dunkelhäutige junge Männer mit wilden Haarschöpfen laufen in Gummistiefeln herum und schreien sich auf portugiesisch etwas zu, während sie Fische hin und her schleppen. Mit langen Messern lösen sie das Fleisch von den Gräten, verpacken es in Vakuumbeutel und verladen es dann auf Lastwagen.

Ein guter Arbeiter kann einen ausgewachsenen Fisch in zwei Minuten entgräten. Pro Jahr setzt die Firma McLean's zwei Millionen Pfund Schwertfisch ab; dazu kommt noch eine Million Pfund Thunfisch. Der Fisch geht per Luftfracht nach Übersee und in alle Teile des Landes, aber sie verkaufen ihn auch an den Laden um die Ecke.

Johnston braucht den halben Tag, um seinen Fang zu entladen; am nächsten Tag rechnet er ab und beginnt, das Boot für die nächste Fahrt klarzumachen. Proviant, Diesel, Wasser, Eis, etwaige Reparaturen – eben das Übliche. Je schneller sie wieder auslaufen können, um so besser – nicht nur wird seine Mannschaft eine bessere Chance haben, die Verlockungen New Bedfords zu überleben, die Saison ist auch fast schon zu weit vorgerückt, um noch einmal auf die Grand Banks zu gehen. Je weiter man in den Herbst hineinkommt, desto schlimmer werden die Stürme. »Wenn du in so ein Wetter reinkommst und irgend etwas schiefgeht – wenn, zum Beispiel, ein Lukendeckel weggerissen wird oder einer der Ausleger unklar kommt –, dann hast du wirklich Ärger«, sagt Johnston. »Einige von den Kerlen haben einen Punkt erreicht, wo sie sich unbesiegbar fühlen, aber sie machen sich nicht klar, daß zwischen dem, was sie gesehen haben, und dem, was sich daraus noch entwickeln kann, wirklich nur eine ganz feine Linie ist. Ich kenne einen Burschen, der da draußen ein 900-Fuß-Boot verloren hat. Es brach in der Mitte auseinander und versank mit dreißig Mann.«

Und tatsächlich: Johnston ist noch dabei, sein Boot auszurüsten, als das erste schwere Wetter durchzieht.

Es ist ein doppeltes Sturmtief, das sich von der Küste löst und den Wind nach Südwest herumholt. Der Sturm nimmt an Stärke zu, je weiter er auf das Meer hinauszieht, und erreicht Billy eines Morgens, als er gerade die Leine einholt. Die Windgeschwindigkeit beträgt dreißig Knoten, und die Wellen überspülen das Deck, aber sie können nicht eher aufhören zu arbeiten, bis alles Gerät wieder an Bord ist. Am späten Morgen erwischt es sie dann.

Es ist eine Ausnahmewelle: steil und einen vielleicht dreißig Fuß hohen Kamin bildend. Sie stürzt wie eine Lawine auf die Decks herunter und begräbt die *Andrea Gail* unter Tonnen von Wasser. In einer Sekunde sind sie auf der Einholstation noch mit der Leine beschäftigt, in der nächsten liegen sie auch schon auf der Seite. Schwerfällig, unendlich langsam richtet sich die *Andrea Gail* wieder auf. Billy dreht sie in den Wind und kontrolliert, was zu Schaden gekommen ist. Unten im Maschinenraum sind die Batterien aus ihren Kästen gefallen, aber das ist auch schon alles. Am Abend setzt sich Billy über Funk mit Charlie Johnson von der *Seneca* in Verbindung und berichtet ihm, was passiert ist. Charlie befindet sich im Augenblick in Bay Bulls in Neufundland, um eine Kurbelwelle richten zu lassen, und Billy ruft ihn jeden Abend an, um ihm die neuesten Nachrichten durchzugeben. *Mein Gott, heute hat uns eine höllische Welle erwischt,* sagt Billy. *Wir haben uns platt auf die Seite gelegt. Ich hab' nicht geglaubt, daß wir wieder hochkommen.*

Sie reden noch etwas über das Wetter und das Fischen und machen dann Schluß. Die Sache mit der Welle kommt Johnston nicht geheuer vor – die *Andrea*

Gail ist als seetüchtiges kleines Schiff bekannt und dürfte sich nicht so leicht auf die Seite legen. Nicht mit einem Stabilisator im Wasser und 20 000 Pfund Fisch im Laderaum. »Ich wollte nichts sagen, aber das schien mir nicht in Ordnung«, sagt Johnston. »Da draußen bist du in Gottes Hand. Fehler kannst du dir da nicht erlauben.«

Die *Andrea Gail* fischt noch eine weitere Woche östlich des »Schwanzes«, aber es kommt nicht viel dabei heraus; die Fahrt scheint ein kompletter Mißerfolg zu werden. Ein Boot kann nicht ewig draußen bleiben – die Vorräte gehen zu Ende, die Mannschaft spielt verrückt, der Fang wird alt. Sie müssen jetzt sehen, daß sie schnell mehr Fang machen. Um die Mitte des Monats nehmen sie die Leine an Bord und laufen die ganze Nacht nach Nordost zu einer Gruppe von Untiefen, die unter dem Namen Flemish Cap bekannt sind. Der Rest der Flotte steht weit unten im Süden und Westen: Tommy Barrie auf der *Allison*, Charlie Johnson auf der *Seneca*, Larry Horn auf der *Miss Millie*, Mike Hebert auf der *Mr. Simon* und Linda Greenlaw auf der *Hannah Boden*. Ebenfalls dabei ist ein japanischer 150-Fuß-Langleiner namens *Eishin Maru 78*. Auf der *Eishin Maru* befindet sich eine Beobachterin der kanadischen Fischereiaufsicht, Judith Reeves, die einzige Person an Bord, die Englisch spricht, und auch die einzige, die einen Rettungsanzug hat. Die *Mary T.* ist gerade auf dem Weg zu den Banks, und ein weiteres Boot, die *Laurie Dawn 8*, ist gerade in New Bedford angekommen, um die Ausrüstung zu ergänzen.

Billy steht auf 41° West, weit draußen am Rand des Fanggebiets. Fast hat er das Gebiet der Fischereikarten verlassen. Das Wetter ist rauh und stürmisch geworden, und die Männer arbeiten in Schichten von Sweatshirts, Overalls und Ölzeug. Die Saison ist praktisch zu Ende, dies ist ihre letzte Chance für eine einigermaßen erfolgreiche Fahrt. Sie wollen die Sache einfach nur noch durchziehen.

Flemish Cap

Und ich sah, und es war wie ein gläsernes Meer, mit Feuer vermengt.

Die Offenbarung des Johannes 15,2

Anfang des 19. Jahrhunderts begannen die Neuengländer Schwertfische zu fangen, indem sie sie von kleinen Segelbooten aus harpunierten und dann an Bord hievten. Da Schwertfische keine Schwärme bilden, fuhren die Boote mit einem Mann im Mast hinaus, der nach einzelnen Rückenflossen Ausschau zu halten hatte, die sich im glasklaren Wasser bewegten. Kam Wind auf, waren die Rückenflossen nicht mehr auszumachen, und die Boote fuhren zurück in den Hafen. Wenn der Ausguck einen Fisch entdeckte, wies er dem Kapitän die Richtung, und der Harpunier warf die Harpune. Dabei mußte er das Rollen des Bootes, die Bewegung des Fisches, und die Brechung des Lichts durch das Wasser berücksichtigen. Der Große Thunfisch wird immer noch auf diese Weise gejagt, aber heute verwenden die Fischer Beobachtungsflugzeuge, um ihre Beute aufzuspüren, und elektrische Harpunen, um sie zu töten. Große Thunfische gelten in Japan als Delikatesse. Sie werden per Luftfracht verschickt und bringen bis zu 80 Dollar pro Pfund. Für ein einziges Exemplar läßt sich so ein Preis von 30 000–40 000 Dollar erzielen. Beobachtungsflugzeuge wurden 1962 das erste Mal von den Fischern Neuenglands verwendet, doch es war die Langleine, die die Fischerei wirklich veränderte. Die Norweger hatten schon jahrelang Makohaie, und dabei auch ein paar Schwertfische, mit Langleinen gefangen, aber sie waren damit nie ausschließlich auf Schwertfischjagd gegangen. Dann, 1961, nahmen kanadische Fischer einige Veränderungen an dem Fanggerät vor, wodurch sie die Fangergebnisse im Nordosten nahezu verdreifachten. Dieser Boom hielt jedoch nicht lange an; zehn Jahre später stellte die oberste Gesundheitsbehörde der USA, die US Food and Drug Administration, fest, daß Schwertfischfleisch einen gefährlich hohen Anteil an Quecksilber enthielt, und sowohl die USA als auch Kanada verboten den Verkauf der Fische. Einige Langleiner gingen trotzdem auf Schwertfischfang, aber sie riskierten dabei, daß der Fang von der FDA beschlagnahmt und geprüft werden konnte.

Schließlich, 1978, setzte die US-Regierung die zulässigen Grenzwerte für den Quecksilberanteil in Fischfleisch herauf, und der Goldrausch begann. In der Zwischenzeit hatte sich die Fischerei jedoch verändert: Boote waren jetzt mit Satelliten-Navigationsanlagen, elektronischen Fischlupen und Tiefentemperatur-Meßgeräten ausgerüstet. Man verwendete Radarreflektoren, um das Gerät im Auge zu behalten, und neue Monofil-Leinen ermöglichten es, dreißig oder vierzig Meilen Leine auf einmal auszubringen. Mitte der achtziger Jahre umfaßte allein die Schwertfischfängerflotte der USA 700 Boote, die rund fünfzig Millionen Haken pro Jahr ins Wasser brachten. »Die technologische Entwicklung scheint an die Grenzen der Bestände zu stoßen«, wie es in einer Studie der Regierung aus dieser Zeit heißt.

Bis dahin war der Fischfang relativ ungeregelt gewesen, aber ein neues Treibnetz aus den frühen achtziger Jahren setzte schließlich das Räderwerk der Bürokratie in Gang. Die Netze waren eine Meile lang, neunzig Fuß tief und wurden nachts über das Heck eines umgebauten Langleiners ausgebracht. Obwohl Jungfische durch die großen Maschen entkommen konnten, hatte der National Marine Fisheries Service doch Bedenken wegen der Auswirkungen dieser Netze auf die Schwertfischpopulation. Er veröffentlichte einen Bewirtschaftungsplan für den nordatlantischen Schwertfischfang, der zahlreiche Durchführungsveränderungen vorschlug, zum Beispiel Beschränkungen bei der Verwendung von Treibnetzen, und in dem um Stellungnahmen von staatlichen Stellen und von den Fischern gebeten wurde. 1983 und 1984 gab es entlang der Ostküste eine Reihe öffentlicher Anhörungen, und die Fischer, die nicht teilnehmen konnten – anders gesagt, die sich gerade auf See befanden –, schickten Briefe. Einer derjenigen, die sich äußerten, war Bob Brown, der in kaum lesbarem Gekrakel erklärte, daß er in diesem Jahr sein Fanggerät zweiundfünfzigmal ausgebracht habe und daß es dort draußen eine Menge ausgewachsener Fische gäbe; sie hielten sich bloß in kälterem Wasser auf, als die Leute dächten. Alex Bueno von der *Tiffany Vance* schrieb einen Brief, in dem er unter anderem darauf hinwies, daß Schleppnetzfischer wohl kaum zur Treibnetzfischerei überwechseln würden, weil dies zuviel koste, und daß die Schätzungen des Schwertfischbestands ungenau seien, weil die Fische außerhalb der Zweihundert-Meilen-Zone nicht mit einbezogen worden waren. Sportfischer beschuldigten die Berufsfischer, die Ozeane leer zu fischen, die Berufsfischer wiederum warfen den Sportfischern Verschwendung einer Nahrungsquelle vor, und nahezu jeder beschuldigte die Regierung der groben Inkompetenz.

Der Bewirtschaftungsplan enthielt zwar keine Fangquote, aber er verlangte von allen Schwertfischfängern, daß sie sich beim National Marine Fisheries Service, der zum Handelsministerium gehörte, registrieren ließen. Schiffseigner, die nie in ihrem Leben Schwertfische gefangen hatten, drängten sich nach einer Erlaubnis, nur um sich die Möglichkeit offenzuhalten. Die Anzahl der Boote verdoppelte sich, während der Schwertfischbestand, allen Anzeichen nach, weiterhin abnahm. Von 1987 bis 1991 sank die Menge der gefangenen Schwertfische im Nordatlantik von 45 Millionen Pfund auf 33 Millionen Pfund, während die durchschnittliche Größe von 165 auf 110 Pfund herunterging. Das ist, was den Experten des Ressourcen-Managements als »Tragödie der Gemeindewiesen« bekannt ist, eine Anspielung auf das Problem der Überweidung im England des 18. Jahrhunderts. »Auf gemeinschaftlich bewirtschafteten Weideflächen«, so hieß es in einer Streitschrift des Seefischereidienstes, »gab es in kurzer Zeit kein Gras mehr, weil die Bürger immer mehr Schafe auf die Gemeindewiese trieben. Es gab kaum einen Anreiz, diese Ressource zu erhalten oder in sie zu investieren, weil dann andere, die keinen Beitrag geleistet hatten, davon profitieren würden.«

Genau dasselbe geschah jetzt in der gesamten Fischerei: Der Schellfischfang war auf ein Fünfzigstel der Menge gesunken, die noch 1960 angelandet worden war; beim Kabeljau war die Menge auf ein Viertel zurückgegangen. Die Schuld daran trug – wie fast immer in der Fischerei – eine technische Neuerung.

Bessere Tiefkühltechniken gestatteten es den Schiffen, praktisch auf der halben Welt zu fischen und den Fang während der Fahrt zu verarbeiten, und damit war den Drei-Meilen-Zonen, die das Hoheitsgebiet der meisten Länder begrenzen, jede Wirkung genommen. Riesige russische Fabrikschiffe gingen monatelang auf See und räumten den Meeresboden mit Netzen ab, die dreißig Tonnen Fisch auf einmal aufnehmen konnten. Sie fischten praktisch in Sicht der amerikanischen Küste, und innerhalb weniger Jahre mußten die Fischbestände enorme Verluste hinnehmen. Der Kongreß mußte handeln, und 1976 erließ er den Magnuson Fishery Conservation and Management Act, ein Gesetz, das das amerikanische Hoheitsgebiet auf zweihundert Meilen seewärts ausdehnte. Die meisten anderen Nationen schlossen sich dieser Maßnahme an.

Die diesem Gesetz zugrundeliegenden Bedenken galten natürlich nicht in erster Linie dem Fischbestand, sondern der amerikanischen Fischereiflotte. Nachdem die Konkurrenz davongejagt war, machte sich Amerika daran, eine Industrie aufzubauen, die die Georges Bank so kahl fegen konnte wie nur irgendein russisches Fabrikschiff. Nach dem Erlaß des Magnuson-Gesetzes konnten amerikanische Fischer Bundeskredite in Anspruch nehmen, um ihrem Beruf in eine Viertelmillion Dollar teuren Stahlbooten nachgehen zu können. Schlimmer noch, es waren von der Regierung acht regionale Fischereiräte ins Leben gerufen, die in jeder Beziehung freie Hand erhielten. In der Theorie hätte dies das Fischerei-Management in die Hände von Leuten legen sollen, die auch tatsächlich fischten. In Wirklichkeit jedoch zeigte es dem Fuchs, wo die Hühner schliefen.

Innerhalb von drei Jahren nach dem Erlaß des Magnuson-Gesetzes hatte sich die Neuengland-Flotte auf 1300 Boote verdoppelt. Die verbesserte Ausrüstung führte zu so riesigen Fängen, daß die Preise verfielen und die Fischer zu immer verheerenderen Methoden greifen mußten, um überhaupt noch mithalten zu können. Schleppnetzfischer harkten den Meeresboden so rücksichtslos durch, daß sie ihn praktisch planierten – und so das Habitat zerstörten, in dem die Fische heranwachsen. Einige gute Jahre Mitte der Achtziger verschleierten den allgemeinen Niedergang, aber das Ende war nahe, und viele wußten das. Das erste Mal, daß irgend jemand – zumindest einer der Fischer selbst – einen allgemeinen Fangstopp vorschlug, war 1988, als ein Fischer aus Chatham namens Mark Simonitsch bei der Versammlung eines Fischereirates aufstand und das Wort ergriff. Simonitsch hatte sein ganzes Leben vor Cape Cod gefischt; sein Bruder James, der einmal für Bob Brown gearbeitet hatte, war Gutachter für Probleme der Schiffssicherheit. Beide Männer kannten die Fischer, kannten den Fisch und wußten, wo die Dinge hinsteuerten.

Simonitsch schlug vor, die Georges Bank auf unbestimmte Zeit für jedweden Fischfang zu sperren. Er wurde niedergeschrien, aber es war der Anfang vom Ende.

Die Schwertfischbestände gingen nicht so schnell zurück wie einige andere Fischpopulationen, aber dennoch fielen sie. Bis 1988 brachte die gesamte Nordatlantikflotte über hundert Millionen Haken ins Wasser, und die Fangbücher zeigten, daß die Schwertfischpopulation jünger und jünger wurde. Schließlich, 1990, machte die International Commission for the Conservation of Tunas den Vorschlag, eine Fangquote für den Nordatlantik-Schwertfisch festzulegen. Im folgenden Jahr legte der Seefischereidienst eine Quote von 6,9 Millionen Pfund bearbeiteten Schwertfischs für konzessionierte Schwertfischfänger fest, das waren rund zwei Drittel des Vorjahresfangs. Jedes Boot mit einer US-Konzession mußte seinen Fang melden, sobald es wieder im Hafen war, und war die Gesamtquote erreicht, wurde die gesamte Fischerei eingestellt. In einem guten Jahr wurde die Quote vielleicht schon im September erreicht; in schlechten Jahren vielleicht überhaupt nicht. Das führte dazu, daß die Fischerboote jetzt nicht nur im Wettstreit mit der Jahreszeit lagen, sondern auch miteinander. Als die *Andrea Gail* am 23. September den Hafen verließ, mußte sie das erste Mal unter Berücksichtigung einer Fangquote fischen.

Am 17. Oktober ist Albert Johnston mit der *Mary T.* wieder auf den Fischgründen und hat bis zum Einbruch der Dunkelheit auch seine Leine ausgebracht. Er befindet sich hundert Meilen südlich des »Schwanzes«, genau am Rand des Golfstroms, ungefähr auf 41° Nord und 51° West. Er macht Jagd auf den »Großaugen«-Thunfisch und ist dabei recht erfolgreich – *muggin' 'em,* wie die Thunfischfänger sagen, was soviel heißt, daß er ihnen wie ein Straßenräuber auflauert. Eines Nachts verlieren sie »Großaugen« im Wert von 20 000 Dollar an eine Herde Schwertwale, aber ansonsten holen sie Nacht für Nacht vier- bis fünftausend Pfund Fisch aus dem Wasser. Bleibt das so, brauchen sie die Leine auf diese Fahrt nur zehnmal auszulegen. Sie befinden sich im warmen Wasser des Golfstroms, der Rest der Flotte steht weiter östlich. »In dieser Jahreszeit ist es angenehm, am Golfstrom zu fischen«, sagt Johnston. »Das Wetter ist nicht ganz so schlecht – die meisten Tiefdruckgebiete ziehen mit dem Jetstream nach Norden. Man kann immer noch den schlimmsten Sturm aller Zeiten erleben, aber das durchschnittliche Wetter ist ein bißchen besser.«

Wie die meisten anderen Kapitäne hier draußen begann Johnston mit der Berufsfischerei, bevor er Auto fahren konnte. Im Alter von neunzehn Jahren führte er schon ein Boot, und mit neunundzwanzig kaufte er sein erstes eigenes. Jetzt, mit sechsunddreißig, hat er eine Frau und zwei Kinder und ein kleines Geschäft in Florida. Er verkauft Angelgeräte für Sportfischer. Irgendwann kommt ein Zeitpunkt im Leben eines jeden Bootseigners – nach den Anstrengungen in seinen Zwanzigern, dem Alptraum der ersten großen Investitionen –, wo ihm klar wird, daß er sich etwas zurücklehnen kann. Er braucht nicht mehr spät in der Saison auf die Grand Banks hinaus, braucht nicht mehr Monat für Monat selbst den Kapitän zu spielen. Mit sechsunddreißig ist es Zeit, die jungen Burschen ranzulassen, Burschen, die wenig mehr haben als eine Freundin in Pompano Beach und einen Stapel Briefe im »Crow's Nest Inn«.

Dann ist da natürlich auch noch die Frage der Überlebenschancen. Je öfter du rausgehst, desto wahrscheinlicher ist es, daß du nicht mehr zurückkommst. Die Gefahren sind zahlreich und unberechenbar: die Riesenwelle, die dich vom Deck fegt; der Haken, der dir durch die Hand fährt; der Tanker, dessen Kurs mitten durch dein Boot verläuft. Die einzige Möglichkeit, sich gegen diese Gefahren zu schützen, besteht darin, die Würfel im Becher zu lassen, und ein Mann mit Familie und einem Geschäft zu Hause tut das wahrscheinlich eher. Im Durchschnitt verlieren auf Fischerbooten mehr Leute ihr Leben als in irgendeinem anderen Beruf in den Vereinigten Staaten. Johnston wäre besser dran, wenn er mit dem Fallschirm über Waldbrandgebieten abspränge oder als Polizist in New York City arbeitete, anstatt mit der Langleine vor der Flemish Cap zu fischen. Er kennt viele Fischer, die ertrunken sind, und mehr als er zählen kann, sind einem vorzeitigen Ende ziemlich nahe gekommen. Es wartet da draußen inmitten eines Sturms, oder an einem wolkenlosen Sommertag. *Wumm* – die Mannschaft hat ihre Augen woanders, der Haken erwischt dich, und plötzlich bist du unten in einer Tiefe, wo die Schwertfische jagen.

Im Jahre 1983 geriet ein Freund von Johnston mit seinem 87-Fuß-Boot, der *Canyon Explorer,* in einen Herbststurm. Drei Tiefdruckgebiete vereinigten sich vor der Küste zu einem mächtigen Sturm, der eineinhalb Tage mit hundert Knoten blies. Die Seen waren so hoch, daß Johnstons Freund den Gashebel immer wieder bis zum Anschlag vorschieben mußte, um zu verhindern, daß er über den Achtersteven die Wellenfront hinabglitt. Das Boot wurde sechzig Meilen zurückgetrieben – obwohl sie mit voller Kraft vorausliefen –, weil die ganze Oberfläche des Ozeans in Bewegung geraten war. Einmal sah der Kapitän eine riesige Welle auf sie zukommen. Hey, Charlie, sieh dir das an! rief er einem von der Mannschaft unter Deck zu. Charlie kam den Niedergang heraufgerannt, schaffte es aber nicht mehr rechtzeitig bis zum Ruderhaus; die Welle krachte auf sie nieder, schieferfarben und schaumig, und drückte die Fenster des Ruderhauses ein.

Das war ein ganz besonders heftiger Sturm, und er richtete auf den übrigen Schiffen der Flotte verheerende Schäden an. Auf der *Lady Alice* wurde das Ruderhaus zerstört und einer von der Mannschaft für den Rest seines Lebens gelähmt. Die *Tiffany Vance,* die in der Woche davor gerade den Fischerei-Beobachter Joseph Pelczarski auf die *Andrea Gail* übergeben hatte, war mit ihrem Schwesterschiff, der *Rush,* dem Untergang nahe. Die beiden Boote standen eine Meile auseinander, als der Sturm losbrach, draußen am Flemish Cap, und beide Boote verloren ihren Backbord-Stabilisator. Der »Vogel« auf der *Tiffany Vance* hatte an einer Kette gehangen, die jetzt, befreit von zweihundert Pfund Stahl, gegen das Boot zu schlagen begann. Sie mußte abgeschnitten werden. Alex Bueno, der Kapitän, zog sich bis auf die Unterwäsche aus, sicherte sich mit einer Leine und watete mit einem Schweißbrenner auf das Deck hinaus. Es kam so viel Wasser über, daß er Mühe hatte, den Brenner nicht ausgehen zu lassen. Schließlich schaffte er es, die Kette abzutrennen, dann ging er wieder unter Deck und wartete darauf, daß das Boot sank. »Wir machten uns nicht einmal die Mühe, die Küstenwache zu rufen; wir waren viel zu weit draußen«, sagt er. »Man kann nichts weiter tun, als sich auf die anderen verlassen, die auch da draußen sind.«

Unglücklicherweise steckte die *Rush* in noch größeren Schwierigkeiten als die *Tiffany Vance.* Sie fuhr ihre »Vögel« an Stahlseilen statt an Ketten, und das gebrochene Seil hatte sich um die Propellerwelle gewickelt und den Propeller blockiert. Das Boot wurde zu einem Spielball der Wellen und schlug sofort quer. Ein dwars zur See liegendes Boot kann noch Stunden überstehen, aber vielleicht auch nur Minuten. Wayne Rushmore, der Kapitän, setzte sich mit Bueno über Funk in Verbindung und erklärte ihm, daß er dabei war, unterzugehen und daß er Hilfe brauchte. Doch Bueno antwortete, ihm ginge es nicht viel besser. Die Mannschaft der *Rush* ging wieder an Deck, und die Männer schafften es unter außergewöhnlichen Risiken, das Seil von der Propellerwelle freizubekommen. Während der nächsten Tage ritten die beiden Schiffe Seite an Seite den Sturm aus; einmal kam die Sonne kurz heraus, und Bueno bemerkte, daß einige Wellen das Ruderhaus in den Schatten legten. Sie waren so hoch, daß sie die Sonne verdeckten.

Laut sämtlicher Berichte verläuft dieser Törn für Billy ziemlich katastrophal. Nachdem er vierzehn mal die Leine ausgebracht hat, sind erst 20 000 Pfund Fisch im Laderaum, und das ist kaum genug, um die Auslagen zu decken, geschweige denn sechs Männer für einen Monat ihres Lebens zu entschädigen. Als Linda Greenlaw mit ihrem Boot aufkreuzt, erklärt Billy ihr, daß er die Nase voll habe, und daß er mehr Diesel brauche, wenn sie überhaupt noch Gewinn machen wollen. Für Schwertfischfänger ist es gang und gäbe, sich auf hoher See mit Versorgungsmaterial auszuhelfen, aber Billy steht in dem Ruf, bis an die Grenzen zu gehen. Dies ist nicht das erste Mal, daß Linda ihm aus der Klemme hilft. Die beiden Boote treffen sich südlich des Flemish Cap, und Linda bringt eine Schleppleine und einen Tankschlauch über die Reling ins Wasser. Billy läuft von achtern heran, nimmt die Schleppleine und den Schlauch auf und macht die Leine fest; kurz darauf hat ihn die *Hannah Boden* in

Schlepp genommen, und der Diesel beginnt in die Tanks der *Andrea Gail* zu fließen. Es ist ein gefährliches Manöver – bei jedem anderen Boot hätte Bob Brown darauf bestanden, daß Linda einfach mit Schwimmkörpern versehene Dieselfässer ins Wasser wirft –, aber bei Schwesterschiffen ist das etwas anderes. Sie tun fast alles, um sich gegenüber den anderen Schiffen einen Vorteil zu verschaffen. Als die Übernahme beendet ist, holt Linda ihre Leine und den Schlauch wieder ein, und die beiden Mannschaften winken sich zum Abschied zu, während sich die Boote voneinander entfernen. Eine halbe Stunde später sieht jedes Boot das andere nur noch als kleines weißes Quadrat auf den Radarschirmen.

Der Kraftstoff ist jedoch nur der Anfang von Billys Problemen. Schon die ganze Reise hat er Schwierigkeiten mit der Eismaschine gehabt, die nicht richtig funktionieren will. Für gewöhnlich soll sie drei Tonnen Eis pro Tag liefern, aber der Kompressor arbeitet nicht richtig und kann nicht einmal die Hälfte der Menge erzeugen. Mit anderen Worten, Tag für Tag nimmt die Qualität der Fische im Laderaum ab; ein Verlust von nur fünfzig Cent pro Pfund würde bedeuten, daß sie 20 000 Dollar weniger für den Fang bekommen. Das ließe sich nur durch einen größeren Fang wettmachen, was wiederum heißt, daß sie länger draußen bleiben müssen. Ein klassisches Kosten-Nutzen-Dilemma, wie es Fischer schon seit Jahrhunderten quält.

Und dann ist da noch die Mannschaft. Sie verkommt mit annähernd der gleichen Geschwindigkeit wie schlecht gekühlter Fisch. Am Ende einer langen Reise brechen die Männer Streitigkeiten vom Zaun, horten heimlich Lebensmittel, hacken auf neuen Crewmitgliedern herum – kurz, sie führen sich auf wie Gefängnisinsassen, was sie ja auch in gewisser Weise sind. Es gibt Geschichten von zurückkehrenden Schwertfischfängern, auf denen Besatzungsmitglieder an ihre Koje gefesselt oder mit einer Monofil-Leine am Vorstag festgebunden waren. Es ist eine Art Darwinismus, der dafür sorgt, daß die Bootsbesatzungen aus rauhen, kampflustigen Männern bestehen, die sich bereits einen Platz in der Hierarchie erkämpft haben. Billy würde diese Bösartigkeit nie auf seinem Boot dulden – die Mitglieder der Mannschaft sind alle, mehr oder weniger, befreundet, und er will, daß es so bleibt –, aber er weiß, daß man sechs Leute nur eine gewisse Zeit zusammensperren kann, ohne daß jemand verrückt spielt. Sie sind jetzt drei Wochen auf See und haben noch mindestens zwei weitere Wochen vor sich. Wenn sie überhaupt noch etwas retten wollen, müssen sie schnell eine Menge Fisch fangen.

Billy redet jeden Tag mit den anderen Kapitänen, studiert Oberflächentemperaturkarten, analysiert die Wassersäule mit seinem Doppler-Gerät. Er sucht nach dem markanten Temperatursprung, jener Konzentration von Plankton, Makrelen und Tintenfischen. Mit fünf guten Fängen könnten sie die Reise noch zu einem Erfolg machen. Er weiß das. Ob das Eis nun reicht oder nicht, er wird nicht umkehren, bevor sie es geschafft haben.

Billy Tyne hat als einziger auf der *Andrea Gail* einen Raum für sich, wie das für den Kapitän üblich ist. Auf einigen Booten befindet sich das Quartier des Kapitäns oben hinter der Brücke, aber Billys besteht aus einem kleinen Raum neben dem Bordklosett; er hat ungefähr die Größe eines Schlafwagenabteils in einem Amtrac-Zug. Neben der Koje liegt ein Seesack voll schmutziger Wäsche, und an die Wand sind ein paar Fotos geklebt. Sie zeigen seine beiden Töchter Erica und Billie Jo. Vor sieben Jahren, als Billie Jo geboren wurde, blieb Billy zu Hause, um sich um sie zu kümmern, während seine Frau zur Arbeit ging. Billie Jo gewöhnte sich daran, ihren Vater um sich zu haben, und nahm es schwer, als er wieder an Bord ging. Erica wurde vier Jahre später geboren und hat nie etwas anderes kennengelernt; nach ihrer Erfahrung sind Väter Männer, die wochenlang weg sind und dann wieder auftauchen und nach Fisch riechen.

Der Rest der Besatzung ist in einem dunklen, kleinen Raum gegenüber von der Kombüse untergebracht. Die übereinander angebrachten Kojen befinden sich an der inneren Wand und der Bordwand an Steuerbordseite; der Boden ist mit dem ganzen Zeugs bedeckt, das sich um junge Männer herum ansammelt – Kleidungsstücke, Tonbandkassetten, Bierdosen, Zigaretten, Magazine. Neben den Magazinen finden sich auch Dutzende von Büchern, unter anderem auch einige zerlesene Taschenbücher von Dick Francis. Francis schreibt über Pferderennen, ein Thema, das Schwertfischfängern zu gefallen scheint, weil man dabei ebenfalls viel Geld gewinnen oder verlieren kann. Die Bücher gehen in der ganzen Flotte von Hand zu Hand, »mit einer Geschwindigkeit von rund hundert Meilen pro Stunde«, wie es einer der Schwertfischfänger einmal formulierte, und sie sind wahrscheinlich öfter auf den Grand Banks gewesen als die Männer selbst. Die meisten Fischer kleben Fotos ihrer Freundinnen an die Wand, zusammen mit einigen ausgewählten Seiten aus dem *Playboy* oder *Penthouse*, und die Mannschaft der *Andrea Gail* ist da zweifellos nicht anders.

Nach dem Laderaum ist die Kombüse der größte Raum auf dem Boot. Auf den ersten Blick wirkt sie fast wie die Küche in einem Wohnwagen: Holztäfelung, indirekte Neonbeleuchtung, billige Holzschränke. Es gibt einen Gasherd mit vier Kochstellen, einen gewerblichen Kühlschrank aus rostfreiem Stahl und einen Resopaltisch, der über Eck gegen die vordere Wand eingebaut ist. Längs der Backbordseite steht eine Bank, und darüber befindet sich ein Bullauge. Es ist zu klein, als daß sich ein Mann dort hindurchzwängen könnte. Eine Tür am achteren Ende der Kombüse führt in einen kleinen Vorratsraum und zu einem in den Maschinenraum hinuntergehenden Niedergang. Der Niedergang ist durch ein wasserdichtes Schott gesichert, das mit vier stählernen Vorreibern fest verschlossen werden kann. Die Back und das Brückenhaus sind ebenfalls durch wasserdichte Türen gesichert. Theoretisch kann das ganze vordere Ende des Bootes mitsamt der Besatzung wasserdicht abgeschottet werden.

Die Maschine, ein 8-Zylinder, 370-PS-Diesel mit Turboaufladung, ist noch etwas stärker als die der größten Sattelschlepper auf den Fernstraßen. Die Maschine wurde 1989 instand gesetzt, weil das Boot im Dock vollief, als ein Auslaßrohr einfror und die Schweißstelle sprengte. Die Maschine treibt eine Propellerwelle, die durch eine Durchführung im achteren Schott des Raumes geht und weiter durch den Laderaum zum Heck des Bootes. Die meisten Boote haben eine Dichtungsmanschette, welche die Durchgangsöffnung der Welle im Schott abdichtet, aber das ist bei der *Andrea Gail* nicht der Fall. Das ist natürlich ein Schwachpunkt;

Wasser im Laderaum könnte so auch den Maschinenraum erreichen, die Maschine außer Funktion setzen und das Boot manövrierunfähig machen.

Der Maschinenraum, direkt vor der Maschine selbst, ist mit Werkzeug, Ersatzteilen, allem möglichen Gerümpel, alten Kleidungsstücken, einem Reservegenerator und drei Bilgepumpen vollgestopft. Die Aufgabe der Pumpen ist es, das Wasser schneller aus dem Laderaum zu pumpen, als es hereinkommt. Früher standen die Mannschaften ganze Tage an den Handpumpen, und die Schiffe gingen unter, wenn die Stürme einen längeren Atem hatten als die Männer. Die Werkzeuge sind in Metallkästen auf dem Boden untergebracht und umfassen praktisch alles, was man braucht, um eine Maschine auseinanderzunehmen oder zusammenzubauen – Spannzangen, Brecheisen, Hämmer, Rollgabelschlüssel, Rohrzangen, Steckschlüssel, Innensechskantschlüssel, Feilen, Metallsägen, verstellbare Zangen, Bolzenschneider, Hämmer mit Kugelpinne. Ersatzteile liegen, in Kartons verpackt, auf hölzernen Regalen: Anlassermotor, Kühlpumpe, Wechselstromgenerator, Hydraulikschläuche und Fittings, Keilriemen, Schaltdrähte, Sicherungen, Schlauchklemmen, Dichtungsmaterial, Schrauben und Muttern, Bleche, Silikongummi, Sperrholz, Fettpresse, Isolierband, Schmieröl, Hydrauliköl, Getriebeöl und Kraftstoffilter.

Die Boote versuchen um jeden Preis zu vermeiden, daß sie für irgendwelche Reparaturen Neufundland anlaufen müssen. Das kostet nicht nur wertvolle Zeit, sondern auch eine erschreckende Menge Geld – eine schon kriminelle Reparaturrechnung belief sich einmal auf 50 000 Dollar für eine Arbeit, die nicht mehr als

3500 hätte kosten dürfen. (Es hieß, die Arbeiter hätten ihre Drehbänke mit 46 anstatt mit 400 Umdrehungen pro Minute laufen lassen, um auf diese Weise Überstundengeld zu schinden.) Das hat natürlich zur Folge, daß sich die Kapitäne der Schwertfischfänger auf hoher See aushelfen, soweit das möglich ist; sie leihen sich Maschinenteile, erteilen technische Ratschläge, geben Proviant oder Kraftstoff ab. Der Wettbewerb zwischen einem Dutzend Booten, die so schnell wie möglich eine verderbliche Ware auf den Markt schaffen müssen, hat die Anteilnahme am Schicksal des anderen keineswegs zunichte gemacht. Das mag schrecklich edel erscheinen, ist es aber nicht – oder zumindest nicht nur. Es ist auch eigennützig. Jeder Kapitän weiß, daß er der nächste sein kann, der mit einer blockierten Einspritzdüse oder einer lecken Hydraulikanlage fertig werden muß.

Der Diesel-Kraftstoff wird auf der *Andrea Gail* in zwei Tanks mit einem Fassungsvermögen von 2000 Gallonen mitgeführt, die sich zu beiden Seiten des Maschinenraums befinden; dazu gibt es noch zwei 1750-Gallonen-Tanks im Heck des Bootes. Das ist aber noch nicht alles: Auf dem Waldeck sind dreißig Kunststoffkanister festgezurrt, die insgesamt 1650 Gallonen Diesel enthalten. Auf jedem Kanister sind die Buchstaben AG mit weißer Farbe aufgemalt. 2000 Gallonen Frischwasser sind in zwei Tanks in der Vorpiek untergebracht und weitere 500 Gallonen befinden sich in Fässern an Deck, zusammen mit dem Dieselöl. Dazu gibt es noch einen »Wasseraufbereiter«, der Salzwasser genießbar macht, indem er es mit einem Druck von 800 psi (circa 56 at) durch eine Membrane preßt. Die Membrane ist so fein, daß sie selbst Bakterien und Viren ausfiltert. Der Bordschlachter – der ständig mit Fischinnereien bespritzt ist – darf jeden Tag duschen. Der Rest der Mannschaft kommt alle zwei oder drei Tage dran.

In den Fischladeraum gelangt man über eine Stahlleiter, die von einer Luke in der Mitte des Decks steil nach unten führt. Bei Sturm wird die Luke abgedeckt und verschalkt, so daß sie von schweren Seen nicht aufgeschlagen werden kann – obwohl sie das manchmal trotzdem schaffen. Der Laderaum ist durch Trennwände aus Holz unterteilt, damit sich die Ladung nicht verschieben kann – so ein Übergehen der Ladung kann ein Boot auf die Seite legen und es in dieser Lage halten, bis es sinkt. Im Heck befinden sich ein großer gewerblicher Tiefkühlschrank, der die verderblichen Nahrungsmittel aufnimmt, und noch ein weiterer Raum, der Lazarett genannt wird. In diesem Lazarett ist die Rudermaschine untergebracht; wie der Maschinenraum ist auch dieser Raum nicht vom Rest des Bootes abgeschottet.

Oben an Deck, unmittelbar vor dem Fischladeraum, befindet sich der Geräteraum. Sechs Rollen zum Aufwickeln der Vorfächer, so groß wie Wagenreifen, sind hinter dem Niedergang aufgestellt, der zum Waldeck hinaufführt. Die Schlechtwetterkleidung der Männer hängt an der Wand dahinter, im Verein mit allem anderen, das von Deck gespült werden könnte. Ein Überhang des Waldecks dient als Schutz für die Lindegren-Langleinentrommel, und das Backbord-Schanzkleid ist bis zur Höhe des Waldecks hochgezogen und achtzehn Fuß nach achtern verlängert. Dahinter schmiegen sich Behälter mit Schwimmkörpern, Radar-Reflektoren, Funkbaken – eben alles, was an einer Langleine hängt.

Am Heck des Bootes ist ein Verschlag befestigt, eine

Art kleiner Schuppen aus Sperrholz über einem Holzrahmen, der den Männern beim Herrichten und Ausbringen der Langleine etwas Schutz gibt. Eine große überkommende Hecksee kann diesen Schuppen ohne weiteres mitnehmen, aber im allgemeinen ist er durch das Ruderhaus ausreichend geschützt. Das Deck ist aus Stahl und mit gleitsicheren Platten belegt. Das Schandeck ist hüfthoch und mit Öffnungen versehen, die Speigatten oder Wasserpforten genannt werden, durch die an Deck gekommenes Wasser abfließen kann. Die Speigatten sind normalerweise durch Platten verschlossen, die verhindern sollen, daß Fische und Gerätschaften über Bord gehen, aber wenn es dick kommt, werden diese Platten entfernt. Oder sollten es zumindest.

Die Fähigkeit eines Bootes, seine Decks von überkommendem Wasser zu befreien, ist einer der wichtigsten Aspekte der Konstruktion. Steigt eine große Welle an Deck, so ist das, als hätte jemand es in einen Swimming-pool verwandelt; das Boot rollt, reagiert nicht mehr auf das Ruder und ist einige Augenblicke lang in äußerster Gefahr. Ein Langleiner, ein Mann aus Gloucester namens Chris, verlor in so einer Situation fast sein Leben. Das Boot, auf dem er fuhr, lief vor schwerer See, als es plötzlich von einer »tückischen See aus der Hölle« gepackt wurde. Das Heck ging nach oben, der Bug senkte sich, und sie begannen, die Wellenfront hinunterzusurfen. Als sie im Wellental ankamen, gab es für sie nur noch den Weg nach unten, und der Kamm der brechenden Welle trieb sie vorwärts wie ein Rammbock. Chris sah aus dem Bullauge, und alles da draußen war schwarz.

Sieht man aus einem Bullauge und blickt in weißes

Wasser, so ist man noch nahe der Oberfläche und relativ sicher. Sieht man grünes Wasser, befindet man sich zumindest mitten in der Welle. Sieht man jedoch schwarzes Wasser, ist man ein U-Boot. »Ich fühlte, wie das Boot zu einem vollständigen Halt kam«, sagt Chris. »Ich dachte: ›Mein Gott, wir gehen unter.‹ Wir verharrten einen Moment in dieser Lage, und dann wurde der Auftrieb wirksam, und es war, als hätte jemand den Rückwärtsgang eingelegt. So schnell, wie wir hinabgefahren waren, schossen wir auch wieder nach oben.«

In diesem Moment hätte Chris' Boot alles mögliche passieren können. Die Entlüfterstutzen hätten sich zusetzen und den Motor abwürgen können. Die Ladeluke hätte aufschlagen und das Schiff vollaufen können. Ein Werkzeug hätte sich selbständig machen und irgendeine Maschine lahmlegen können. Die Fenster des Ruderhauses hätten herausgedrückt werden oder dreißig Tonnen Fisch sich im Laderaum verschieben können; ein Schott hätte nachgeben können. Aber selbst angenommen, das Boot würde wie ein Korken aus dem Wasser kommen, dann hätte es immer noch mit einer erdrückenden Wasserlast zu kämpfen. Falls irgend etwas sich in den Speigatten verfing – ein Lukendeckel, ein alter Schlafsack-, wäre das Wasser auf seinem Weg zurück ins Meer aufgehalten worden. Es bedarf nur eines kurzen Moments der Verwundbarkeit, und die nächste Welle bringt das Boot zum Kentern: Schraube in der Luft, Mannschaft auf dem Rücken, Ladung wie eine Lawine den tiefsten Punkt suchend. Das ist das Ende.

Jedes Boot hat einen bestimmten Rollwinkelgrad, aus dem es nicht wieder in die Normallage zurückkehren kann. Die *Queen Mary* war einmal vor Neufundland bis auf ein oder zwei Grad an der Grenze zum Kentern, als eine ungewöhnliche Welle ihre Ruderhausfenster in neunzig Fuß Höhe zerschmetterte; sie wurde auf die Seite gedrückt, und es dauerte eine qualvolle Minute, bis sie wieder ihre Normallage einzunehmen begann. Bei einem Schiff kämpfen zwei Kräfte miteinander: die nach unten gerichtete Schwerkraft und die nach oben gerichtete Kraft des Auftriebs. Die Schwerkraft ist verkörpert durch die Gesamtmasse des Schiffes – mit allem, was da an Bord ist –, die dem Erdmittelpunkt zustrebt. Der Auftrieb ist die Kraft der eingeschlossenen Luft im Schiffskörper, die versucht, über die Wasserlinie zu gelangen.

Bei einem richtig getrimmten Schiff in stabiler Lage sind diese beiden Kräfte gleich und heben sich längs der Mittschiffslinie auf, aber wenn ein Boot auf die Seite gedrückt wird, ändert sich das alles. Statt auf einer Linie zu liegen, sind diese beiden Kräfte jetzt seitlich versetzt. Der Gewichtsschwerpunkt bleibt, wo er ist, aber der Auftriebsschwerpunkt (auch Formschwerpunkt genannt) wandert zur untergetauchten Seite, wo verhältnismäßig mehr Luft unter die Wasserlinie gedrückt wurde. Während jetzt die Schwerkraft in der Mitte nach unten drückt und der Auftrieb auf der untergetauchten Seite nach oben, dreht sich das Schiff um den Mittelpunkt und kommt wieder auf ebenen Kiel. Je mehr das Schiff überliegt, desto weiter entfernt voneinander greifen diese beiden Kräfte an, und um so größer ist die Hebelwirkung, die der Auftriebsmittelpunkt ausübt. Sehr vereinfacht ließe sich das folgendermaßen sagen: Die seitliche Entfernung zwischen den beiden Kräften ist der aufrichtende Hebelarm, und das von ihnen erzeugte Drehmoment ist das aufrichtende Moment. Boote benötigen ein großes aufrichtendes Moment. Sie brauchen etwas, das sie auch aus extremer Krängung wieder aufrichtet.

Im Zusammenhang mit dem aufrichtenden Moment lassen sich drei hauptsächliche Folgerungen ableiten. Zuerst einmal: Je breiter das Schiff ist, desto stabiler ist es. (Bei der Krängung wird mehr Luft unter die Oberfläche gedrückt, der aufrichtende Hebelarm ist also entsprechend größer.) Das Gegenteil ist ebenfalls richtig: Je höher ein Schiff ist, desto größer ist auch die Wahrscheinlichkeit, daß es kentert. Der hochgelegene Gewichtsschwerpunkt verringert die sogenannte metazentrische Höhe, die wiederum die Länge des aufrichtenden Hebelarms bestimmt. Je größer die metazentrische Höhe, desto geringer die Hebelkraft, die der nach unten gerichteten Schwerkraft entgegenwirken kann. Schließlich kommt immer der Punkt, wo sich das Boot nicht mehr aufrichten kann. Logischerweise passiert das, wenn sich die Decks über die Vertikale hinaus geneigt haben, so daß der Gewichtsschwerpunkt jetzt *außerhalb* des Auftriebsschwerpunkts liegt – der »Zero-Moment«-Punkt, an dem die aufrichtenden Hebelkräfte zusammenbrechen. In Wirklichkeit geraten Boote jedoch sehr viel schneller in Schwierigkeiten. Je nach Konstruktion taucht bei einer Krängung von sechzig oder siebzig Grad das Lee-Schandeck eines Bootes ins Wasser. Das bedeutet, daß grünes Wasser an Deck kommt und daß das aufrichtende Moment um so mehr Gewicht zu überwinden hat. Das Boot wird sich vielleicht wieder aufrichten, aber es befindet sich, bei gleichbleibenden Bedingungen, immer häufiger und immer länger unter Wasser. Das Deck ist der ganzen

Kraft der Wellen ausgesetzt, und es besteht die Gefahr, daß ein Luk aufgeschlagen wird oder ein Schott nachgibt. Jetzt fährt das Boot nicht mehr, es sinkt.

Das Problem bei einem Stahlschiff besteht darin, daß die Krisenkurve zunächst flach verläuft und dann schnell exponential wird. Je mehr Schwierigkeiten es hat, in desto mehr Schwierigkeiten wird es wahrscheinlich geraten und um so unfähiger wird es sein, sich daraus zu befreien; das ist eine Beschleunigung des Katastrophenszenarios, das kaum umkehrbar ist. Wenn die Bilge überflutet ist, liegt das Boot tiefer im Wasser und seine Rollbewegungen sind häufiger und dauern länger. Länger andauerndes Rollen hat zur Folge, daß das Boot weniger gut auf das Ruder reagiert; geringerer Auftrieb zieht größere Beschädigungen nach sich. Ist der Schaden groß genug, kann mehr Wasser eindringen, als die Pumpen hinauszuschaffen vermögen, und die Maschine durch einen Kurzschluß lahmlegen oder ihre Luftansaugstutzen überfluten. Fällt die Maschine aus, ist das Boot nicht mehr steuerfähig und legt sich mit der Breitseite zur See. Damit ist es der vollen Kraft der brechenden Wellen ausgesetzt, und schließlich wird ein Teil des Decks oder des Ruderhauses aufgeschlagen. Dann beginnt das Boot vollzulaufen.

Dieses katastrophale Eindringen des Meerwassers in den Laderaum ist eine Art Todesröcheln auf See, das nahezu vertikale Endstück einer exponentialen Kurve. Die Küstenwache in Portland, Maine, besitzt ein Video vom Sinken eines Fischerbootes vor der Küste von Neuschottland. Das Boot wurde im Nebel mittschiffs von einem anderen Boot gerammt, und das Video beginnt damit, daß das rammende Boot

Billy Tyne (George Clooney) ist der Kapitän der *Andrea Gail*.

Bobby Shatford (Mark Wahlberg) ist in Gloucester, einem Fischerdorf an der Ostküste der Vereinigten Staaten, aufgewachsen.

Nach seiner Scheidung will Bobby
mit seiner Freundin Christina Cotter (Diane Lane)
ein neues Leben beginnen.

Oben: Um seine Schulden abzubezahlen heuert Bobby auf dem Schwertfischfänger *Andrea Gail* an.
Unten: Das *Crow's Nest* ist für die Fischer ihr zweites Zuhause, wenn sie nicht auf See sind.

Immer, wenn Bobby von seinen langen Fahrten
gesund zurückkehrt,
ist Christina glücklich und erleichtert.

»Es ist eine Art Darwinismus, der dafür sorgt, dass die Bootsbesatzungen aus rauhen, kampflustigen Männern bestehen.«

Oben: Bobby und Murph (John C. Reilly) beim Beladen des Kühlraums.
Unten: Billy Tyne ist ein erfahrener Seemann
mit dem richtigen Riecher, Fischschwärme zu entdecken – doch
diesmal scheint ihn sein Instinkt im Stich zu lassen.

Die Fahrt im Oktober 1991 soll für Bobby die letzte in dieser Saison werden.

nach der Kollision mit voller Kraft zurückgeht. In zwanzig Sekunden ist alles vorüber: Das gerammte Boot sackt mit dem Heck weg, der Bug steigt in die Luft und das Schiff geht unter. Es sinkt so schnell, daß man glauben könnte, es würde von einer riesigen Hand unter Wasser gezogen. Die letzten Augenblicke des Films zeigen, wie Männer der Besatzung von dem hoch in die Luft ragenden Bug ins Wasser springen und versuchen, zu dem anderen, fünfzig Fuß entfernten Boot hinüberzuschwimmen. Die eine Hälfte schafft es, die andere nicht. Die Männer werden durch den Sog des in die Tiefe sinkenden, großen Stahlschiffes hinabgerissen.

Natürlich kommen nur sehr wenige Boote an diesen Punkt. Sie bekommen vielleicht Wasser in den Laderaum, verlieren ihre Antennen oder büßen ein paar Fenster ein, aber das ist es dann auch. Im Endergebnis werden ihre Stabilitätsgrenzen glücklicherweise nur selten in einer wirklichen Überlebenssituation getestet. Die einzige Möglichkeit, das Stabilitätsprofil eines Bootes herauszufinden, ist die Durchführung einer Standardprüfung an der Pier. Ein Gewicht von 5000 Pfund wird, zehn Fuß von der Mittschiffslinie entfernt, an Deck gelegt, und der resultierende Krängungswinkel wird in eine Standardformel eingesetzt, mit deren Hilfe das aufrichtende Moment bestimmt werden kann. Allerdings können so viele Dinge die Stabilität eines Bootes beeinflussen, daß sogar die Küstenwache diesem Test nur einen begrenzten Wert beimißt. Man braucht nur ein paar Tonnen Gerät an Deck zu laden, etwas Wasser in der Bilge zu haben, statt Langleinen Schleppnetze oder Stellnetze zu verwenden, und die Dynamik des Bootes verändert sich völlig. Daher sind Stabilitätsprüfungen nur für Schiffe über 79 Fuß vorgeschrieben. Auf Deckshöhe mißt die *Andrea Gail* 72 Fuß.

Als die *Andrea Gail* in Jahre 1986 überholt wurde, holte sie Bob Brown einfach aus dem Wasser und begann zu schweißen. Es wurden weder Stabilitätsprüfungen durchgeführt, noch wurde ein Schiffbauingenieur hinzugezogen. Unter Fischern nennt man das »nach Augenmaß werkeln«, und es reiht die *Andrea Gail* damit unter die überwältigende Mehrheit der Fischerboote ein, auf denen Änderungen ohne vorherige Planung vorgenommen wurden. Die Arbeiten wurden von St. Augustine Trawlers in St. Augustine, Florida, durchgeführt; insgesamt wurde das Boot durch zusätzliche Maschinen und strukturelle Veränderungen, einschließlich der Kraftstoff- und Wassertanks auf dem Walrückendeck, um acht Tonnen schwerer.

Nach Abschluß der Arbeiten flog der Schiffsbesichtiger James Simonitsch – dessen Bruder Mark im folgenden Jahr die Schließung der Georges Bank vorschlagen sollte – nach Florida, um die *Andrea Gail* erneut zu inspizieren. Zwei Jahre zuvor hatte er die *Hannah Boden* und die *Andrea Gail* anläßlich der Scheidung von Bob Brown bewertet, und die *Andrea Gail* war auf 400 000 Dollar geschätzt worden. Simonitsch inspizierte sie erneut im Januar 1987 und schlug Bob Brown in einem Brief einige kleine Änderungen vor: Er solle die Vorreiber an einer der wasserdichten Luken losmachen und Rettungskragen und Lichter für die Überlebensanzüge anschaffen. Ansonsten schien ihm das Fahrzeug in Ordnung. »Die Änderungen und die zusätzliche Ausrüstung werden die Seeausdauer des Bootes erhöhen und ihm erlauben, mit Produkten hoher Qualität zurückzukommen«, schloß Simonitsch. Die Frage der Stabilität wurde nicht einmal erwähnt.

1990 wurde die St.-Augustine-Werft von der Finanzbehörde wegen Steuerschulden verkauft. Im Oktober des gleichen Jahres inspizierte Simonitsch die *Andrea Gail* in Gloucester und machte ein paar weitere Vorschläge: professionelle Wartung der Sechs-Mann-Rettungsinsel, Ersatz einer leeren Batterie im EPIRB und Einbau einer Leuchtsignalanlage im Ruderhaus. Wieder wurde nicht von Stabilitätsprüfungen gesprochen, aber das Fahrzeug entsprach durchaus den Vorschriften. Bob Brown versäumte auch, nach Durchführung der Änderungen entsprechende Papiere für die *Andrea Gail* vorzulegen, aber beide Probleme gingen Simonitsch nichts an. Er wurde dafür bezahlt, sich ein Boot anzusehen und das, was er sah, zu beurteilen. Im November 1990 inspizierte der Chefprüfer der Marine Safety Consultants, Inc., der Firma, die auch Simonitsch beschäftigte, die *Andrea Gail* ein letztes Mal. »Das Fahrzeug ist für seinen Zweck gut geeignet«, schrieb er. »Vorgelegt ohne Verbindlichkeit, David C. Dubois.«

Wäre Billy Tyne jedoch ein Mensch gewesen, der dazu neigt, sich Sorgen zu machen, hätte ihm schon einiges an der *Andrea Gail* zu denken geben können. Zunächst einmal, so Tommy Barrie von der *Allison,* war sie wie ein Kasten gebaut und trug das Ruderhaus sehr weit vorn, wo es der See besonders ausgesetzt war. Sie war ein robustes Boot, das den Elementen nicht viele Zugeständnisse machte. Und dann waren da die Änderungen, die man in St. Augustine vorgenommen hatte. Das verlängerte Walrückendeck war mit dem Gewicht einer Eismaschine und drei Dutzend 55-Gallonen-Fässern belastet; der Gewichtsschwerpunkt hatte sich daher nach oben verlagert, und das Schiff würde eine etwas längere Rollperiode haben. Nur noch zwei andere Boote der Flotte – die *Eagle Eye* und die *Sea Hawk* – haben Fässer mit Kraftstoff auf dem Oberdeck gestaut. Das Backbord-Schanzkleid auf der *Andrea Gail* konnte ebenfalls zu einem Problem werden. Es war erhöht und verlängert worden, um das Fanggerät zu schützen aber es hielt auch überkommendes Wasser an Deck zurück. Ein paar Jahre zuvor brach eine See von achtern über das Boot und drückte es so weit auf die Seite, daß das Ruder teilweise aus dem Wasser kam. Bob Brown war an Bord, rannte zum Ruderhaus und riß das Ruder herum; im gleichen Moment stieg das Boot die Front einer weiteren großen Welle hinauf. Langsam richtete sich die *Andrea Gail* auf, so daß das Wasser an Deck ablaufen konnte; alles war wieder in Ordnung, ausgenommen, daß das Schanzkleid wie eine Blechbüchse zusammengequetscht war.

Wenn eine Welle einen Teil des Bootes zerstört oder wegreißt, dann sollte er vielleicht gar nicht dasein – so ließe sich zumindest argumentieren. Man könnte natürlich auch argumentieren, daß es genau das ist, was Wellen tun – wegreißen, was Menschen aufgebaut haben. Wie auch immer, der Vorfall war beunruhigend. Brown schob das Ganze auf die Unerfahrenheit des Rudergängers und sagte, es wäre nur seine eigene schnelle Reaktion gewesen, die das Schiff gerettet hatte. Die Mannschaft sah es jedoch etwas anders. Sie sahen ein Boot, das durch eine große Menge Wasser auf die Backbordseite gelegt worden war und sich nur dank der Wirkung einer weiteren großen Welle wieder aufzurichten vermochte. Mit anderen Worten, sie sahen, wie ein unglücklicher Zufall kurz darauf durch einen glücklichen abgelöst wurde. Das Schanzkleid wurde ersetzt, sobald sie wieder im Hafen waren, und niemand sprach je wieder davon.

Der Ruf, den Bob Brown in Gloucester genießt, ist vielschichtig. Einerseits ist er ein phänomenal erfolgreicher Geschäftsmann, der mit nichts anfing und immer noch genauso hart arbeitet wie irgendein Matrose auf einem seiner Boote. Andererseits ist es schwer, in der Stadt einen Fischer aufzutreiben, der etwas Gutes über ihn zu sagen wüßte. Die Fischerei ist jedoch ein Geschäft am Rande der Rentabilität, und man wird in diesem Metier nicht dadurch erfolgreich, daß man einen Popularitätswettbewerb gewinnt; man hat Erfolg, weil man knallhart ist. Einige – wie der Gloucester-Fischer »Hard« Bob Millard – sind hart gegen sich; andere wieder sind hart gegen ihre Untergebenen. Brown ist hart gegen alle. Als er noch ein junger Mann war, nannten ihn die Leute den »verrückten« Brown, weil er so horrende Risiken einging und den ganzen Winter lang in einem offenen Boot mit einer Langleine Schellfisch und Kabeljau fing. Er hatte keinen Funk, kein Loran und auch kein Echolot, und er arbeitete allein, weil niemand mit ihm rausgehen wollte. Er erinnert sich an Winter, als er ein kleines Ruderboot über den vereisten Hafen schieben mußte, nur um an seine Muting zu kommen. »Ich mußte eine Familie ernähren, und das wollte ich auch«, sagt er.

Nur einmal im Leben arbeitete er für jemand anders; ein Sechsmonatsjob bei einer Firma, die die Hummerbestände auf dem Kontinentalsockel erkundete. Das war 1966; drei Jahre später fischte er zweihundert Meilen vor der Küste in einem vierzig Fuß langen Holzboot. »Dabei ging nicht einmal eine Fensterscheibe zu

Bruch«, sagt er. »Größer ist nicht immer gleichbedeutend mit besser.« Schließlich besaß er vier oder fünf Schwertfischfänger, die er von Gloucester aus betrieb, und verdiente einige hunderttausend Dollar pro Jahr. Einmal im Winter, auf der Rückfahrt von der Georges Bank zusammen mit seinem Sohn, begann das Deck zu vereisen. »Wenn sich auf der Georges schon Eis an Deck bildet, dann weißt du, daß du echt in Schwierigkeiten steckst, wenn du weiter unter Land kommst«, erzählt er. »Wir kehrten also wieder um, und in der Nacht wehte es mit hundert aus Nordwest und schneite noch dazu. Der Windmesser geht nur bis hundert, und er blieb in dieser Stellung wie angenagelt stehen – man konnte denken, er sei kaputt. Wir waren auf einem Stahlschiff, und es schien uns nicht allzu schlimm, denn wir kamen ganz ordentlich zurecht. Stahl kann doch erheblich mehr vertragen als Holz, laß dir da von niemand was vormachen. Wenn dir jemand was anderes erzählt, dann ist er ein Romantiker. Allerdings sinkt Stahl schneller. Er sinkt ... na ja, wie eine Ladung Stahl eben.«

Die unguten Gefühle zwischen Bob Brown und der Stadt erreichten 1980 einen Tiefpunkt, als Brown von einem seiner Boote, der *Sea Fever,* einen Mann verlor. Die *Sea Fever* war ein 50-Fuß-Holzboot mit einer Besatzung von drei Mann, die auf der Georges Bank Hummerkörbe einholten. Es war Ende November, und der Wetterdienst hatte für mehrere Tage gemäßigten Wind vorhergesagt, aber das war ein katastrophaler Irrtum. Einer der schlimmsten je verzeichneten Stürme hatte vor der Küste von Carolina gerade tief Luft geholt. Er wanderte heulend die ganze Nacht über nach Norden und brach im Morgengrauen über die Georges Bank herein, wobei er siebzig Fuß hohe Wellen auf den unheimlichen Untiefen des Kontinentalsockels aufwühlte. Was alles noch schlimmer machte, war, daß eine wichtige Datenboje vor der Küste seit zweieinhalb Monaten nicht mehr funktionierte und der Wetterdienst daher nicht wußte, was da draußen vor sich ging. Die Männer auf der *Sea Fever* und auf einem anderen Boot, der 55 Fuß langen *Fair Wind,* wachten auf und begriffen, daß es um ihr Leben ging.

Die *Fair Wind* erwischte es dabei am schlimmsten. Sie wurde der Länge nach von einer riesigen Weile herumgeschleudert, so daß sie mit dem Kiel nach oben im Wasser trieb und die vier Männer an Bord im vollgeschlagenen Ruderhaus gefangen waren. Einer von ihnen, ein zottiger dreiunddreißig Jahre alter Maschinist namens Ernie Hazard, konnte gerade noch nach Luft schnappen und sich durch ein Fenster hinausziehen. Er erreichte die Wasseroberfläche und schwamm zu der Rettungsinsel, die neben ihm aufgetaucht und mit einer Leine am Boot festgemacht war. Während der nächsten halben Stunde trieb die *Fair Wind* weiter kieloben im Wasser und sackte langsam immer tiefer weg, aber der Rest der Mannschaft schaffte es nicht mehr nach oben, so daß Hazard schließlich die Leine kappte und das Wrack hinter sich ließ. Zwei Tage lang wurde er vom Sturm über das Meer getrieben, wobei er immer wieder kenterte, bis ihn eine P-3 der Marine entdeckte und eine Rauchboje abwarf. Er wurde von einem Kutter der Küstenwache aufgefischt und dann mit einem Hubschrauber in ein Krankenhaus auf Cape Cod geflogen. Er hatte zwei Tage auf dem sturmgepeitschten Nordatlantik überlebt, bekleidet nur mit seiner Unterwäsche. Später, als man ihn fragte, wie lange er nach dieser Tortur gebraucht habe, um wieder warm zu werden, sagte er ohne eine Spur von Ironie: »Oh, drei, vier Monate.«

Der *Sea Fever* erging es kaum besser. Sie nahm eine riesige Welle über und verlor alle ihre Fenster; das halbzöllige Sicherheitsglas zersprang, wie von einer Abbruchbirne getroffen. Der Kapitän, zufällig Bob Browns Sohn, drehte nach Lee ab, um ein weiteres Überfluten zu verhindern, aber die Welle legte das Boot auf die Seite, riß einen Mann aus dem Ruderhaus und schwemmte ihn über Bord. Der Name des Mannes war Gary Brown (kein Verwandter). Während einer unter Deck kletterte, um die Maschine wieder in Betrieb zu setzen, warf der andere Brown einen Rettungsring zu. Er klatschte genau vor ihm ins Wasser, aber Brown machte keine Anstalten, ihn zu ergreifen. Er trieb einfach nur davon, einen verstörten Ausdruck im Gesicht.

Die beiden Männer funkten Mayday, und eine Stunde später hörten sie über sich das Schlagen der Rotorblätter eines Hubschraubers im stürmischen Dunkel. Inzwischen hatten die beiden die *Sea Fever* wieder auf ebenem Kiel und weitgehend gelenzt. *Wollt ihr auf dem Boot bleiben, oder wollt ihr mit der Seilwinde abgeborgen werden?* fragte der Hubschrauberpilot über Funk. *Wir bleiben im Boot,* funkten sie zurück. Der Pilot fierte eine Lenzpumpe an Deck und drehte dann in Richtung Küste ab, weil sein Treibstoff knapp wurde. Auf dem Rückweg schaltete er seinen Suchscheinwerfer ein, um nach Gary Brown zu suchen, sah aber nur Wellen mit langen Schaumstreifen. Brown war schon lange ertrunken. Vier Jahre später verkündete der US-Bezirksrichter Joseph Tauro in Boston in einem Gerichtsbeschluß, daß dem nationalen Wetterdienst insofern Fahrlässigkeit vorzuwerfen sei, als er versäumt habe, die funktionsunfähige Datenboje reparieren zu lassen. Hätte sie funktioniert, argumentierte er, wäre es dem Wetterdienst möglich gewesen, den Sturm vorherzusagen; darüber hinaus hätte er versäumt, die Fischer darauf hinzuweisen, daß er Vorhersagen aufgrund unvollständiger Informationen machte. Dies war das erste Mal, daß der Wetterdienst für eine falsche Vorhersage verantwortlich gemacht wurde, und das Urteil ließ die Bundesregierung vor Angst erzittern. Von nun an war es durchaus vorstellbar, daß jeder Flugzeugabsturz, jeder Autounfall mit einer Wettervorhersage in Verbindung gebracht werden konnte. Die National Oceanic and Atmospheric Administration legte gegen diese Entscheidung Berufung ein, und sie wurde dann auch von einem höheren Gericht schnell wieder aufgehoben. Bob Brown hatte an all diesem natürlich keine Schuld. Es ist keineswegs unverantwortlich, im November auf die Georges Bank zu gehen – das, und Gefährlicheres, hatte er sein ganzes Leben lang getan, und von Sturm war in keiner Vorhersage die Rede gewesen. Hinzu kam, daß ein größeres Stahlboot gesunken war, während die *Sea Fever* schwimmfähig blieb; das sprach wirklich für die Besatzung und den guten Bauzustand des Schiffes. Trotz allem, ein Mann hatte auf einem von Bob Browns Booten sein Leben verloren, und mehr brauchten viele Leute nicht zu wissen. Eine Geschichte machte die Runde, wie Bob Brown einmal die größte Welle seines Lebens gesehen hatte – einen riesigen Wellenberg auf den Grand Banks – und dabei nicht einmal das Einholen der Langleine unterbrochen hatte. Die Leute nannten ihn »Selbstmord-Brown«, weil jeder, der für ihn arbeitete, sein Leben aufs Spiel setzte. Und dann passierte es noch einmal.

Es war Mitte der achtziger Jahre, seine Boote brachten ihm inzwischen eine Million Dollar pro Jahr ein. Brown war auf den Grand Banks, an Bord der *Hannah Boden,* und er fand sich plötzlich in der Situation, eine komplette Langleine bei einer Windstärke von sechzig Knoten einholen zu müssen. Dann wurde das Deck von einer Welle überschwemmt, und als das Boot wieder aus dem schäumenden Wasser auftauchte, waren zwei Männer über Bord gegangen. Sie trugen Ölzeug und lange Gummistiefel und konnten sich in dem eiskalten Neufundlandwasser kaum bewegen. Der eine ging sofort unter, aber der andere wurde von einer Welle wieder gegen die Bordwand geschleudert, wo ihm jemand geistesgegenwärtig einen Handhaken hinhielt, damit er sich an ihm festhalten konnte. Der Haken fuhr dem Mann durch die Hand, aber in dieser Situation konnte man sich darüber keine Gedanken machen, und so hievte man ihn wie einen großen Fisch an Deck. Sie mußten vierhundert Meilen in Richtung Küste stampfen, nur um in Reichweite eines Hubschraubers zu kommen, der ihn ins Krankenhaus bringen konnte.

Browns Ruf ist für Billy jedoch ohne Bedeutung. Brown ist nicht auf dem Boot, sondern zwölfhundert Meilen weit weg von Gloucester, und wenn Billy nichts mit ihm zu tun haben will, meldet er sich einfach nicht über Funk. Außerdem scheffelt Billy auf seinem Boot das Geld nur so, und das läßt Browns Zweifel – oder seine Ratschläge – oder seinen Mangel an Einfühlungsvermögen – geradezu belanglos erscheinen. Alles, was Billy braucht, sind fünf Männer; ein gut gewartetes Boot und ausreichend Kraftstoff, um bis zum Flemish Cap zu kommen und wieder zurück.

Die ersten fünf Male bringt Johnston seine Leine während der Zeit aus, die man die »Vorderseite« des Mondes nennt, das sind die Viertel des zunehmenden Mondes. Boote, die während der »Vorderseite« fischen, bekommen vorwiegend kleine männliche Fische an den Haken; Boote, die während der »Rückseite« fischen, fangen überwiegend große weibliche Fische. Johnstons Rekord beläuft sich auf siebenundzwanzig aufeinanderfolgende Haken mit je einem Fisch daran, in der Hauptsache kleine männliche Fische. Am Tage des Vollmonds ändert sich das schlagartig, denn der Fang besteht jetzt hauptsächlich aus großen weiblichen Fischen, und die nächsten zwei Wochen bleibt das so. »Statt männlicher Fische mit einem Durchschnittsgewicht von siebzig Pfund fängst du vielleicht vier oder fünf 800-Pfünder, alle weiblich«, sagt Johnston. »Bei Vollmond verlieren sie den Verstand und fressen hemmungslos alles, was ihnen vors Maul kommt.«

Vollmond ist am 23. Oktober, und Johnston hat seine Fahrt so geplant, daß dieses Datum ungefähr in der Mitte liegt. Es gibt Kapitäne, die eine gute Fangfahrt einfach vorzeitig beenden, nur um innerhalb eines bestimmten Mondzyklus zu bleiben. Mit den ersten vier oder fünf Leinen bekommt Johnston nur eine spärliche Menge Fisch an den Haken, aber dann ändert sich die Situation. Vom 21. Oktober an holt er sechs- bis siebentausend Pfund »Großaugen« aus dem Wasser, genug, um die Reise in einer Woche beenden zu können. Das Wetter ist für die Jahreszeit außergewöhnlich gut gewesen, und Johnston geht jeden Abend an das Ukw-Gerät, um den anderen Booten den neuesten Stand mitzuteilen. Als dem am weitesten im Westen stehenden Boot überläßt die Flotte ihm die Entscheidung darüber, wieviel Gerät sie ausbringen sollten. Sie haben keine Lust, vierzig Meilen Leine draußen zu haben, wenn gerade ein Sturm aufzieht. Am 22. Oktober verläßt die *Laurie Dawn 8*, ein umgebautes Ölschiff unter dem Kommando eines ruhigen Texaners namens Larry Davis, New Bedford und nimmt Kurs auf die Grand Banks. Sie ist das letzte Boot, das in dieser Saison auf die Fischgründe hinausgeht. Am gleichen Tag verläßt ein Containerschiff, die *Contship Holland*, den Hafen von Le Havre in Frankreich mit Ziel New York. Dabei verfolgt sie einen klassischen loxodromischen Kurs, der vom Ärmelkanal geradewegs durch die Fischgründe führt. Südlich des Flemish Cap stehen verstreut die *Hannah Boden*, die *Allison*, die *Miss Millie* und die *Seneca*. Die *Mary T.* und die *Mr. Simon* befinden sich südlich des »Schwanzes«, genau am Rande des Golfstroms, und Billy Tyne ist mit seinem Boot fast sechshundert Meilen weiter östlich.

Billy ist schon während des Neumondzyklus draußen gewesen, was vielleicht seine schlechten Fangergebnisse erklärt, aber um den 18. herum ändert sich seine Pechsträhne. Tatsächlich bekommt jetzt, wenige Tage vor Vollmond, die ganze Flotte mehr Fisch an den Haken. Tyne verrät niemand, wieviel er fängt, aber er macht die vorangegangenen mageren drei Wochen schnell wett. Wahrscheinlich holt er so viele Schwertfische aus dem Wasser wie Johnston »Großaugen«-Thunfische – fünf- bis sechstausend Pfund pro Tag. Gegen Ende des Monats hat er 40 000 Pfund Fisch im Laderaum, das entspricht einem Wert von 160 000 Dollar. »Ich sprach mit Billy am 24., und er sagte mir, daß er die Luken schon dichtgemacht habe«, sagt Johnston. »Er war auf dem Weg nach Hause, während wir übrigen unsren Törn gerade begonnen hatten. Man konnte ihm anhören, daß er glücklich war.«

Gegen Mittag des 25. Oktober – die Mannschaft verstaute noch das Fischgerät – geht Billy auf Heimatkurs. Sie werden eines der wenigen Boote im Hafen sein, die eine große Ladung Fisch an Bord haben, und das bedeutet einen knappen Markt und demzufolge hohe Preise. Kapitäne träumen davon, mit einer Riesenladung Fisch auf einen knappen Markt zu kommen. Das Wetter ist heiter, der blaue Himmel mit einigen Zirruswolken gestreift, und ein kräftiger Nordwestwind setzt weiße Tupfer auf die Wellen. Eine lange schwere Dünung, von einem Sturm weit im Süden, geht unter dem Boot durch. Billys Eismaschine ist kurz davor, den Geist aufzugeben, und er hat noch zwölfhundert Meilen vor sich. Aber er hat schon Heimatkurs anliegen, während der Rest der Flotte erst die Hälfte des Törns hinter sich hat, und wird sein Boot festmachen, wenn die anderen die letzte Leine einholen. Er ist zwei Wochen aus dem Rhythmus heraus. Letztendlich könnte man irgendeiner unsichtbaren Windung des Golfstroms die Schuld dafür geben: Diese Windung stört den Zug der Schwertfische, was die Reise um ein oder zwei Wochen verlängert, so daß die *Andrea Gail* sich unvermutet auf dem Flemish Cap wiederfindet, als sie eigentlich schon auf der Heimreise sein sollte. Die Umstände, durch die ein Boot zu einer bestimmten Zeit an einen bestimmten Ort versetzt wird, sind so sehr dem Zufall unterworfen, daß sie nicht einmal katalogisiert, geschweige denn vorhergesagt werden können, und insgesamt nähern sich jetzt weitere fünfzig bis sechzig Menschen – Schwertfischfänger, Segler, Matrosen – den Sturmzonen des Nordatlantiks. Einige von ihnen sind schon, unvermeidlich, seit Monaten dorthin unterwegs; andere trafen erst wenige Tage zuvor eine falsche Entscheidung.

Anfang September begann sich ein im Ruhestand lebender Seemann namens Ray Leonard in Portland, Maine, nach ein paar Leuten umzuhören, die ihm helfen könnten, seine 30-Fuß-Westland-Slup, einen Einmaster, nach Bermuda zu segeln. Portland ist eine große Seglerstadt – im Sommer nehmen die Leute an Rennen der J-Klasse teil, verdingen sich im Winter als Crew in der Karibik und gehen dazwischen noch ein bißchen Skilaufen. Leonard bekam schnell Verbindung zu Karen Stimson, einer der erfahrensten Seglerinnen am Ort. Die 42jährige gehörte schon als Teenager zur Mannschaft von Segelbooten, absolvierte die Seefahrtakademie in ihren Dreißigern und überquerte auf Öltankern mehrmals den Ozean. Zwischen ihren Segeltörns arbeiteten sie und eine andere Frau, Sue Bylander, 38 Jahre alt, als Graphiker für einen Freund von Leonard. Leonard bot beiden einen Platz auf seinem Boot an, wenn sie von Bermuda aus auf eigene Kosten zurückflögen. Ihr Boß sagte, daß er ihnen für die Dauer der Reise freigeben würde. Sie sagten zu, und der Auslauftermin wurde auf das letzte Wochenende im Oktober festgesetzt. Einen Monat später verließ die Slup *Satori* die Great Bay Marina in Portsmouth, New Hampshire, und lief langsam unter Motor den Piscataqua River hinunter, dem offenen Meer entgegen.

Das Wetter war so warm, daß sich die Crew in T-Shirts an Deck aufhielt, der Himmel zeigte das wäßrige Blau des Spätsommers. Ein leichter Wind wehte aus West, ein krimpender Wind. Die Satori lief unter Motor den Piscataqua hinunter, traf sich dort mit einem anderen Boot, passierte Kittery Point und ging dann auf Ostkurs. Die beiden Boote wollten zum Great South Channel zwischen der Georges Bank und Cape Cod, und von da aus würden sie dann genau nach Süden halten, auf Bermuda zu. Bylander blieb unter Deck, um die Berge von Proviant und allem möglichen Gerät in der Kajüte zu ordnen, während Stimson und Leonard sich an Oberdeck unterhielten. Bevor sie noch die Isle of Shoals passiert hatten, kam Nebel auf, und als es dunkel wurde, fand sich die *Satori* einsam und allein auf einer seltsam ruhigen See.

Als Bylander mit dem Verstauen des Proviants fertig war, quetschte sich die Crew an den kleinen Tisch in der Kajüte und aß eine Lasagne, die Stimsons Mutter zubereitet hatte. Stimson hat strohblonde Haare und so einen Blick in ihren grauen Augen, der den Eindruck erweckt, daß sie imstande ist, im gleichen Moment eine Situation zu verstehen, die Chancen abzuwägen und eine Entscheidung zu treffen. Sie ist nicht romantisch veranlagt – »Wenn du nach Erleuchtung suchst, dann ist ein Öltanker dafür sicher nicht der richtige Ort« –, aber sie liebt die See. Sie ist nicht verheiratet und hat keine Kinder. Sie ist das perfekte Besatzungsmitglied für einen spät in der Saison beginnenden Törn gen Süden.

Was ist, Ray, hast du den Wetterbericht gehört? fragte sie während des Essens.

Leonard nickte.

Hast du gehört, daß eine Front durchzieht?

Das sollte für uns kein Problem sein, sagt er. Wir können jederzeit in die Buzzards Bay einlaufen.

Die Buzzards Bay ist das westliche Ende des Cape-Cod-Kanals. Wenn es wirklich dick kommt, könnte man fast den ganzen Weg von Boston nach New York auf geschützten Wasserstraßen zurücklegen. Das ist vielleicht nicht besonders reizvoll, aber sicher. »Ray war daran gewöhnt, allein zu segeln, daher gab ihm meine Gegenwart vielleicht das Gefühl, es könne ihm nun kaum noch etwas passieren«, sagt Stimson. »Und es gibt einen Punkt, wo du so weit draußen bist, daß du nicht mehr umkehren willst; du segelst einfach auf hoher See weiter. In Zukunft werde ich jedoch den Wetterbericht abhören; ich, als Besatzungsmitglied werde entscheiden, ob ich weitersegeln will. Und dabei wird es für mich völlig ohne Bedeutung sein, wieviel Erfahrung der Skipper hat.«

Es war jetzt der 26. Oktober. Das Schicksal von Stimson, Bylander und Leonard war im Begriff, sich mit dem mehrerer Dutzend anderer Menschen zu vereinen, die vor der Küste Neuenglands aufeinander zustrebten.

Genauso wie Leonard hat Billy zweifellos die Wettervorhersage gehört, aber er ist noch weniger geneigt, darauf zu reagieren, als Leonard. Die Vorlaufzeit für eine genaue Wettervorhersage beträgt nur zwei bis drei Tage, und ein Schwertfischfänger braucht doppelt so lange, um den Hafen zu erreichen. Wetterberichte sind für die Fischerei lebensnotwendig, aber nicht so sehr für die Heimfahrt; am Ende des Törns lassen die Kapitäne im allgemeinen nur das Gerät einholen und nehmen Kurs auf den Heimathafen.

Weil sich Fehler vergrößern, je länger die Fahrt andauert, muß ein Kapitän bei der Berechnung des Heimatkurses um so sorgfältiger sein. Ein Fehler von nur einem Grad würde ein Boot dreißig Meilen vom Kurs abbringen, bis es Gloucester erreicht; bei einem Monat solch kleiner Fehler müßte ein Kapitän der Reisedauer einen ganzen Tag hinzufügen. Als Billy Tyne die Heimreise antritt, würde ihn ein Kurs von 260 Grad genau nach Cape Ann bringen, aber dieser Kurs würde auch zu nahe an Sable Island vorbeiführen, das für die Schifffahrt ein großes Risiko darstellt. (»Ich versuche das Gebiet immer im Abstand von mindestens vierzig bis fünfzig Meilen zu passieren«, sagt Charlie Reed.) Der Kanal zwischen Sable Island und Neuschottland ist mit einem schönen, kalten Gegenstrom gesegnet, der in Labrador beginnt und sich, der Küste folgend, bis Hatteras hinzieht, aber aus irgendeinem Grund entschließt sich Billy, diesen Weg nicht zu nehmen. Er beschließt, den »Schwanz« auf 44° Nord zu kreuzen – das ist sozusagen sein Wegepunkt – und dann, sobald er klar von Sable Island ist, auf Westkurs Richtung Gloucester zu gehen.

Für die Navigation auf hoher See bedienen sich Fischerboote des sogenannten Global Positioning System. Bei diesem *GPS*, wie es meist genannt wird, wird der Standort mit Hilfe militärischer Satelliten bestimmt, welche die Erde auf festen Bahnen umrunden und in Breiten und Längenangaben verwandelt. Die Bestimmung der Position ist bis auf fünfzehn Fuß genau. Die Signale werden vom Verteidigungsministerium zwar bewußt etwas verzerrt, weil man befürchtet, daß derart genaue Informationen mißbraucht werden könnten, aber die Genauigkeitsstandards auf einem Schwertfischfänger sind sowieso recht großzügig, so daß dieser Aspekt keine Rolle spielt. Fischer verwenden das *GPS* im allgemeinen zur Unterstützung des Loran-Systems, bei dem die Laufzeiten der Senderimpulse von zwei getrennten, auf derselben Langwellenfrequenz ausgesandten Signalen miteinander verglichen werden. Dazu gibt es spezielle nautische Hilfskarten mit numerierten, von den Signalstationen an der Küste ausgehenden Hyperbel-Standlinien, auf denen der Schnittpunkt der angezeigten Standlinien den Schiffsort angibt.

Aber selbst mit zwei elektronischen Systemen ist man vor Fehlern nicht sicher – eisenhaltige Landmassen, elektrische Störungen, alle möglichen Dinge verfälschen die Ergebnisse. Überdies gibt der Plotter eine direkte Richtung an, die die Krümmung der Erdoberfläche außer acht läßt, während Schiffe gezwungen sind, einem Kreisbogen zu folgen – der sogenannten Großkreisroute. Die Großkreisroute erfordert eine Kursberichtigung von ungefähr 11° Nord zwischen Gloucester und dem Flemish Cap. In der Nacht des 24. Oktober gibt Billy Tyne die Loran-Koordinaten für seinen Wegepunkt auf dem »Schwanz« der Grand Banks ein und liest auf seinem Video-Plotter einen Kurs von 250 Grad ab. Auf einer Großkreisroute sind Kompaßkurs und Kartenkurs zu Beginn einer Reise gleich, scheren dann bis zum Halbwegpunkt allmählich auseinander und laufen wieder zusammen, wenn sich das Boot seinem Bestimmungsort nähert.

Nachdem er seine Großkreisroute ermittelt und den Kurs in den Autopiloten eingegeben hat, geht Tyne zu der Schublade mit den Seekarten und zieht die Karte INT 109 heraus. Er zeichnet eine Kurslinie von 250 Grad zu seinem Wegepunkt auf dem »Schwanz« ein und fährt diesen Wert mit Hilfe eines Parallellineals bis zur Kompaßrose am unteren Ende der Karte herunter. Dort kontrolliert er die Peilung und berichtigt sie um die örtliche Mißweisung von 20 Grad. (Das Magnetfeld der Erde deckt sich nicht genau mit der Erdachse; tatsächlich kommt es ihr nicht einmal nahe.) Damit sollte er in rund drei Tagen seinen Wegepunkt auf dem »Schwanz« erreichen. Dort wird er 14 Grad aufkommen und einen weiteren Großkreiskurs nach Gloucester steuern.

Die INT 109 ist eine der wenigen Karten, welche die Sommer-Schwertfischgründe in ihrer gesamten Ausdehnung zeigen, und jedes Boot auf den Grand Banks hat sie an Bord. Ihr Maßstab beträgt eins zu dreieinhalb Millionen; in der Diagonalen erstreckt sie sich von New Jersey bis fast nach Grönland. Das Land auf der INT 109 ist so dargestellt, wie Seeleute es meistens sehen, eine leere, konturenlose Fläche mit ein paar Städten an einer Küste, die in allen Einzelheiten wiedergegeben ist. Die Leuchtfeuer sind durch dicke Ausrufezeichen gekennzeichnet und finden sich auf jeder gottverdammten Landzunge zwischen New York City und South Wolf Island im Labradorstrom.

Die Wassertiefe ist in Metern angegeben, und Flachwasserbereiche sind blau getönt. Die Georges Bank ist deutlich vor Cape Cod zu sehen, eine unregelmäßige Form, die ungefähr die Größe von Long Island hat und bis zu einer Tiefe von neun Fuß ansteigt. Westlich von der Georges befindet sich der Great South Channel; dahinter liegen die Nantucket-Untiefen und ein Gebiet, das mit altem Kriegsgerät übersät ist: untergegangene Torpedos, nicht detonierte Wasserbomben und andere nicht zur Wirkung gelangte Kampfmittel. Die 200-Faden-Linie ist das hervorstechendste Merkmal der Karte und folgt der Küstenlinie in breiten Strichen wie ein langer Schatten. In Richtung Norden umfaßt sie Georges Bank, zieht sich hundert Meilen vor der Küste von Neuschottland entlang und dann tief in den St. Lawrence Seaway hinein. Östlich dieses Seewegs sind die alten Fischgründe von Burgeo und den St. Pierre Banks, und dann macht die Linie einen enormen seewärtigen Bogen nach Südosten. Die Grand Banks.

Die Grand Banks sind ein breites, flaches Plateau, das sich viele hundert Meilen von Neufundland nach Südosten erstreckt, bevor es den Rand des Kontinentalsockels erreicht. Eine Ansammlung von Schreckgespenstern, die als die Virgin Rocks bekannt sind, lauert siebzig Meilen östlich von St. Johns, aber sonst gibt es keine wirklichen Untiefen, die erwähnenswert wären. Ein breiter Strom kalten Wassers, der Labradorstrom, fließt über den nördlichen Rand der Banks und führt der örtlichen Nahrungskette Plankton zu, und eine langsame Warmwasserströmung, der North Atlantic Current, kriecht östlich des Flemish Cap auf Europa zu. Um den unteren Teil der Banks windet sich das sogenannte »Slope Water«, eine kalte, einen halben Knoten schnelle Strömung, welche die allgemeine östliche Wasserbewegung dieses Gebiets speist. Unterhalb des Slope Water verläuft der Golfstrom, der mit einer Geschwindigkeit von drei bis vier Knoten durch den Atlantik fließt. Manchmal sondern sich Wirbel vom Golfstrom ab, wandern in den Nordatlantik und ziehen ganze Ökosysteme mit sich. Diese Wirbel werden Warmkernringe genannt. Wenn die Kerne sich auflösen, sterben auch die Ökosysteme.

Billy möchte durch die Passage fahren, die zwischen dem Golfstrom im Süden und Sable Island im Norden liegt. Es ist eine relativ direkte Strecke, die weder den warmen Gegenstrom berührt noch zu nahe an Sable Island heranführt. Wenn er rund um die Uhr unterwegs ist, hat er eine Fahrt von einer Woche vor sich; vielleicht nimmt er ja auch einen Stabilisator aus dem Wasser, um noch etwas schneller zu sein. Der Diesel hat jetzt einen Monat lang unbarmherzig auf sie eingehämmert, und ohne die Ablenkung durch die Arbeit scheint er plötzlich höllisch laut. Es gibt keine Möglichkeit, diesem Lärm zu entfliehen – er dringt in den Schädel ein, schüttelt die Magenwände und läßt die Ohren klingeln. Wären die Männer nicht so übermüdet, würden sie sich vielleicht gestört fühlen; aber so genießen sie nur die wohlverdiente Ruhe in ihren Kojen und gehen zweimal am Tag Ruderwache. Nach zweieinhalb Tagen hat die *Andrea Gail* rund 450 Meilen zurückgelegt und damit den Rand des Kontinentalsockels erreicht. Das Wetter ist schön und aus dem Nordosten rollt eine mittelhohe lange Dünung heran. Am 27. Oktober um 15.15 Uhr setzt sich

Billy Tyne über seine SSB-Anlage mit der kanadischen Küstenwache in Verbindung und meldet, daß er jetzt in kanadische Hoheitsgewässer einläuft. *Hier ist das amerikanische Fischerboot Andrea Gail, WYC 6681,* sagt er. *Wir befinden uns auf 44° 25′ Nord, 49° 05′ West mit Kurs auf Neuengland. Unser gesamtes Fanggerät ist verstaut.*

Die kanadische Küstenwache in St. Johns erteilt ihm die Erlaubnis, seine Fahrt fortzusetzen. Der Großteil der Flotte steht zweihundert Meilen weiter im Osten, und Albert Johnston befindet sich mit seinem Boot gleich weit entfernt im Süden. Sable Island liegt inzwischen nicht mehr im Weg, daher kommt Billy 14 Grad auf und nimmt direkten Kurs auf Gloucester. Sie laufen jetzt, bei eingeschaltetem Autopiloten, auf einem Großkreis fast genau nach Westen. Gegen Abend kommt eine kanadische Wetterkarte aus dem Satelliten-Faxgerät. Vor Bermuda hat sich ein Hurrikan gebildet, eine Kaltfront zieht vom kanadischen Festlandsockel herunter, und über den Great Lakes braut sich ein Sturm zusammen. Alle diese Wetterfronten bewegen sich auf die Grand Banks zu. Ein paar Minuten nach Empfang des Faxes ruft Linda Greenlaw an.

Hast du die Karte gesehen, Billy? fragt sie.

Ja, hab' ich, antwortet er.

Was hältst du *davon?*

Sieht aus, als ob es dick kommt.

Sie machen aus, daß sie sich am nächsten Tag wieder in Verbindung setzen, damit Billy ihr eine Liste von dringend benötigtem Versorgungsmaterial übermitteln kann. Dann melden sie sich ab, und Billy übergibt das Ruder an Murph und geht zum Essen unter Deck. Sie befinden sich in einem großen Stahlboot mit

40 000 Pfund Fisch und einer entsprechenden Menge Eis im Laderaum. Es muß schon eine Menge zusammenkommen, damit so ein Boot sinkt. Gegen 21 Uhr steigt an Backbord achteraus ein halber Mond auf. Die Luft ist ruhig, der Himmel voller Sterne. Zweitausend Meilen entfernt prallen verschiedene Wettersysteme aufeinander.

Der Lauf der Waffe

Die Männer konnten einander im fallenden Schnee nur ansehen, blickten vom Land nach See und von der See zum Land und mußten erkennen, wie unbedeutend sie alle waren.

Schiff auf den Klippen, Newburyport; Massachusetts, 1839, keine Überlebenden,

in: SIDNEY PERLEY, Historic Storms of New England

Im Schwertfischfang steckt ein gewisses Maß an Selbstverleugnung. Boote kämpfen sich durch viel schlechtes Wetter, und im allgemeinen machen die Besatzungen nur die Luken dicht, schalten den Videorecorder ein und setzen ihr Vertrauen in die Bruchfestigkeit des Stahls. Dennoch weiß natürlich jeder an Bord, daß es da draußen Wellen gibt, die das Schiff wie eine Kokosnuß knacken können. Ozeanographen haben berechnet, daß die maximale theoretische Höhe einer Windwelle 198 Fuß beträgt; eine Welle dieser Größe kann eine Menge Öltanker zum Sinken bringen, ganz abgesehen von einem Schwertfischfänger von 72 Fuß.

Ist man jedoch erst einmal in diesem Selbstverleugnungs-Geschäft, dann ist es schwer, sich darüber klarzuwerden, wann man damit aufhören muß. Daß Kapitäne ihre Boote überladen, gehört fast schon zur Routine; darüber hinaus ignorieren sie Sturmwarnungen, verstauen die Rettungsinseln im Ruderhaus und entfernen die Batterien aus den Seenot-Funkbojen. Inspektoren der Küstenwache berichten, daß die Vorstellung, ihr Boot könnte sinken, für viele Eigner-Kapitäne so undenkbar ist, daß sie nicht einmal die elementarsten Vorsichtsmaßnahmen treffen. »Wir brauchen keine Seenot-Funkboje, weil wir nicht vorhaben unterzugehen«, ist ein Satz, den die Inspektoren häufig zu hören bekommen. Eines der Videos der Portland-Küstenwache – das örtlichen Fischern so oft wie möglich vorgeführt wird – wurde im Ruderhaus eines Berufsfischers bei wirklich üblem Wetter aufgenommen. Es zeigt, wie der Bug über riesige, weißköpfige Seen steigt und wieder herabfällt, steigt und wieder herabfällt. Irgendwann sagt dann der Kapitän ein bißchen selbstgefällig: »Ja, dies ist der Ort, an dem man sein möchte, genau hier im Ruderhaus, in seinem eigenen kleinen Reich …«

In diesem Augenblick füllt eine Welle von der Größe eines Hauses die Leinwand. Sie ist nicht größer als die vorherigen, aber sie ist wie eine solide, schaumbedeckte Wasserwand und absolut senkrecht. Sie überflutet den Bug, das Vordeck, das Ruderhaus und schlägt alle Fenster heraus. Das letzte, was die Kamera sieht, ist weißes Wasser, das auf sie zukommt, wie eine riesige, nasse Faust. Je weiter man von der Küste entfernt ist, desto weniger kann man sich diese Selbstgefälligkeit leisten. Jeder Wochenendsegler weiß, daß ihn die Küstenwache notfalls aus jedem Schlamassel herausholen wird, in den er sich selbst gebracht hat. Aber Schwertfischfänger sind nicht so gut dran. Sie arbeiten vier- bis fünfhundert Meilen vor der Küste, weit außerhalb der Reichweite der Hubschrauber. Daher hat Billy – wie jeder Hochseefischer – ungeheuren Respekt vor der großen, nassen Faust. Als Billy die Wetterkarte über das Faxgerät erhält, berichtet er zweifellos der Mannschaft, daß sich da etwas sehr Übles zusammenbraut. Es gibt da ein paar spezifische Dinge, die man tun kann, um einen schweren Sturm auf See zu überleben, und ob die Besatzung das tut und wie gut sie das macht, hängt davon ab, wie abgestumpft schon alle sind. Billy fischt schon sein ganzes Lehen lang. Vielleicht glaubt er ja inzwischen, daß er und sein Boot gefeit sind; vielleicht ist aber auch die See sein immer wiederkehrender Alptraum.

Eine gute, besorgte Mannschaft beginnt damit, alle Luken, Fensteröffnungen und Schott-Türen auf dem Boot fest zu verriegeln. So verhindert man, daß überkommendes Wasser in den Bootskörper eindringt und den Laderaum überflutet. Sie überprüft die Luken des Lazaretts, in dem die Rudermaschine untergebracht ist, und überzeugt sich, daß sie einwandfrei geschlossen sind. Eine Menge Boote gehen unter, wenn das Lazarett volläuft. Sie kontrolliert die Bilgepumpenfilter und fischt alles aus dem Bilgewasser heraus, was die Pumpen verstopfen könnte.

Sie schafft alles vom Deck, was nicht festgezurrt ist – Fischgerät, Handhaken, Ölzeug, Stiefel –, und verstaut es im Laderaum. Sie entfernt die Speigattklappen, damit das überkommende Wasser abfließen kann. Sie kontrolliert die Ankerzurrings und setzt sie gegebenenfalls fest. Sie verstärkt die Zurrings der Diesel- und Wasserfässer auf dem Waldeck. Sie schließt die Hähne der Propangasleitungen am Herd. Im Maschinenraum lascht sie alles fest, was sich selbständig machen und Beschädigungen verursachen könnte. Sie füllt die Dieseltanks so um, daß einige leer, andere aber randvoll sind. Das reduziert den sogenannten Effekt der freien

Oberfläche – Flüssigkeiten, die in Tanks herumschwappen und dadurch den Gewichtsschwerpunkt verändern.

Auf einigen Booten erhält ein Mann eine Extrabezahlung dafür, daß er die Maschine überwacht, aber auf der *Andrea Gail* gibt es so etwas nicht; Billy kümmert sich selbst darum. Er steigt den Niedergang zum Maschinenraum hinunter und geht die Checkliste durch: Maschinenöl, Hydraulik, Batterien, Dieselleitungen, Zuluftleitungen, Einspritzdüsen. Er überzeugt sich, daß die Feuer- und Wassereinbruchsmelder eingeschaltet und die Bilgepumpen funktionsfähig sind. Er prüft den Ersatzgenerator. Er verteilt Tabletten gegen die Seekrankheit. Falls einer der Stabilisatoren aus dem Wasser gehievt worden ist, setzt er ihn wieder aus. Er zeichnet die Position des Bootes auf der Karte ein und stellt Berechnungen darüber an, inwieweit das Wetter ihre Abtrift beeinflussen könnte. Er berechnet den Kurs des Bootes für den Fall, daß eine Welle ihre Elektronik außer Funktion setzt. Er überprüft die Notbeleuchtung, er kontrolliert die Rettungsanzüge. Er kontrolliert die Fotos seiner Töchter. Und dann beginnt er zu warten.

Der Himmel zeigt sich bedeckt, aber es gibt nur leichte Winde aus Nordwest und geringen Seegang. Vor dem großen Portland-Sturm im Jahre 1898 meldete ein Kapitän, daß er noch nie »eine so ölig glatte See« erlebt habe, und ein paar Stunden später waren 450 Leute tot. Es ist nicht ganz so windstill, aber fast. Der Wind weht mit einer Geschwindigkeit so um die zehn Knoten, und eine Sechs-Fuß-Dünung schiebt sich träge unter dem Boot hindurch. In der Nacht passiert die *Andrea Gail* das Boot von Albert Johnston etwas weiter nördlich, und bei Tagesanbruch haben sie fast den westlichen Rand der Grand Banks erreicht und befinden sich ungefähr auf 52° West. Der Heimweg ist halb geschafft. Die Morgendämmerung kommt mit ein paar Streifen lachsfarbenen Himmels, und der Wind beginnt langsam nach Südost herumzugehen. Das nennt man einen rückdrehenden oder krimpenden Wind; er dreht sich entgegengesetzt dem Uhrzeigersinn, und das bedeutet gewöhnlich, daß schlechtes Wetter im Anzug ist. Bei einem rückdrehenden Wind ist Vorsicht geboten; er ist das erste ferne Zeichen eines Tiefdrucksystems, das zu einem Wirbelsturm ansetzt.

Dann kommt ein weiteres Wetterfax herein:

HURRIKAN GRACE DREHT NACH NORDOSTEN AB UND GEWINNT AN GESCHWINDIGKEIT. EIN SICH ENTWICKELNDER STURM WANDERT MIT 35 KNOTEN NACH OSTEN, SPÄTER NACH SÜDOSTEN UND FLAUT GEGEN 12 UHR AB. WINDE VON 50 BIS 60 KNOTEN UND SEEGANG VON 22 BIS 32 FUSS IN EINEM HALBKREIS VON 400 SM SIND ZU ERWARTEN.

Das liest sich wie eine Aufzählung von Dingen, die Fischer nicht hören wollen. Die zugehörige Karte zeigt den Hurrikan Grace als riesigen Wirbel bei den Bermudas und den sich entwickelnden Sturm als eine Ansammlung dicht beieinanderliegender barometrischer Linien etwas nördlich von Sable Island. Jedes Boot in der Flotte der Schwertfischfänger bekommt diese Information. Albert Johnston, der sich südlich des »Schwanzes« befindet, beschließt, nach Nordwesten in das kalte Wasser des Labradorstroms abzudrehen. Kaltes Wasser ist schwerer, sagt er, und scheint nicht so auf den Wind zu reagieren; es bringt nicht solche launischen Wellen hervor wie warmes Wasser. Der Rest der Flotte bleibt weit im Osten und wartet ab, was der Sturm vorhat. Sie könnten sowieso keinen Hafen mehr rechtzeitig erreichen. Die *Contship Holland,* die hundert Meilen südlich von Billy steht, läuft geradewegs in den Rachen des Sturms hinein. Zweihundert Meilen weiter östlich ist die in Liberia registrierte *Zahra* ebenfalls auf Kurs nach New York. Ray Leonard auf der Slup *Satori* hat beschlossen, keinen Hafen anzulaufen; er läuft weiter auf Südkurs in Richtung Bermuda. Die *Laurie Dawn 8* pflügt weiter hinaus zu den Fischgründen und die *Eishin Maru 78,* die genau 150 Meilen südlich von Sable Island steht, nimmt Kurs auf Halifax im Nordosten. Billy kann entweder mehrere Tage mit dem Versuch vertun, der Sache aus dem Wege zu gehen oder er kann weiterhin auf Heimatkurs bleiben. Die Tatsache, daß er einen Laderaum voll Fisch, aber nicht genug Eis hat, muß bei seiner Entscheidung eine Rolle spielen.

»Er hat getan, was neunzig Prozent von uns getan haben würden – er verschalkte die Luken und blieb auf Kurs«, sagt Tommy Barrie, Kapitän der *Allison.* »Er war schon über einen Monat auf See, und wahrscheinlich sagte er sich, ›Ach, zum Teufel damit, wir haben jetzt genug von diesem Scheiß‹, und hielt weiter auf den Heimathafen zu.«

Das Bostoner Büro des Nationalen Wetterdienstes nimmt das Erdgeschoß eines niedrigen Backsteingebäudes ein, das an einer mit Schotter belegten Zufahrtsstraße hinter dem Logan Airport liegt. Dicke, getönte Glasfenster gewähren einen Ausblick auf den USAir-Shuttle-Flughafen und ein Ödland voller Kieshaufen und Armiereisen. Wenn die Meteorologen des Wetterdienstes von ihren Radarbildschirmen aufblicken, können sie beobachten, wie die Maschinen der USAir hinter einer grauen Schutzwand herein- und hinausrollen. Nur ihre Heckruder ragen über die Mauer hinaus; wie silbrige Haie kreuzen sie über eine See aus Beton.

Im allgemeinen wandert das Wetter mit dem Jetstream von West nach Ost über das Land. Sehr simpel ausgedrückt, besteht die Wettervorhersage eigentlich nur darin, daß man irgend jemand anruft, der weiter westlich wohnt, und ihn bittet, aus dem Fenster zu sehen. In früheren Zeiten – kurz nach dem Bürgerkrieg – unterstand der Nationale Wetterdienst dem Verteidigungsministerium, weil das die einzige Behörde war, welche die Disziplin und Technik besaß, Informationen schneller nach Osten weiterzugeben, als sich das Wetter fortbewegte. Nachdem die Telegrafie Allgemeingut geworden war, wurde der Wetterdienst erst dem Landwirtschaftsministerium und schließlich dem Handelsministerium unterstellt, das den Luftverkehr und den landesweiten Schwerlastverkehr beaufsichtigt. Regionale Büros des Wetterdienstes liegen gewöhnlich an ziemlich trostlosen Orten, wie zum Beispiel in Industriegebieten am Rande städtischer Flugplätze. Sie haben fest abgedichtete Fenster und eine zentrale Klimaanlage. Von der Luft, deren Erscheinungen hier untersucht werden, gelangt nur sehr wenig in die Räume.

Am 28. Oktober ist es in Boston frisch und sonnig; die Temperatur liegt zwischen 10° und 15° Celsius, und von See her kommt ein steifer Wind. Ein leitender Meteorologe namens Bob Case wandert in dem mit Teppich ausgelegten Raum hin und her und berät sich mit verschiedenen Kollegen, die an diesem Tag Dienst haben. Die meisten von ihnen sitzen an schweren blauen Konsolen und starren konzentriert auf Reihen von Zahlen – Luftdruck, Taupunkt, Sichtweite –, die über die Bildschirme ihrer Computer wandern. Hinter dem Flugverkehrspult befindet sich eine Reihe von Telefonen mit Direktverbindung: staatlicher Katastrophenschutz, regionale Dienste und Hurrikanwarnung. Zweimal am Tag läutet der Apparat des staatlichen Katastrophenschutzes, und wer gerade in der Nähe ist, rennt hin und nimmt den Hörer ab. So testet der Staat seine Fähigkeit, seine Bürger vor einem Atomangriff zu warnen.

Case ist ein gesunder Mann in den Fünfzigern, dem langsam die Haare ausgehen. In seinem Büro hängt das Satellitenfoto eines Hurrikans, der im Begriff ist, die Küste von Maryland zu verwüsten. Er hat die Verantwortung für die Herausgabe regionaler Wettervorhersagen, die mit Hilfe von Satellitenaufnahmen erarbeitet werden, sowie für ein landesweites System, das *Limited Fine Mesh (LFM)* heißt und aus einem Gitternetz besteht, das über eine Karte der USA gelegt ist und in dem die einzelnen Knotenpunkte Datensammelstellen bezeichnen. Zweimal am Tag läßt man Hunderte von LFM-Wetterballons steigen, welche die Temperatur, den Taupunkt, den barometrischen Druck und die Windgeschwindigkeit messen und die Ergebnisse dann über Theodoliten anzeigen. Die Ballons steigen bis zu 60 000 Fuß und platzen dann; die Instrumente schweben an Fallschirmen zur Erde. Werden sie gefunden, schicken die Leute sie an den Wetterdienst. Die Daten vom LFM, zusammen mit dem Input von rund tausend anderen Bodenstationen im ganzen Land, werden im National Meteorological Center in

Camp Springs, Maryland, in riesige Cray-Computer eingegeben. Die Computer arbeiten mit numerischen Modellen der Atmosphäre und spucken dann Vorhersagen für die regionalen Büros aus, wo sie von den örtlichen Meteorologen bearbeitet werden. Menschen fügen einer Computer-Vorhersage immer noch einen »Mehrwert« hinzu, wie die Meteorologen sagen. Zu Vorhersagen gehört ein intuitives Element, das die Möglichkeiten selbst der leistungsstärksten Computer übersteigt.

Seit dem Morgen des vorangegangenen Tages beobachtet Case einen Tiefdrucktrog, der von den Great Lakes nach Osten wandert. Auf Satellitenfotos sieht er aus wie eine S-förmige Kurve auf dem Streifen klarer, trockener Luft, der von Kanada nach Süden zieht. Kalte Luft ist dichter als Warmluft, und dort, wo beide aufeinanderstoßen, bilden sich riesige, langsame Wellen und rollen ostwärts – auf der Seite liegend, wie es scheint –, ähnlich einer Dünung im Ozean. Diese Wellenbewegung wird immer ausgeprägter, bis der »Wellenkamm« sich vom Rest der Warmfront löst und sich einfach nur um sich selbst zu drehen beginnt. Das nennt man ein abgeschnittenes Tief oder eine okkludierte Front. Luft wird in das Zentrum hineingesaugt, das System dreht sich immer schneller, und innerhalb von Stunden entsteht so ein ausgewachsener Sturm.

Die Mechanik eines Hurrikans entspricht im wesentlichen der eines abgeschnittenen Tiefs, aber sie unterscheiden sich in bezug auf ihre Entstehungsgeschichte: Hurrikane brauen sich im lauwarmen Wasser des Äquatorgürtels zusammen. Wenn das Sonnenlicht auf den Äquator fällt, trifft es dort senkrecht auf; ein Quadratfuß Sonnenlicht erwärmt genau einen Quadratfuß

Wasser. Je weiter man nach Norden oder Süden geht, desto niedriger steht die Sonne und eine um so größere Wasserfläche muß ein Quadratfuß Sonnenlicht erwärmen. Das bedeutet natürlich, daß sich das Wasser in höheren Breiten nicht so stark erwärmt. Die äquatoriale See ist sozusagen den ganzen Sommer auf dem Feuer und läßt riesige Mengen Wasser verdunsten. Verdunstetes Wasser ist instabil, und die in ihm enthaltene Energie läßt sich mit einem Felsbrocken am Rande eines Abgrunds vergleichen – ein kleiner Stoß entfesselt große zerstörerische Kräfte. In gleicher Weise bewirkt ein Absinken der Lufttemperatur, daß sich der Wasserdampf als Regen niederschlägt und seine latente Energie in die Atmosphäre entläßt. Die Luft über einem Quadratfuß äquatorialen Wassers enthält genug Energie, um ein Automobil zwei Meilen weit zu bewegen. Die elektrische Energie eines einzigen Gewitters würde ausreichen, um die Vereinigten Staaten vier Tage lang mit Strom zu versorgen.

Warme Luft ist weniger dicht als kalte; sie steigt von der Oberfläche des Ozeans in die Höhe, kühlt in der oberen Atmosphäre ab, und entläßt dann ihre Feuchtigkeit als Niederschlag, bevor sie wieder zur Erde zurückkehrt. Über Gebieten aufsteigender Luft entwickeln sich große Kumuluswolken mit Blitz und Donner und starken Regenfällen. Solange der Zustrom feuchtwarmer Luft anhält, bleibt das Gewitter erhalten und verwandelt die Feuchtigkeit in strömenden Regen und Fallwinde. Andere Gewitterwolken können sich entlang der Vorderkante einer Kaltfront zu einer »Böenlinie« formieren – ein hoch aufragendes Konvektionssystem, das sich von einem Ende des Horizonts zum anderen erstreckt.

Hurrikane entstehen, wenn sich eine kleine Unregelmäßigkeit – eine Störung der Passatwinde, ein Staubsturm, der von der Sahara hinaus auf die See wandert – in den oberen Luftschichten entwickelt. Die Böenlinie beginnt sich um diese Unregelmäßigkeit zu drehen, wobei sie warme, schnell verdunstende Luft ansaugt und sie dem sich entwickelnden Wirbel in ihrem Mittelpunkt zuführt. Je mehr Luft in den Wirbel gesaugt wird, desto schneller dreht er sich, und um so mehr Ozeanwasser wird verdunstet. Der Wasserdampf steigt im Zentrum des Systems in die Höhe und gibt Regen und latente Wärme ab. Schließlich beginnt das System so schnell zu rotieren, daß die in den Wirbel hineingesaugte Luft die Zentrifugalkraft nicht mehr überwinden kann und nicht mehr ins Zentrum gelangt. Das Auge des Sturms hat sich gebildet, eine Säule trockener Luft, umgeben von einer geschlossenen Wand aus Wind. Tropische Vögel, die in dieses System hineingeraten, können nicht mehr entkommen. Eine Woche später, nachdem das System zerfallen ist, können sich Fregattvögel und Silberreiher vielleicht über New Jersey oder Neufundland wiederfinden.

Ein ausgewachsener Hurrikan ist bei weitem das gewaltigste Ereignis auf dieser Erde; die vereinten Kernwaffenarsenale der USA und der früheren Sowjetunion wären nicht imstande, so viel Energie zu liefern, daß sie einen Hurrikan einen Tag lang am Leben erhalten könnten. Ein typischer Hurrikan nimmt etwa eine Million Kubikmeilen der Atmosphäre in Anspruch und könnte den gesamten Strombedarf der Vereinigten Staaten drei oder vier Jahre lang decken. Während des Labor-Day-Hurrikans im Jahre 1935 erreichten die Stürme eine Geschwindigkeit von über 200 Meilen pro

Stunde, und einige der im Freien überraschten Menschen wurden wie durch ein gigantisches Sandstrahlgebläse getötet. Rettungsmannschaften fanden nur noch ihre Schuhe und Gürtelschnallen. Während eines Hurrikans kann so viel Regen niedergehen – bis zu fünf Zoll pro Stunde –, daß der Boden sich verflüssigt. Hügel rutschen in die Täler hinunter, und Vögel ertrinken während des Flugs, unfähig, ihre nach oben gerichteten Nasenöffnungen abzuschirmen. 1970 kam in dem Teil Indiens, der jetzt Bangladesch heißt, eine halbe Million Menschen durch einen Hurrikan ums Leben. 1938 setzte ein Hurrikan die Innenstadt von Providence Rhode Island zehn Fuß hoch unter Wasser. Die Wellen, die durch diesen Sturm erzeugt wurden, waren so hoch, daß sie im wahrsten Sinne des Wortes die Erde erschütterten; Seismographen in Alaska registrierten ihren Aufprall in einer Entfernung von fünftausend Meilen.

Die schwächere Version eines solchen Wetters befindet sich auf dem Weg zu den Grand Banks: Hurrikan Grace, ein Zufallsprodukt der Spätsaison, das aber immer noch genug Energie enthält, um ein anderes Sturmsystem von der Karte zu schieben. Normalerweise würde Grace irgendwo in Carolina das Festland erreichen, aber die gleiche Kaltfront, welche die Tiefdruckrinne hervorgebracht hat, blockiert den Weg an die Küste. (Kalte Luft ist sehr dicht, und Warmwettersysteme pflegen von ihr abzuprallen wie Gummibälle von einer Ziegelwand.) Nach den atmosphärischen Modellen, welche die Cray-Computer in Maryland errechnen, wird Grace mit der Kaltfront kollidieren und nach Norden abgelenkt werden, genau in den Verlauf der Tiefdruckrinne. Wind strömt einfach nur aus einem

Gebiet hohen Drucks in ein Gebiet niedrigeren Drucks; je größer der Druckunterschied, desto größer auch die Geschwindigkeit. Eine arktische Kaltfront, die an ein durch einen Hurrikan verstärktes Tief grenzt, erzeugt ein Druckgefälle, das mancher Meteorologe vielleicht in seinem ganzen Leben nicht zu sehen bekommt.

Die treibende Kraft hinter dieser ganzen Aktivität ist letztlich der Jetstream, ein Strom kalter Höhenluft, die 30 000 oder 40 000 Fuß über dem Boden um die Erde fegt. Stürme, Kaltfronten, Tiefdruckrinnen – sie alle werden früher oder später durch Höhenwinde nach Osten getrieben. Der Jetstream fließt nicht gleichmäßig; er schlängelt sich wie ein außer Kontrolle geratener Feuerwehrschlauch. Diese Unregelmäßigkeiten erzeugen Wirbel so groß wie ein Kontinent, die aus der Arktis als tiefe Kaltfronten herangesegelt kommen. Sie werden Antizyklone genannt, weil die Kaltluft in ihnen im Uhrzeigersinn nach außen fließt, also genau entgegengesetzt wie bei einem Tief. An der Vorderflanke dieser Antizyklone entwickeln sich manchmal Tiefdruckwellen; gelegentlich entsteht aus einer dieser Wellen ein größerer Sturm. Warum das geschieht, und wann, entzieht sich bislang jeder wissenschaftlichen Voraussage. Es ereignet sich vornehmlich über Gebieten, wo ein Jetstream mit subtropischer Luft zusammenstößt – den Great Lakes, dem Golfstrom vor Hatteras, den südlichen Appalachen. Da die Luft gegen den Uhrzeigersinn um die Stürme herumfließt, kommen die Winde aus Nordost, wenn das System sich von der Küste entfernt. Aus diesem Grunde werden sie *nor'easters* genannt. Die Meteorologen haben dafür einen anderen Namen. Sie nennen sie *bombs.*

Die ersten Anzeichen des Sturmes machen sich spät

am 26. Oktober bemerkbar, als Satellitenaufnahmen eine leichte Ausbuchtung in der Vorderflanke der Kaltfront über dem westlichen Indiana zeigen. Die Ausbuchtung ist ein Einsprengsel niedrigen Drucks – ein Tiefdrucktrog – in der Wand der Kaltfront in einer Höhe von rund 20 000 Fuß. Es ist der Embryo eines Sturms. Der Tiefdrucktrog bewegt sich mit einer Geschwindigkeit von vierzig Meilen pro Stunde nach Osten und verstärkt sich mehr und mehr. Er folgt der kanadischen Grenze nach Montreal, kreuzt den nördlichen Teil von Maine, zieht über die Bay of Fundy und überquert in den frühen Stunden des 28. Oktober Neuschottland. Bei Tagesanbruch tobt ein ausgewachsener Sturm nördlich von Sable Island. Der Tiefdrucktrog in den oberen Luftschichten ist zerfallen und durch ein Tiefdruckgebiet auf Meereshöhe abgelöst worden; Warmluft quillt jetzt oben aus diesem System, schneller als sie unten angesaugt werden kann. Das sind Anzeichen für einen sich verstärkenden Sturm. Der barometrische Druck fällt um mehr als ein Millibar pro Stunde, und der Sturm nördlich von Sable Island zieht schnell nach Südosten mit Winden von 65 Knoten und 30 Fuß hohen Wellen. Es ist ein komprimiertes Tief, das Billy Tyne, zweihundert Meilen entfernt, noch nicht einmal wahrnehmen kann.

Die kanadische Regierung unterhält auf 43° 8′ Nord und 57° 4′ West, siebzig Meilen östlich von Sable Island, eine Datenboje. Sie befindet sich kurz vor Billys Position und heißt einfach Boje Nr. 44139. Zwischen Boston und den Grand Banks liegen noch acht weitere. Im Abstand von einer Stunde funken sie ozeanographische Daten zur Küste. Während des 28. Oktober zeichnet Boje Nr. 44139 fast keine ungewöhnliche Aktivität auf – Jollen-Segelwetter auf hoher See. Um zwei Uhr nachmittags schlägt die Nadel jedoch aus: Plötzlich sind die Seen zwölf Fuß hoch, und der Wind erreicht in Böen fünfzehn Knoten. Das ist an sich noch gar nichts, aber Billy weiß jetzt sicher, daß er die ersten Anzeichen des Sturms gesehen hat. Der Wind legt sich wieder, und die Seen beruhigen sich, aber ein paar Stunden später kommt ein neuer Wetterbericht aus dem Faxgerät:

> WARNMELDUNG. HURRIKAN GRACE ZIEHT RICHTUNG OST MIT 5 KNOTEN: WINDE 65 KNOTEN, IN BÖEN NAHE DES ZENTRUMS 80 KNOTEN. VORAUSSAGE: GEFÄHRLICHE STURMWINDE 50 BIS 75 KNOTEN UND SEEN 25 BIS 35 FUSS.

Billy steht auf 44° Nord und 56° West und läuft gerade auf den Rachen einer meteorologischen Hölle zu. In der folgenden Stunde ist die See ruhig, schrecklich ruhig. Das einzige Anzeichen von dem, was jetzt kommt, ist die Windrichtung; den ganzen Nachmittag wechselt sie ruhelos von einem Quadranten in den anderen. Um vier Uhr nachmittags kommt der Wind aus Südost. Eine Stunde danach aus Südsüdwest. Wieder eine Stunde später ist er auf Nord zurückgesprungen. Dort bleibt er die folgende Stunde, und so gegen sieben Uhr dreht er ganz langsam auf Nordost. Dann geht es los.

Es ist ein abrupter Übergang. Die *Andrea Gail* macht die Bekanntschaft des Sable-Island-Sturms, als hätte sich plötzlich ein Tor vor ihr aufgetan. Von einem Moment auf den anderen bläst der Wind mit vierzig Knoten und heult mit einem entnervenden Kreischen durch die Takelage. Unter Fischern heißt es, man könne die

Windstärke – und wie sehr sie einen beunruhigen sollte – nach dem Geräusch beurteilen, das der Wind an den Stagen und Auslegerkabeln hervorruft. Ein Kreischen bedeutet ungefähr Windstärke 9 auf der Beaufortskala. Bei Windstärke 10 hört man einen Schrei, bei Windstärke 11 ein Stöhnen. Was sich jenseits von Windstärke 11 bewegt, möchte ein Fischer nicht hören. Linda Greenlaw, Kapitän der *Hannah Boden,* war einmal in einem Sturm, in dem der Windmesser hundert Knoten anzeigte, bevor er abriß und über Bord flog. Der Wind, sagte sie, machte ein Geräusch, das sie nie zuvor gehört hatte, eine tiefe, tonale Schwingung wie bei einer Orgel. Man hörte jedoch keine Melodie; als spielte ein Kind eine Kirchenorgel.

Um acht Uhr ist der Luftdruck auf 996 Millibar gefallen, und noch gibt es keine Anzeichen, daß er sich abflachen wird. Das heißt, der Sturm wird noch weiter an Stärke zunehmen und ein noch größeres Vakuum in seinem Zentrum erzeugen. Wie jeder weiß, verabscheut die Natur ein Vakuum, und deshalb wird sie sich bemühen, es so schnell wie möglich zu füllen. Gegen 20 Uhr gleichen sich auch die Wellen der Windgeschwindigkeit an und beginnen exponential an Höhe zuzunehmen; jede Stunde verdoppeln sie ihre Größe. Nach 21 Uhr beginnt jede von der Datenboje Nr. 44139 aufgezeichnete Kurve nahezu senkrecht anzusteigen. Die maximale Wellenhöhe erreicht 45 Fuß, geht dann für kurze Zeit etwas hinunter, und schnellt dann auf 70 Fuß hinauf. Der Wind erreicht gegen 21 Uhr eine Geschwindigkeit von 50 Knoten und steigert sich langsam bis zu einem Höchstwert von 58 Knoten. Die Wellen sind so hoch, daß sie zeitweilig den Windmesser abdecken, und die Böen erreichen wahrscheinlich

90 Knoten. Das sind 104 Meilen pro Stunde – Sturmstärke 12 auf der Beaufortskala. Die Kabel stöhnen.

Wenige Minuten nach dem Abend-Wetterbericht setzt sich Tommy Barrie über das SSB mit Tyne in Verbindung. Barrie kommt aus Florida und ist ein kräftiger, breitschultriger Bursche mit glatt zurückgekämmten Haaren und einer Reibeisenstimme. Er will vor allem wissen, wieviel Leine er heute nacht ausstecken soll. Er steht sechshundert Meilen weiter im Osten und ist der Meinung, er könnte doch in der Zwischenzeit ruhig noch so viele Fische rausholen wie möglich. Die Unterhaltung, soweit sich Barrie erinnern kann, ist kurz und sachlich:

Wir stehen hier ungefähr am sechsundvierzigsten, Billy. Wie sieht's aus?

Der Wind ist fünfzig bis achtzig und die See dreißig Fuß. Es war eine Weile ruhig, aber jetzt geht es richtig los. Ich bin 130 Meilen östlich von Sable.

Okay, wir lassen das Gerät an Bord, aber reden wir um elf noch mal. Vielleicht können wir ja später noch ein bißchen Leine ausbringen.

In Ordnung. Ich melde mich nach dem Wetterbericht. Ich sag' dir dann, wie es hier aussieht.

Wir bleiben auf Empfang.

Nachdem er mit Barrie gesprochen hat, nimmt Billy das Mikrofon seines SSB-Geräts und gibt der Flotte einen letzten Bericht durch: *Jetzt geht es los, Jungs, und das mit Macht.* Die Position, die er Linda Greenlaw auf der *Hannah Boden* gegeben hat – 44° Nord, 56° 4′ West –, bedeutet, daß er von seinem ursprünglichen Kurs abgewichen ist. Diese Position liegt eher auf dem Kurs eines Bootes, das Halifax in Neuschottland oder vielleicht Louisbourg auf Cape Breton Island erreichen will als Gloucester in Massachusetts. Louisbourg liegt nur 250 Meilen in nordöstlicher Richtung, bei der achterlichen See eine Fahrt von vierundzwanzig Stunden. Vielleicht hat Billy beschlossen, nachdem er in den Lauf der Waffe gesehen hat, wie Johnston nach Norden auszuweichen. Oder vielleicht macht er sich auch Gedanken wegen des Kraftstoffs, oder er braucht Eis, oder ist zur Überzeugung gekommen, daß er lieber versuchen sollte, die kalte Gegenströmung westlich von Sable Island zu erreichen.

Warum auch immer, Billy ändert seinen Kurs irgendwann vor 18 Uhr und versäumt es, der Flotte davon Mitteilung zu machen. Sie nehmen alle an, daß er Gloucester ansteuert. Albert Johnston auf der *Mary T.*, Tommy Barrie auf der *Allison* und Linda Greenlaw auf der *Hannah Boden*, alle hören sie um 18 Uhr Billy Tynes Bericht über die Wetterlage. Nur Linda ist beunruhigt – »Die Jungs hörten sich an, als hätten sie Angst, und wir hatten Angst um sie«, sagt sie. Der Rest der Flotte ist da etwas unbekümmerter. »Wir leben Jahr um Jahr unter diesen Bedingungen«, sagt Barrie. »Du mußt die Karte studieren, mußt den Wetterbericht hören und mit den anderen Booten reden und dann für dich selbst eine Entscheidung treffen. Du kannst da nicht einfach nur rausgehen und auf gutes Wetter warten.«

Der Sturm liegt mit seinem Zentrum bei Sable Island, aber seine westlichen Ausläufer streifen bereits die Küste Neuenglands. Die *Satori* – jetzt schon zu weit von der Küste entfernt, um den Törn abzubrechen – spürt die ersten Anzeichen des Sturms am Sonntag morgen. Eine weitere Nebelwand kommt von der

Georges Bank heran, und das Barometer beginnt langsam, aber stetig immer weiter zu fallen, ein Zeichen, daß da etwas sehr Großes im Anmarsch ist. Die *Satori* befindet sich vor Cape Cod am Anfang des Great South Channel und arbeitet sich durch eine zunehmend unruhige See. Stimson erwähnt noch einmal den Wetterbericht, aber Leonard beteuert, daß kein Grund zur Unruhe bestehe. Sonntag morgen türmen sich die Wellen jedoch auf unheilvolle, chaotische Weise, und am Nachmittag, als Stimson den NOAA-Wetterbericht einstellt, verspürt sie zum ersten Mal aufkommende Angst: NORDOSTWIND 30 BIS 40 KNOTEN, DURCHSCHNITTLICHE WELLENHÖHE 8 BIS 15 FUSS, SICHT IM REGEN UNTER 2 MEILEN.

Bei Einbruch der Nacht geht der Wind, wie vorhergesagt, nach Nordost herum und nimmt ständig an Stärke zu. Es ist klar, daß sowohl die *Satori* als auch das Boot, mit dem zusammen sie Portsmouth verließ, eine schlimme Nacht vor sich haben. Die beiden Mannschaften unterhalten sich ungefähr jede Stunde über Ukw, aber gegen Mitternacht ist die Luft so aufgeladen, daß keine Verbindung mehr zustande kommt. Gegen 23 Uhr empfängt Stimson den letzten Anruf des anderen Bootes – *Wir kämpfen mit dem Wetter und haben Decksausrüstung verloren* –, dann hören sie nichts mehr von ihnen. Die *Satori* läuft allein in die Nacht hinein, kämpft sich mühsam die Wellen hinauf und bleibt nur mit Mühe steuerfähig. Montag morgen herrscht voller Sturm; die Seen steigen auf zwanzig Fuß, und der Wind heult unheilverkündend durch die Takelage. Die See nimmt ein graues, marmornes Aussehen an wie verdorbenes Fleisch. Stimson sagt Leonard, daß ihrer Überzeugung nach ein schlimmer Sturm auf sie zukommt, aber er bleibt dabei, daß alles sich in vierundzwanzig Stunden ausgetobt haben würde. Das glaube ich nicht, Ray, sagt Stimson, ich habe ein ungutes Gefühl. Sie und Leonard und Bylander essen ein von Stimsons Mutter gekochtes Chili und verbringen so viel Zeit wie möglich unter Deck, wo sie vor dem Sturm geschützt sind. Der Navigationstisch steht gegenüber der Pantry an Steuerbordseite, und Bylander übernimmt die Funkwache, kümmert sich um das Radar und die Wettervoraussagen und verfolgt ihren Kurs mit Hilfe des GPS. Ein Versuch, die Küste zu erreichen, wäre jetzt mit großen Risiken verbunden, denn sie müßten Schiffahrtswege und gefährliche Untiefen kreuzen; also reffen sie nur die Segel und bleiben auf offener See.

Montag nacht macht der Sturm eine Wendung auf See zu, und der erste Druckstoß erreicht die *Satori*. Der NOAA-Wetterbericht meldet, daß sich die Bedingungen nach kurzer Besserung wieder verschlechtern werden, wenn der Sturm wieder zur Küste zurückschwenkt. Bis dahin könnte die *Satori* jedoch weit genug nach Süden gekommen sein, um seiner vollen Stärke zu entgehen. Während der Nacht arbeitet sie sich mühsam voran; das Barometer steigt ein wenig, und der Wind geht leicht zurück und weht aus Nordost. Aber dann, es ist schon spät in der Nacht, ist er plötzlich wie ein böses Fieber wieder da. Der Wind erreicht schnell fünfzig Knoten, und die Seen steigen wie riesige, dunkle Berge hinter dem Boot in die Höhe. Die Mitglieder der Crew, die alle ihre Sicherheitsgurte eingepickt haben, lösen sich am Ruder ab, und müssen gelegentlich eine ins Cockpit schlagende See hinnehmen. Das Barometer fällt die ganze Nacht und als der Morgen dämmert, sind die Verhältnisse schlimmer als alles, was Stimson bisher erlebt hat. Zum ersten Mal denkt sie ernsthaft darüber nach, ob die See sie diesmal holen wird.

Währenddessen drischt das Werter, fünfhundert Meilen weiter im Osten, auf die Flotte der Schwertfischfänger ein. Auf Albert Johnstons Boot haben die Männer so schreckliche Angst, daß sie sich nur stumm irgendwelche Videofilme ansehen. Johnston selbst bleibt am Ruder und trinkt einen Kaffee nach dem anderen; wie die meisten Kapitäne gibt er das Ruder nicht gern aus der Hand, bis sich das Wetter wieder etwas beruhigt hat. Auf der *Andrea Gail* steht wahrscheinlich Billy am Ruder, während die anderen unter Deck gegangen sind und versuchen, das Ganze zu vergessen. Einige der Männer trinken sich einen an, was ihnen zu einer gewissen Ruhe verhilft, und einige schlafen – oder versuchen es wenigstens. Andere liegen einfach nur in ihren Kojen und denken an ihre Familien oder ihre Freundinnen und daran, wie sehr sie sich wünschten, dies alles wäre nicht wahr.

»Ich male es mir so aus«, sagt Charlie Reed, während er versucht, sich den letzten Abend auf der *Andrea Gail* vorzustellen. »Die Jungs sind unter Deck und lesen, und von Zeit zu Zeit nimmt das Boot eine große Welle mit der Breitseite. Sie rennen zum Ruderhaus hoch und fragen, ›Hey, was ist los, Cap?‹, und Billy antwortet etwas wie: ›Na ja, wir schaffen es schon, Jungs, wir schaffen es schon.‹ Wenn das Boot von einer Welle mitgenommen wird, dann ist das bestimmt ein erschreckender Ritt. Manchmal, wenn du auf dem Kamm einer solchen Welle bist, läuft sie unter dir weg. Das Boot fällt dann einfach nach unten. Es ist besser, die

Seen genau von vorn zu nehmen – da kannst du zumindest sehen, was auf dich zukommt. Das ist so ziemlich alles, was du machen kannst.«

Von der Besatzung haben Bugsy, Murph und Billy die längste Zeit auf See verbracht – zusammengerechnet 34 Jahre, den größten Teil davon zusammen. Zu Hause hat Billy ein Foto, auf dem die drei mit einem riesigen Schwertfisch zu sehen sind. Billy hat lange Gummistiefel an, die jetzt allerdings bis zu den Knien heruntergerollt sind, sitzt auf einem Lukendeckel und hält das Maul des Fisches mit einem Stahlhaken geöffnet. Er sieht genau in die Kamera. Bugsy steht hinter Billy, den Kopf etwas zur Seite gelegt, und sieht so hager und ätherisch aus wie Christus auf dem Grabtuch von Turin. Murph ist im Hintergrund, hat die Augen gegen das blendende Licht der Wasseroberfläche zusammengekniffen und wirkt selbst in den voluminösen Farmer-John-Gummihosen wie ein Riese.

Sie alle haben auf See schon Situationen erlebt, in denen sie nur knapp mit dem Leben davongekommen sind, aber Murph schießt in dieser Hinsicht den Vogel ab. Er ist 1 Meter 85 groß, wiegt 225 Pfund, ist über und über tätowiert und anscheinend außerordentlich schwer umzubringen. Einmal schlug ein an Deck liegender Makohai die Zähne in seinen Arm, und seine Freunde mußten das Biest totschlagen, bevor sie ihn befreien konnten. Ein Hubschrauber der Küstenwache flog ihn ins Krankenhaus. Ein anderes Mal war er dabei, die Langleine auszubringen, als ihm ein Haken durch den Handteller fuhr, zur anderen Seite wieder herauskam und sich in einen Finger bohrte. Niemand war Zeuge des Geschehens, als er von der Leine über

Bord gerissen wurde. Er sah das Heck des Bootes kleiner und kleiner werden und konnte nur hoffen, daß irgend jemand merken würde, daß er nicht mehr da war. Glücklicherweise sah sich ein anderes Besatzungsmitglied wenige Sekunden später um, begriff sofort, was geschehen war, und holte ihn wie einen Schwertfisch an Deck. Ich dachte, ich wäre erledigt, Mom, sagte er später zu seiner Mutter. Ich hielt mich schon für tot.

Der schlimmste Unfall ereignete sich in einer schwülen windlosen Nacht vor Cape Canaveral. Murph hatte versucht, an Deck zu schlafen, aber es war zu warm, also ging er unter Deck, um zu sehen, ob es dort nicht vielleicht besser wäre. Die Klimaanlage war jedoch nicht in Ordnung, und daher ging er zurück nach oben. Er war fast eingeschlafen, als ihn ein ungeheures metallisches Kreischen auf die Beine brachte. Das Boot legte sich plötzlich über und Wasser begann in den Laderaum zu fließen. Ein schlanker, dunkler Schatten ragte vor ihrem Bug in die Höhe. Nachdem die Bilgepumpen angesprungen waren und sich das Boot wieder aufgerichtet hatte, richteten sie ihre Suchscheinwerfer auf das ominöse Ding; sie waren vom Turm eines britischen Atom-U-Boots gerammt worden. Er hatte ein Loch in den Rumpf geschlagen und Murphs Koje zusammengedrückt wie eine Bierdose.

Angesichts all dieser Katastrophen in seinem Leben standen Murph zwei Möglichkeiten offen – er konnte sich entweder sagen, daß jemand seine schützende Hand über ihn hielt, oder aber, daß sein Tod nur eine Frage der Zeit war. Er entschied sich für letzteres. Als er seine spätere Frau Debra kennenlernte, sagte er ihr ohne Umschweife, daß er sicher nicht älter würde als dreißig; sie heiratete ihn trotzdem. Sie hatten einen Sohn, Dale junior, aber die Ehe ging in die Brüche, weil Dale senior praktisch immer auf See war. Ein paar Wochen, bevor er auf der *Andrea Gail* anheuerte, hatte Murph einen kurzen Besuch bei seinen Eltern in Bradenton gemacht, um sich zu verabschieden, allerdings in einer etwas beunruhigenden Weise. Seine Mutter hatte ihn daran erinnert, daß er seine Lebensversicherung weiterzahlen müsse – die auch die Deckung der Beerdigungskosten einschloß –, aber er zuckte nur die Schultern.

Mom, warum hörst du nicht auf, dir über meine Beerdigung Gedanken zu machen. Ich werde auf See bleiben.

Seine Mutter war betroffen, aber sie unterhielten sich weiter, und irgendwann fragte er sie, ob sie noch die Siegerpokale hätte, die er auf der High-School gewonnen hatte. Natürlich habe ich sie noch, antwortete sie.

Na, dann heb sie mal schön für meinen Sohn auf, sagte er und gab ihr zum Abschied einen Kuß.

»Es verschlug mir die Sprache«, sagt seine Mutter. »Und dann war er weg – ich meine, eben stand er noch da, und im nächsten Moment war er schon aus der Tür. Ich hatte nicht mal Zeit zum Nachdenken. Er war ein rauher, harter Mann. Er war wirklich nicht das, was man einen häuslichen Menschen nennt.«

Ende Juni fuhr Murph mit dem Zug nach Boston. (Er hatte Angst vorm Fliegen.) Im Gepäck hatte er das Buch *Freude am Kochen,* das seine Mutter ihm geschenkt hatte, weil er an Bord gern kochte. Seine Kojendecke hatte er Debra zum Waschen gegeben, vergaß aber, sie wieder abzuholen, so daß Debra sie zusammenfaltete und bis zu seinem nächsten Besuch weglegte. Er hatte ihr gesagt, daß er am 2. November wieder zurück sein und sie zu ihrem Geburtstag zum Essen einladen würde. Das will ich dir auch raten, sagte sie. Nach der ersten Reise rief er sie an und sagte, daß er über 6000 Dollar verdient habe und daß er Dale junior ein Paket schicken würde. Seine Eltern rief er nicht an, weil Debra ihm gesagt hatte, daß sie das für ihn erledigen würde. Er sprach eine Zeitlang mit seinem Sohn, verabschiedete sich dann von Debra und legte auf.

Das war am 23. September. In wenigen Stunden würde die *Andrea Gail* auslaufen.

Gegen zehn Uhr abends weht der Wind mit vierzig Knoten aus Nordnordost, erreicht in Böen den zweifachen Wert und wirft riesige Seen auf. Die *Andrea Gail* hat ein Plattgattheck, was bedeutet, daß das Heck nicht spitz zuläuft oder abgerundet ist, und sie gleitet gewöhnlich über eine achterliche Welle, anstatt sie zu durchschneiden. Jedesmal, wenn eine große See das Heck in die Höhe hebt und vorwärtsschiebt, beginnt die *Andrea Gail* zu gieren, und Billy muß mit dem Ruder kämpfen, um ein Querschlagen zu verhindern. Querschlagen bedeutet, daß sich das Boot breitseits zur See dreht und kentern kann. Vollbeladene Stahlboote überstehen ein Querschlagen nicht; sie schlagen voll und sinken.

Wenn Billy immer noch vor dem Wind läuft, dann kommen bestimmt ständig Seen über das Heck, und es besteht die Gefahr, daß eine Luke oder ein wasserdichtes Schott aufgerissen wird. Das Ganze wird noch dadurch schlimmer, daß die Wellen außergewöhnlich kurze Perioden haben; anstatt alle fünfzehn Sekunden oder so kommen sie jetzt alle acht oder neun. Je kürzer die Periode, desto steiler die vorderen Wellenflanken und desto größer die Wahrscheinlichkeit, daß sie brechen. Brecher von 45 Fuß können viel mehr Schaden anrichten als eine rollende Dünung von doppelter Höhe. Nach den Aufzeichnungen der Boje Nr. 44139 vom 28. Oktober fallen die maximalen Wellenhöhen um zehn Uhr abends mit ungewöhnlich kurzen Wellenperioden zusammen. Das ist eine Kombination, der ein Boot von der Größe der *Andrea Gail* nicht lange Widerstand entgegensetzen kann. Ganz sicher muß Billy Tyne um diese Zeit beschlossen haben – vielleicht sogar früher, aber bestimmt nicht später als gegen zehn –, herumzugehen und das Boot gegen die See zu legen.

Wenn es ein Manöver gibt, bei dem sich einem Kapitän die Nackenhaare sträuben, dann ist es das Wenden in schwerer See. Das Schiff liegt dabei mindestens eine halbe Minute quer – »dwars« – zu den Wellen, und in dieser Zeit kann es leicht durch eine Dwarssee zum Kentern gebracht werden. Selbst Flugzeugträger können in Schwierigkeiten kommen, wenn eine schwere See genau von der Seite kommt. Wenn Billy versucht, zu einem so späten Zeitpunkt noch zu wenden, wird er dafür gesorgt haben, daß die Decks klar sind, und dann mit voller Fahrt herumgehen. Dabei würde sich die *Andrea Gail* auf die Seite legen, und Billy würde einen besorgten Blick aus dem Fenster werfen, um zu sehen, was auf sie zukommt. Mit etwas Glück würde er eine Ruheperiode zwischen den Wellen erwischen, und sie würden ohne Probleme in den Wind drehen.

Doch Billy hat schon eine Menge Stürme abgewettert, und wahrscheinlich hat er das Schiff bereits früher am Abend gegen die See gelegt, vielleicht sogar schon bevor er mit Barrie gesprochen hat. Wie auch immer, es ist jedenfalls ein bedeutungsvoller Augenblick; es bedeutet nämlich, daß sie ihre Heimreise abgebrochen haben und nur noch versuchen zu überleben. In gewisser Hinsicht ist Billy nicht mehr am Ruder – das Wetter hat es übernommen, und alles, was er noch tun kann, ist reagieren. Betrachtet man eine Gefahr unter dem Blickwinkel einer immer geringer werdenden Bandbreite von Wahlmöglichkeiten, so sind die von Billy Tyne gerade erheblich geschrumpft. Vor einer Woche hätte er noch vorzeitig nach Hause zurückkehren können. Gestern noch hätte er, wie Johnston, nach Norden laufen können. Noch vor einer Stunde hätte er über Funk feststellen können, ob sich andere Schiffe in der Nähe befinden. Jetzt hat das elektrische Rauschen den Ukw-Empfang praktisch unmöglich gemacht, und das SSB-Gerät taugt nur für große Entfernungen. Das sind nicht so sehr Fehler, sondern das ist Unvermögen, in die Zukunft zu sehen. Niemand, nicht einmal der Wetterdienst, kann mit Sicherheit sagen, wie sich ein Sturm verhalten wird.

Gegen Wind und Wellen zu knüppeln hat jedoch entschiedene Nachteile. Die Fenster sind Brechern stärker ausgesetzt, der Motor verbraucht mehr Kraftstoff, und der Bug wird vom Wind erfaßt und drückt das Boot nach Lee. Die *Andrea Gail* hat einen hohen Bug, der Billy dazu zwingt, das Ruder stark anzustellen – einfach nur, um auf Kurs zu bleiben. Man kann sich Billy am Ruder vorstellen, wie er das Rad mit der

Kraft in der Haltung festhält, die man zum Tragen eines riesigen Steins braucht. Er würde eine unregelmäßig bewegte See vor sich sehen, Berge von Wasser, die sich aus jeder Richtung zusammenschieben und auftürmen. Die Bewegung eines Bootes kann man sich vorstellen als das augenblickliche Zusammenwirken aller Kräfte, in einem gegebenen Moment, folglich ist die Bewegung eines Bootes im Sturm so chaotisch, daß es nahezu unmöglich ist, darin irgendein Muster zu erkennen. Billy würde den Bug nur auf den schlimmsten Ansturm der Wellen richten und hoffen, daß er nicht unversehens von einer außergewöhnlichen Welle aus einer anderen Richtung überrascht wird.

In wie großer Gefahr sich Billy befindet, läßt sich an den Schlägen ermessen, welche die rund zweihundert Meilen weiter östlich stehende *Contship Holland* einstecken mußte. Die *Holland* ist ein großes Schiff – sie mißt 542 Fuß und verdrängt 10 000 Tonnen – und kann nahezu siebenhundert Land/See-Container mitführen. Ohne Schwierigkeiten könnte sie die *Andrea Gail* als Ladung an Bord nehmen. Hier ein Auszug aus ihrem Logbuch, 29. bis 30. Oktober:

0400 – Schiff arbeitet schwer in sehr hoher achterlicher See.

1200 – Schiff arbeitet in sehr hoher, stürmischer See (Böen in Hurrikanstärke), Wasser über Deck und Decksladung. Schiff arbeitet schwer, Fahrt herabgesetzt.

0200 – Steuern wetterabhängigen Kurs. Schiff gehorcht nicht mehr dem Ruder. Schiff arbeitet sehr hart und holt schwer über.

0400 – Container aus Abteilung 6 über Bord gegangen.

Mit anderen Worten, Billy wettert einen Sturm ab, der ein Containerschiff von 10 000 Tonnen gezwungen hat, seinen Kurs zu verlassen und einfach nur einen Überlebenskurs zu steuern. Der nächste Hochsee-Wetterbericht kommt um 23 Uhr, und Tommy Barrie grübelt darüber nach, während er darauf wartet, daß Billy sich meldet.

Der Sturm soll in einem Gebiet westlich des »Schwanzes« der Grand Banks zuschlagen, so etwa auf 42° Nord und 55° West, aber der Wetterdienst weiß auch nicht immer alles. Die gemeldete Position des Sturms liegt nur etwa hundert Meilen südöstlich von der Billys, also wäre er, was die Verhältnisse betrifft, eine viel verläßlichere Quelle als der Wetterfunk. Es ist möglich, denkt Barrie, daß die *Allison* es schaffen könnte, in der Nacht ein bißchen zu fischen. Vielleicht könnte er ja ungefähr acht Meilen Leine ausbringen. Barrie steht am weitesten westlich von allen Booten der Flotte, daher wird ihn das, was da unterwegs ist, zuerst erreichen; aber zuallererst wird es Billy Tyne erwischen. Barrie wartet zwanzig, dreißig Minuten, aber Billy meldet sich nicht. Das ist nicht so schlimm, wie es sich anhört – wir sind alle schon groß hier draußen, wie Barrie immer sagt, und können auf uns selber aufpassen. Vielleicht hat Billy ja gerade alle Hände voll zu tun, vielleicht ist er auch unter Deck gegangen, um eine Mütze voll Schlaf zu nehmen, oder vielleicht hat er es auch einfach vergessen.

Schließlich, so gegen Mitternacht, versucht Barrie

selbst, Billy anzurufen. Er bekommt jedoch keine Verbindung, was bedenklicher ist. Es kann bedeuten, daß die *Andrea Gail* gesunken ist, daß sie ihre Antennen verloren hat oder daß so ein Inferno an Bord herrscht, daß niemand den Funk bedienen kann. Barrie vermutet, daß es die Antennen sind – sie sind an einem Stahlmast hinter dem Ruderhaus angeschraubt, und obwohl sie ziemlich hoch angebracht sind, gehen sie doch verhältnismäßig leicht kaputt. Die meisten Schwertfischfänger haben sie irgendwann einmal verloren, und es ist auch kaum möglich, Abhilfe zu schaffen, bis sich das Wetter bessert. Bei Windstärke 12 überlebt man nicht einmal einen Gang an Deck, geschweige denn eine Klettertour auf den Mast.

Ein Verlust der Antennen würde die Überlebensfähigkeit der *Andrea Gail* ernsthaft beeinträchtigen: Es würde bedeuten, daß damit auch ihr GPS, Funk, Wetterfax und Loran ausgefallen wären. Und eine Welle, die ihnen die Antennen weggerissen hat, könnte sehr wohl auch ihr Radar, die Positionslaternen und den Suchscheinwerfer mitgenommen haben. Billy würde nicht nur nicht wissen, wo er sich befindet, er wäre auch nicht mehr in der Lage, sich mit irgend jemand in Verbindung zu setzen oder andere Boote in seiner Nähe zu entdecken; er wäre praktisch ins 19. Jahrhundert zurückversetzt. Unter diesen Umständen kann er kaum etwas anderes tun, als die *Andrea Gail* im Wind zu halten und zu hoffen, daß ihm keine Welle die Fenster rausschlägt. Sie bestehen aus halbzölligem Lexan, aber ihre Widerstandsfähigkeit hat Grenzen; die *Contship Holland* nahm Wellen über, welche die Land/See-Container wie Sardinenbüchsen aufrollten – vierzig

Fuß über der Wasseroberfläche. Das Ruderhaus der *Andrea Gail* liegt nur halb so hoch.

Gegen Mitternacht passiert etwas Merkwürdiges: Der Sable-Island-Sturm läßt ein wenig nach. Der Wind geht ein paar Knoten zurück, und die maximale Wellenhöhe sinkt um rund zehn Fuß. Die Wellenperioden werden ebenfalls etwas länger, so daß weniger Brecher auftreten; anstatt sich durch Wände von Wasser hindurchzukämpfen, steigt die *Andrea Gail* jetzt die Wellen hinauf, um dann auf ihrer Rückseite ins Wellental hinabzustürzen. Fünfundvierzig Fuß hohe Wellen haben eine Vorderflanke von sechzig oder siebzig Fuß, eine Strecke, die nahezu der Länge des Bootes entspricht. Bei außergewöhnlich großen Wellen befindet sich das Heck der *Andrea Gail* noch im Wellental, während ihr Bug schon zum Wellenkamm hinaufstrebt.

Die Atempause des Windes dauert bis ein Uhr nachts. Zu diesem Zeitpunkt liegt das Zentrum des Tiefs genau über der *Andrea Gail*. Es ist möglich, daß dieses Tief mit seinen heftigen Winden und dem extrem starken Druckgefälle ein Auge gebildet hat, ähnlich wie ein Hurrikan. Zwei Tage später werden Satellitenfotos Wolken zeigen, die in sein Zentrum hineinwirbeln wie Wasser in einen Abfluß. Trockene arktische Luft wickelt sich eineinhalbmal um das Tief, bevor sie schließlich ins Zentrum gelangt – ein Zeichen dafür, wie schnell das System sich dreht. Am 28. Oktober ist das Zentrum noch nicht so ausgeprägt, aber es genügt vielleicht schon, um die Bedingungen ein klein wenig erträglicher zu machen. Die Pause dauert jedoch nicht lange; innerhalb von zwei Stunden sind die Wellen wieder siebzig Fuß hoch. Eine Welle von siebzig Fuß hat eine Vorderflanke von über hundert Fuß. Der Seegang hat jetzt Höhen erreicht, die keiner der Männer auf dem Boot bisher erlebt hat und die wohl nur wenige Menschen auf dieser Erde überhaupt einmal zu Gesicht bekommen haben.

Als die *Contship Holland* einige Tage später endlich mühsam den Hafen erreichte, ging einer ihrer Offiziere von Bord und schwor, daß er nie mehr einen Fuß auf ein Schiff setzen werde. Sie hatten 36 Land/See-Container verloren, und die Eigner des Schiffes heuerten sofort einen amerikanischen Meteorologen als Berater an, der ihnen helfen sollte, Rechtsstreitigkeiten zu vermeiden. »Der Sturm führte zu ausgedehnten Schäden bei der Hochsee-Schiffahrt und an Küsteneinrichtungen von Neuschottland bis hinunter nach Florida«, schrieb Bob Raguso von der *Weathernews New York.* »Von amerikanischen Wissenschaftlern wurde er als extremer *nor'easter* bezeichnet und rangierte unter den fünf stärksten Stürmen zwischen 1899 und 1991. Bei diesem Sturm traten die größten gesicherten Wellenhöhen auf, die entweder durch Messung oder Berechnung festgestellt wurden. Einige Wissenschaftler nannten ihn den Jahrhundertsturm.«

Die *Andrea Gail* befindet sich im Mittelpunkt dieses Sturms und fast genau über den Untiefen von Sable Island. Mit großer Wahrscheinlichkeit hat sie ihre Antennen verloren, denn sonst würde Billy Tommy Barrie mitgeteilt haben, daß die Lage sehr schlecht sei – und Barrie keinesfalls Fanggerät ausbringen sollte. Andererseits ist es durchaus fraglich, ob der Seegang Billys Schiff schon so früh am Abend überwältigt haben kann; die 55 Fuß lange *Fairwind* kenterte nicht eher, als bis der Wind eine Geschwindigkeit von hundert Knoten und die Wellen eine Höhe von siebzig Fuß erreicht hatten. Ein wahrscheinlicheres Szenario ist wohl, daß es Billy zwar gelingt, den Zehn-Uhr-Höhepunkt des Wettergeschehens durchzustehen, daß er aber eine Menge einstecken muß – die Fenster des Ruderhauses sind herausgeschlagen, die Elektronik ist ausgefallen, und die Mannschaft steht Todesängste aus.

Zum ersten Mal sind sie vollständig und unwiderruflich nur auf sich gestellt.

Friedhof des Atlantiks

Wenige Tage später brach die Eldorado-Expedition auf in die geduldige Wildnis, die sich über ihr schloß, wie sich das Meer schließt über einem Taucher. Lange danach kam die Nachricht, alle Esel seien tot.

JOSEPH CONRAD, Herz der Finsternis, 1899

ALBERT JOHNSTON:

Ich war der erste, der begriff, wie schlimm es wirklich kommen würde. Halifax meldete Zwanzig-Meter-Seen, und als wir das hörten, dachten wir nur: Oh, Mann. Da hast du wirklich keine Zeit mehr, um an Land zu kommen, und deshalb versuchten wir, das kälteste Wasser zu erreichen, das wir finden konnten. Je kälter das Wasser, um so dichter ist es, und die Wellen werden nicht so hoch. Ich wußte ja auch, wir würden einen Wind aus Nordost-Nordwest kriegen. Ich wollte soweit wie möglich vorankommen, weil unten im Süden der Golfstrom war, und da sind dann ja auch das warme Wasser und die schnelle Strömung.

An der Vorderflanke von diesem Ding gab es furchtbar viel statisches Rauschen, das war ein solcher Krach, man konnte im Funk nicht das geringste hören. Ich war oben im Ruderhaus; wenn es so schlimm ist, bleib ich gewöhnlich da oben. Wenn es so aussieht, als beruhigte es sich ein wenig und ich könnte eine Mütze Voll Schlaf nehmen, dann tue ich das. Die Mannschaft haut sich in die Kojen und sieht sich Videos an. Alle mußten zugeben, daß dies der schlimmste Sturm war, den sie jemals erlebt hatten – das kann man an der Größe der Wellen, den Bewegungen des Bootes, dem Lärm, dem Krachen feststellen. Irgendwann kommt immer der Zeitpunkt, wo dir klar wird, daß du dich ja mitten auf dem Ozean befindest, und wenn irgend etwas schiefgeht, dann war's das. Du erlebst so viel schlechtes Wetter, daß du dich in gewisser Hinsicht daran gewöhnst. Aber dann siehst du eines Tages wirklich schlechtes Wetter. Und an das gewöhnst du dich nie.

Schiffsberichte sprachen von Dreißig-Meter-Wellen. Das sind neunzig Fuß. Ich könnte mir vorstellen – und im Rückblick stimmt das sicher auch –, daß die US-Schwertfischfängerflotte diesen Sturm nicht überlebt hätte, wenn sie in das Zentrum von diesem Ding geraten wäre. Wir sahen nur Wellen, die maximal vielleicht fünfzig Fuß hoch waren. Wir liefen gegenan, bis es dunkel wurde, und dann gingen wir herum und nahmen die See von achtern. Diese vereinzelt auftretenden Riesenwellen kannst du in der Dunkelheit nämlich nicht sehen, und du willst natürlich vermeiden, daß so eine Welle alles zerschlägt und womöglich das Ruderhaus wegfegt. Wir hatten unsere Umdrehungen genau abgestimmt, so daß wir uns synchron mit dem Seegang bewegten; zu schnell, und wir hätten angefangen zu surfen; zu langsam, und die Wellen hätten uns von achtern überrollt. Das Boot war schwer und voll beladen mit Fisch und deshalb sehr stabil. Das sorgte für eine erstaunlich gute Fahrt.

Johnston hatte seine letzte Leine am 28. nachmittags eingeholt: neunzehn Schwertfische, zwanzig Großaugen, zweiundzwanzig gelbe Klippdorsche und zwei Makohaie. Unmittelbar danach ging er auf Nordkurs und näherte sich am Morgen dem »Schwanz« der Grand Banks bei Winden von 100 Knoten aus Nordost und zwanzig bis dreißig Fuß hohen Seen. Einige hundert Meilen weiter im Westen herrschen jedoch Bedingungen, denen die Aufzeichnungsgeräte kaum mehr gewachsen sind. Die Beaufortskala definiert Windstärke 12 als einen Orkan mit einer Geschwindigkeit von 73 Meilen und Wellen von 45 Fuß. Genau südlich von Sable Island beginnt die Datenboje Nr. 44137, am Nachmittag des 29. Oktober Wellen von 75 Fuß zu verzeichnen, und dieser Wert bleibt in den nächsten siebzehn Stunden ziemlich konstant. Die signifikante Wellenhöhe – die durchschnittliche Höhe der höchsten dritten Welle, kurz *HSig* genannt – liegt bei über 50 Fuß. Die erste 100-Fuß-Welle erscheint um 20 Uhr als Spitzenwert in der graphischen Darstellung, die zweite um Mitternacht. Die nächsten zwei Stunden halten sich die Spitzenwerte bei hundert Fuß und die Winde erreichen achtzig Meilen pro Stunde. Die Wellen blockieren jedoch die Aufzeichnungen der Datenbojen, der Wind hat wahrscheinlich um die 120 Meilen erreicht. Ein Wind von achtzig Meilen kann Köderfische ohne weiteres aus den Fässern saugen. 100-Fuß-Wellen übersteigen alle jemals von Computer-Modellen vorausberechneten Wellenhöhen um fünfzig Prozent. Es sind die größten Wellen, die man je auf dem Festlandsockel vor Neuschottland gemessen hat. Es sind mit die höchsten Wellen, die man überhaupt je auf der Welt gemessen hat.

Wissenschaftler wissen, wie Wellen entstehen, aber nicht genau, wie Riesenwellen entstehen. Mit anderen Worten, es gibt da draußen Riesenwellen, die größer zu sein scheinen als die Kräfte, die sie erzeugen. In der Praxis jedoch sind Wellenhöhen eine Funktion der Windgeschwindigkeit, der Winddauer und der Windwirkstrecke, also der Strecke freien Seeraums nach Luv, in der ein Wind ungehindert auf die Wasserfläche einwirken kann. Winde von Stärke 12 über dem Michigan-See würden, nach ungefähr zehn Stunden, Wellen von 35 Fuß erzeugen; höher könnten die Wellen jedoch nicht werden, weil die Windwirkstrecke nicht groß genug ist. Die Wellen haben das Stadium erreicht, das man einen »voll entwickelten Seegang« nennt. Jede Windgeschwindigkeit braucht eine Mindest-Windwirkstrecke und -Winddauer, um einen voll entwickelten Seegang zu erzeugen; Wellen, die von einem Wind der Stärke 12 getrieben werden, erreichen ihre volle Höhe in drei oder vier Tagen. Ein Sturm, der sechzig Stunden lang ungehindert über eine Ozeanfläche von tausend Meilen hinwegfegt, würde signifikante Wellenhöhen von 97 Fuß erzeugen; Spitzenwerte wären mehr als doppelt so hoch. Wellen dieser Größe sind nie registriert worden, aber irgendwo dort draußen muß es sie geben. Es ist möglich, daß sie alles zerstören würden, was in der Lage wäre, sie zu messen.

Alle Wellen, wie groß sie auch immer sein mögen, beginnen als leichte Kräuselwellen – Katzenpfoten – auf der Wasseroberfläche. Die Katzenpfoten sind mit einer rautenförmigen Kabbelung gefüllt, Kapillarwellen genannt, die schwächer sind als die Oberflächenspannung des Wassers und sofort verschwinden, wenn der Wind aufhört. Sie bieten dem Wind einen gewissen

Widerstand auf einer ansonsten glatten See, und bei Winden über sechs Knoten beginnen sich richtige Wellen zu formen. Je härter der Wind weht, um so größer werden die Wellen und um so mehr Wind können sie »einfangen«. Es ist eine Rückkopplungsschleife, bei der die Wellenhöhe exponential mit der Windgeschwindigkeit steigt.

Solche Wellen werden zwar durch den Wind vergrößert, sind jedoch nicht von ihm abhängig; hörte der Wind auf, würden die Wellen sich weiterhin fortpflanzen, indem sie in das ihnen vorangehende Wellental fallen. Derartige Wellen werden Schwerkraftwellen oder Dünungswellen genannt. Im Querschnitt sehen sie wie symmetrische Sinuskurven aus, die sich nahezu ohne Energieverlust längs der Oberfläche fortbewegen. Ein auf der Wasseroberfläche schwimmender Korken bewegt sich auf und nieder, aber nicht seitlich, wenn eine Dünungswelle unter ihm durchwandert. Je höher die Dünung, desto weiter sind die Wellenkämme voneinander entfernt und desto schneller bewegen sie sich. Antarktische Stürme haben schon Dünungen hervorgebracht, deren Wellenkämme eine halbe Meile und mehr voneinander entfernt waren und die mit dreißig bis vierzig Meilen pro Stunde reisten. Sie trafen schließlich als 40 Fuß hohe Brecher auf die Hawaii-Inseln.

Zum Unglück für die Seeleute steigt die Gesamtmenge der Wellenenergie in einem Sturm nicht linear mit der Windgeschwindigkeit an, sondern in der vierten Potenz. Die Seen, die von einem 40-Knoten-Wind hervorgerufen werden, sind nicht zweimal so stark wie die von einem 20-Knoten-Wind, sie sind siebzehnmal so stark. Eine Besatzung, die beobachtet, wie der Windmesser um nur zehn Knoten nach oben geht, hat wahrscheinlich ihr Todesurteil vor Augen. Darüber hinaus verkürzen starke Winde gewöhnlich die Entfernung zwischen den Kämmen und lassen die Vorderflanken der Wellen steiler werden. Die Wellen sind nun nicht mehr symmetrische Sinuskurven, sie sind steile Berge, die sich höher über den Meeresspiegel erheben, als die Täler darunter fallen. Wenn die Höhe der Welle mehr als ein Siebtel der Entfernung zwischen den Kämmen – oder der Wellenlänge – beträgt, werden sie zu steil, um sich noch zu tragen, und beginnen zu brechen. In flachem Wasser brechen die Wellen, weil die Unterwasser-Wirbelströmung am Boden Widerstand findet und die Wellen verlangsamt, wodurch die Wellenlänge verkürzt und das Verhältnis Höhe zu Länge verändern wird. Auf offener See geschieht das Gegenteil: Der Wind baut die Wellen so schnell auf, daß die Entfernung zwischen den Kämmen da nicht mithalten kann, und die Wellen unter ihrer eigenen Masse zusammenfallen. Nun ist es so, daß die brechende Welle, anstatt sich mit nahezu null Energieverlust fortzupflanzen, plötzlich eine Riesenmenge Wasser transportiert. Sie löst sozusagen ihre Chips ein und verwandelt ihr ganzes Potential und ihre kinetische Energie in Wasserverdrängung.

Eine allgemeine Regel der Flüssigkeitsdynamik besagt, daß ein Objekt im Wasser dazu neigt, sich so zu verhalten, wie sich das von ihm verdrängte Wasser verhalten haben würde. Im Fall eines Schiffs in einer brechenden Welle ist es so, daß es effektiv Teil des sich überschlagenden Wellenkamms wird. Entweder wird es der Länge nach herumgeworfen, so daß es kieloben schwimmt, oder es wird zurückgeschoben und bekommt die ganze Wucht des Brechers an Deck. Momentane Drücke von bis zu sechs Tonnen pro Quadratfuß wurden schon in brechenden Wellen gemessen. Brechende Wellen haben einmal einen Hafendamm von 2700 Tonnen im ganzen hochgerissen und in der Stadt wieder abgesetzt; das geschah in Wick, Schottland. Beim Unst-Leuchtfeuer auf den Shetland-Inseln haben sie eine Stahltür aufgesprengt, die sich 195 Fuß über Meereshöhe befand. Bei Tillamook, Oregon, haben sie einen Felsbrocken, der eine halbe Tonne wog, 91 Fuß in die Luft geschleudert.

Es gibt einige Beweise dafür, daß heute die durchschnittlichen Wellenhöhen allmählich steigen und daß Ausnahmewellen von achtzig oder neunzig Fuß an Häufigkeit zunehmen. Die Wellenhöhen vor der Küste Englands sind in den letzten zwanzig Jahren um 25 Prozent gestiegen; setzt dieser Trend sich fort, so bedeutet das einen 20-Fuß-Anstieg bei den höchsten Wellen innerhalb der kommenden fünfzig Jahre. Ein Grund mag in der strikteren Anwendung der Umweltgesetze liegen, die dafür gesorgt haben, daß die Tanker nicht mehr so viel Altöl verklappen. Öl verteilt sich als mehrere Moleküle dicker Film auf der Oberfläche und verhindert die Bildung der Kapillarwellen, was seinerseits verhindert, daß der Wind irgendeinen Widerstand auf der Seeoberfläche findet. Plankton scheidet eine Chemikalie aus, die den gleichen Effekt hat, und die Planktonmengen im Nordatlantik haben dramatisch abgenommen. Eine weitere Erklärung besagt, daß der seit kurzem zu beobachtende Trend zur Erwärmung der Erdoberfläche – einige nennen es den Treibhaus-Effekt – zu häufigeren und stärkeren Stürmen geführt hat. Wellen haben Hafenanlagen und Gebäude in Neufundland zerstört, um nur ein Beispiel zu nennen, die schon seit Jahrzehnten keinen Schaden mehr genommen hatten.

Daraus folgt, daß die Beanspruchung der Schiffe größer geworden ist. Die normale Schiffbaupraxis sieht vor, daß ein Schiff der sogenannten 25-Jahre-Beanspruchung standhalten muß – das sind die extremsten Bedingungen, denen ein Schiff in 25 Jahren ausgesetzt sein kann. Die Welle, die das Ruderhaus der *Queen Mary* in neunzig Fuß Höhe überflutete, mußte deren 25 Jahre-Beanspruchung fast überschritten haben. Ölbohrinseln in der Nordsee sind so gebaut, daß eine 111-Fuß-Welle unbeschadet unter den Decks hindurchlaufen kann, was einer 100-Jahre-Beanspruchung entspricht. Leider ist die 25-Jahre-Beanspruchung nur ein statistisches Konzept, das keine Garantie dafür bietet, was nächstes Jahr oder nächste Woche passiert. Ein Schiff kann mehreren 25-Jahre-Wellen innerhalb eines Monats begegnen oder überhaupt keinen. Schiffbauer entscheiden einfach, einer wie großen Belastung ein Schiff während seiner Lebenszeit wahrscheinlich ausgesetzt sein wird, und hoffen dann, daß alles gutgeht. Ökonomisch und von der Konstruktion her ist es nicht machbar, jedes Schiff nach einer 100-Jahre-Spezifikation zu bauen.

Es ist daher unvermeidlich, daß Schiffe auf Wellen treffen, die ihre Belastungsnennwerte übersteigen. In der trockenen Terminologie der Schiffbautechnik heißen sie »nicht zu bewältigende Wellen«. Typischerweise sind sie sehr steil und haben ein gleichermaßen steiles Wellental vor sich – »ein Loch im Ozean«, wie einige Beobachter es beschrieben haben. Schiffe kommen mit dem Bug nicht schnell genug wieder hoch, so daß die nachfolgende Welle ihnen das Rückgrat bricht.

Die Geschichte der Seefahrt ist voll von Begegnungen mit derartigen Wellen. Als Sir Ernest Shackleton gezwungen war, das Südliche Eismeer in einem offenen 22-Fuß-Rettungsboot zu überqueren, erblickte er eine Welle, die so groß war, daß er ihren schäumenden Kamm für eine vom Mond erhellte Wolke hielt. Er hatte nur noch Zeit zu schreien: »Festhalten, Jungs, sie kriegt uns!«, bevor die Welle über dem Boot brach. Wie durch ein Wunder sank es nicht. Im Februar 1883 wurde die *Glamorgan,* ein Dampfschiff von 320 Fuß, vom Bug zum Heck von einer riesigen Welle überflutet, die das Ruderhaus wegschwemmte und dabei alle Offiziere mitnahm. Wenig später sank sie. Im Jahre 1966 traf die *Michelangelo,* ein 44 000-Tonnen-Schiff mit 775 Passagieren an Bord, auf eine vereinzelte, gewaltige Welle in einer ansonsten unauffälligen See. Sie sackte mit dem Bug in das Wellental, und die Welle drückte das Vorschiff hinunter, setzte das Ruderhaus unter Wasser und tötete einen Seemann und zwei Passagiere. Im Jahre 1976 funkte der Tanker *Cretan Star:* »... Schiff wurde von Riesenwelle überschwemmt ...« Es war das letzte, was man von ihm hörte. Nur ein vier Meilen großer Ölfleck vor Bombay kündete von seinem Schicksal.

Südafrikas »wilde Küste« zwischen Durban und East London ist die Heimat einer unverhältnismäßig großen Zahl dieser Monster. Der vier Knoten schnelle Agulhas-Strom fließt einige Meilen vor der Küste am Kontinentalsockel entlang und hat verheerende Auswirkungen auf die von antarktischen Stürmen auf den Weg gebrachte Dünung. Die Strömung verkürzt die Wellenlängen, macht die Dünung steiler und damit gefährlicher und biegt sie gewissermaßen in Richtung auf das schnell fließende Wasser, so wie Brandungswellen in Richtung der Strandlinie gebogen werden. Die Wellenenergie wird in der Mitte der Strömung konzentriert und überwältigt dort Schiffe, die sich sozusagen eine Freifahrt erhofft haben. Im Jahre 1973 wurde der 12 000-Tonnen-Frachter *Bencruachan* vor Durban von einer enormen Welle leckgeschlagen und mußte, kaum noch schwimmfähig, in den Hafen geschleppt werden. Einige Wochen später zerbrach das 12 000-Tonnen-Schiff *Neptune Sapphire* auf seiner Jungfernfahrt in zwei Teile, als es in derselben Gegend einer Riesenwelle begegnete. Die Besatzung wurde von einem Hubschrauber von der noch schwimmenden Hecksektion abgeborgen. Im Jahre 1974 fiel der 132 Tonnen große norwegische Tanker *Willstar* in ein riesiges Wellental (»Vor dem Schiff war plötzlich keine See mehr, nur noch ein riesiges Loch«, erklärte ein Besatzungsmitglied) und nahm dann eine gleich große Welle über den Bug. Der Aufschlag zerknitterte zolldicke Stahlplatten wie Blech und verbog T-Träger so stark wie Eisenbahnschienen. Außerdem wurde der gesamte Bugwulst abgerissen.

Die größte dieser ungewöhnlichen Wellen wurde im Jahre 1933 während eines Sturms im Pazifik dokumentiert, als die *Ramapo,* ein Tanker der Marine von 478 Fuß Länge, auf dem Weg von Manila nach San Diego war. Sie traf auf ein gewaltiges Tiefdrucksystem mit Stürmen, die eine Woche lang mit 68 Knoten wehten und zu einem voll entwickelten Seegang führten, den die *Ramapo* nur mit dem Heck nehmen konnte. (Anders als bei heutigen Tankern lag das Ruderhaus etwas vorlicher als mittschiffs.) Früh am Morgen des 7. Februar blickte der Wachoffizier achteraus und sah, wie sich hinter dem Schiff eine Riesenwelle bildete, deren Kamm sich auf einer Ebene mit dem Krähennest befand. Eine einfache geometrische Berechnung zeigte später, daß die Welle 112 Fuß hoch gewesen sein mußte.

Man glaubt, daß Riesenwellen dieser Art aus mehreren gewöhnlichen Wellen bestehen, die zufällig in »Gleichschritt« geraten und auf diese Weise höchst instabile Wasserberge bilden. Eine andere Art besteht aus Wellen, die eine aus großer Entfernung herangekommene Dünung eines früheren Sturms überlagern. Solche Ansammlungen von Energie können als Dreierformation reisen – ein Phänomen, das unter dem Namen »die drei Schwestern« bekannt ist –, und sie sind so riesig, daß man sie auf dem Radarschirm verfolgen kann. Es gibt Berichte, wie »die drei Schwestern« den Atlantik überquerten und sich entlang der 100-Faden-Linie vor der französischen Küste zu Brechern formierten. Hundert Faden sind sechshundert Fuß, was bedeutet, daß diese Ausnahmewellen sich am Kontinentalsockel brechen, als wäre es eine Sandbank vor der Küste. Die meisten Menschen überleben eine Begegnung mit solchen Wellen nicht, und so kommt man nur selten an Berichte aus erster Hand, aber es gibt sie. Eine Engländerin namens Beryl Smeeton umsegelte mit ihrem Mann in den sechziger Jahren dieses Jahrhunderts Kap Hoorn, als sie achteraus eine zu einem Brecher aufgetürmte Welle sah, die sich in gerader Linie so weit erstreckte, wie sie nur sehen konnte. »Der ganze Horizont war von einer riesigen grauen Wand verdeckt«, schreibt sie in ihrem Tagebuch. »Sie hatte keinen sich überschlagenden Kamm, nur eine dünne weiße Linie auf ihrer ganzen Länge, und ihre Vorderflanke war ganz anders als bei einer normalen Welle. Dies war eine Wasserwand mit einer senkrechten Vorderseite, an der, wie bei einem Wasserfall, weiße kleine Wellen hinunterliefen.«

Die Welle schleuderte das 46-Fuß-Boot der Länge nach über den Bug herum, zerriß dabei Smeetons Sicherheitsgurt und spülte sie über Bord.

Tommie Barrie machte eine ähnliche Erfahrung vor der Georges Bank. Er lag beigedreht in einem Sturm, als eine wie aus dem Nichts erschienene Welle auf ihn niederhämmerte und die Fenster aus dem Steuerhaus herausschlug. »Plötzlich tat es einen gewaltigen Schlag, und das Lexan-Fenster flog weg«, sagte er. »Das Fenster traf die Kupplung, die Kupplung blockierte, und wir konnten die Maschine nicht mehr schalten. Das Boot liegt etwas gekrängt in einer Dwarssee, und überall segeln Sachen durch die Luft – Dinge, die sich noch nie auf dem Boot bewegt haben, fliegen wild durch die Gegend. Die Welle riß die Rettungsinsel von ihrem Gestell und schlug die vordere Luke auf. Sie war verriegelt, aber es kam so viel Wasser über, daß sie trotzdem aufgeschlagen wurde. Ich funkte schnell die Miss *Millie* an: ›Larry, wir haben gerade eine verdammt große Welle an Deck gekriegt, bleib auf Empfang.‹ Ich brachte das Boot auf einen Mitwindkurs, und ungefähr zehn Minuten später wurde Larry von der gleichen Welle erwischt. Sein Stabilisator kam aus dem Wasser und schlug eine riesige Beule in seinen Rumpf.«

Wenn eine Welle Billys Fenster rausschlägt, dann ist das sicher so eine, wie sie Smeeton oder Barrie beschrieben haben – groß, steil, unerwartet. Die Vorstellung ist schrecklich: Das Ruderhaus ist kniehoch voll Wasser, die Männer stürmen den Niedergang hinauf, der Wind heult durch die leeren Fensteröffnungen. Wenn genug Wasser hineinströmt, kann es den Maschinenraum erreichen und alles unter Strom setzen. Das gesamte Boot wird elektrifiziert, und jeder, der im Wasser steht, erhält einen tödlichen Stromschlag. Ein Boot, das seine Fenster verliert, kann innerhalb von Minuten vollaufen, also leinen sich zwei Männer an und kriechen mit Platten von Marinesperrholz auf das Waldeck hinaus. »Das Sperrholz benimmt sich wie ein Drachen, und du mußt diese Scheißdinger wirklich mit Gewalt handhaben«, sagt Charlie Reed. »Jemand bei solchem Wetter da draußen zu wissen, ist eine schreckliche Vorstellung. Als Kapitän ist es für dich das allerschlimmste, wenn jemand über Bord geht.«

Es ist nicht leicht, einen gefährlicheren Job zu finden, als sich in einem Sturm auf das Waldeck hinauszuwagen, um dort ein bißchen Zimmermannsarbeit zu verrichten. Die Decks sind überspült, das Boot rollt, die Gischt beharkt dich wie eine Kartätschenladung. Du arbeitest in der relativen Ruhe des Wellentals und krallst dich irgendwo fest, wenn sich das Boot auf dem Wellenberg befindet, damit du nicht von Bord geweht wirst. Ein Mann hält die Holzplatte gegen die Fensteröffnung, während der zweite eine Bohrmaschine auf die Löcher im Ruderhaus ausrichtet und anfängt zu bohren. Er bohrt ein Loch, schlägt einen Bolzen durch und irgend jemand im Ruderhaus schraubt eine Mutter auf, während die beiden Männer draußen weiter bohren, Bolzen durchstecken, bohren und Bolzen durchstecken, bis das Sperrholz fest angeschraubt ist. Einige Kapitäne lassen zwischen Holz und Stahlwand ein Stück Schlauch anbringen, um die Verbindung wasserdicht zu machen.

Obwohl es eine selbstmörderische Arbeit ist, versucht fast jede Crew, die die Fenster des Ruderhauses verloren hat, die Löcher mit Holzplatten abzusichern, selbst wenn sie dazu vor den Wind gehen muß. Nachdem das Holz festgeschraubt ist, beginnt die Mannschaft das Ruderhaus mit Eimern auszuschöpfen und alles wieder in Ordnung zu bringen. Vielleicht versucht jemand das Loran oder das Funkgerät an eine Batterie anzuschließen, um zu sehen, ob er irgendein Signal empfangen kann. Billy beginnt Kraftstoff von einem Tank in den anderen umzufüllen, um das Boot besser zu trimmen. Irgend jemand überprüft wahrscheinlich den Maschinenraum und das Arbeitsdeck – läuft das Wasser ungehindert durch die Speigatten ab? Sind die Stabilisatoren ausgebracht? Ist die Laderaumluke ordentlich verschalkt?

In diesem Moment können sie nicht viel mehr tun, als gegen den Sturm anlaufen und hoffen, daß keine großen Wellen mehr an Bord kommen. Wenn die Wellen weitere Fenster herausschlagen, können sie abdrehen und vor die See gehen, aber das schafft eine ganze Reihe neuer Probleme. Mehrere große Wellen könnten sie einfach überrennen und sie unter sich begraben, oder das Lazarett könnte vollaufen, oder der Bodensatz in den Tanks könnte aufgewirbelt werden und die Kraftstoffilter verstopfen. Wenn die Schiffsbewegungen heftig genug sind, muß die Besatzung die Filter pausenlos wechseln – Filter rausziehen, Ablagerungen ausspülen, Filter wieder einsetzen, immer und immer wieder, so schnell es geht. Oder die Maschine gibt den Geist auf, das Boot wird zum Spielball der Wellen und kentert.

Ohne Frage würde Billy jetzt über Funk einen Hilferuf ausschicken, wenn er die Möglichkeit dazu hätte. Er müßte nur auf Kanal 16 oder 2182 Kilohertz »Mayday« rufen und seine Koordinaten angeben. 16 und 2182 werden von der Küstenwache, dem Militär und allen seegehenden Schiffen abgehört; nach dem Seerecht muß jedes Schiff, das einen Notruf auffängt, sofort darauf reagieren, es sei denn, das eigene Leben würde dadurch gefährdet. Die Küstenwache würde ein Aurora-Rettungsflugzeug losschicken, um die *Andrea Gail* zu lokalisieren und über ihr zu kreisen. Ein Rettungsschwimmer und eine Hubschraubermannschaft würden auf dem Luftstützpunkt außerhalb von Halifax in Bereitschaft gehalten werden. Der Kutter der kanadischen Küstenwache, die *Edward Cornwallis,* würde Halifax zu einer wahrscheinlich 36stündigen Rettungsfahrt mit Ostkurs verlassen. Die *Triumph C,* ein seegehender Schlepper, der an einer Bohrinsel vor Sable Island stationiert ist, würde ebenfalls in See gehen. Die *Contship Holland,* die *Zarah* und möglicherweise auch die *Mary T.* würden alles versuchen, Billys Position anzusteuern. Einmal dort, könnten sie erst dann wieder ablaufen, wenn die Küstenwache es erlaubt.

Es ist also anzunehmen, daß Billys Funkanlagen ausgefallen sind. Die Küstenwache hat keinen Notruf aufgefangen. Jetzt ist seine einzige Verbindung zur Welt das *EPIRB,* die Seenot-Funkboje, die in einer Kunststoffhalterung auf dem Waldeck befestigt ist. Sie hat ungefähr die Größe eines Kegels und ist mit einem Ringschalter versehen, der auf »Aus«, »An« oder »Entsichert« eingestellt werden kann. Die Seenot-Funkbojen sollten an Bord immer in entsichertem Zustand sein, denn wenn das Boot untergehen sollte, löst ein wasserempfindlicher Schalter ein Funksignal aus, das über Satellit an eine Empfangsstation an Land weitergeleitet wird. Die Küstenwache weiß sofort den Namen des Schiffs, seine Position und daß irgend etwas katastrophal schiefgegangen ist. Fällt bei einem Boot jedoch die Funkanlage aus, bevor es tatsächlich zu sinken beginnt, kann der Kapitän ein Notsignal aussenden, indem er den Ringschalter der *EPIRB* auf »Ein« schaltet. Das ist das gleiche, als riefe er »Mayday« ins Funkgerät.

Billy tut das jedoch nicht; er rührt den Schalter nicht an. Das kann nur eins bedeuten: Er beurteilt ihre Chancen optimistisch, bis zu dem Augenblick, wo sie überhaupt keine Chance mehr haben. Wahrscheinlich rechnet er sich aus, daß eine Welle wie das Monster, das ihre Fenster herausschlug, jetzt wahrscheinlich nicht mehr kommt – oder daß sie sie, falls es doch geschieht, wie die vorige abwettern können. Nach der Statistik erzeugt ein 40-Knoten-Wind ungefähr alle sechs Minuten Brecher von dreißig bis vierzig Fuß – grünes Wasser über den Bug und weißes Wasser über das Ruderhaus. Möglicherweise könnte Billys Boot jede Stunde von einem 50-Fuß-Brecher getroffen werden. Wahrscheinlich war es so eine Welle, die die Fenster herausschlug. Und alle hundert Stunden kann Billy mit einer Welle rechnen, der sein Boot nicht mehr gewachsen ist – ein brechendes 70-Fuß-Monster, das sein Boot einfach der Länge nach umwerfen kann. Er muß glauben, daß dem Sturm die Luft ausgeht bevor seine hundert Stunden abgelaufen sind.

Auf einem sinkenden Boot reagiert jeder Mann anders. Auf einem Gloucester-Boot rollte sich ein Matrose einfach zusammen und fing an zu weinen, während seine Kameraden ungesichert an Deck arbeiteten. Die Mannschaft der *Andrea Gail*, alles erfahrene Fischer, versucht wahrscheinlich, den Sturm mit einem Achselzucken als einen von vielen abzutun – so etwas ist schließlich nichts Neues, es wird wieder passieren, und zumindest muß keiner kotzen. Billy hat zweifellos zuviel mit dem Ruder zu tun, als daß er groß über das Ertrinken nachdenken kann. Ernie Hazard behauptet, daß er daran zuallerletzt gedacht habe. »Es gab keine großen Gespräche, es wurde nur das Nötigste gesagt«, erzählt er von seinem Untergang vor der Georges Bank. »Du weißt schon, so etwas wie ›Bringen wir die Sache hinter uns‹. Nie hatten wir ein überwältigendes Gefühl von Gefahr. Wir hatten nur sehr, sehr viel zu tun.«

Wie dem auch sei, gewisse Tatsachen müssen ihnen plötzlich bewußt geworden sein. Zu irgendeinem Zeitpunkt muß Tyne, Shatford, Sullivan, Moran, Murphy und Pierre klar werden, daß kein Weg von diesem Schiff wegführt. Sie könnten die Seenot-Rettungsboje einschalten, aber eine nächtliche Rettungsaktion wäre unter diesen Bedingungen praktisch unmöglich. Sie könnten die Rettungsinsel aussetzen, aber sie würden in der hohen See wahrscheinlich nicht überleben. Wenn das Schiff sinkt, gehen sie mit unter, und niemand auf dieser Welt kann etwas dagegen tun. Ihr Leben liegt völlig in ihren eigenen Händen.

Diese Tatsache muß Bobby Shatford wie eine verdorbene Mahlzeit im Magen liegen. Schließlich war er es doch, der am Tag ihrer Abreise diese schrecklichen Vorahnungen gehabt hatte. An diesem letzten Nachmittag auf der Pier war er drauf und dran gewesen, alles hinzuwerfen – Chris einfach zu sagen, sie solle den Wagen starten und wegfahren. Sie hätten in ihre Wohnung zurückfahren können oder die Küste hinauf oder sonst irgendwohin. Es hätte keine Rolle gespielt; jedenfalls säße er jetzt nicht in diesem Sturm, und die anderen wahrscheinlich auch nicht. Billy hätte mindestens einen Tag gebraucht, um Ersatz für ihn zu finden, und sie ständen zum jetzigen Zeitpunkt sicher noch mit dem Rest der Flotte im Osten.

Im Frühjahr des vorigen Jahres liehen sich Bobby und Chris einen Film aus, der *The Fighting Sullivans* hieß. Ein Film über fünf Brüder, die im Zweiten Weltkrieg auf einem Schiff der US-Marine den Tod fanden. Das war Ethels Lieblingsfilm. Als er sich mit Chris den Film ansah, mußte Bobby an seine Brüder denken und begann zu weinen. Er war nicht der Mann, der leicht weinte, und Chris wußte nicht so recht, was sie tun sollte. Sollte sie etwas sagen? Die Sache einfach ignorieren? Den Fernseher abschalten? Schließlich sagte Bobby, ihn beunruhige der Gedanke, daß alle seine Brüder in der Fischerei seien, und daß, wenn ihm selbst etwas zustieße, er auf See bestattet werden wolle. Chris sagte, ihm würde schon nichts passieren, aber er bestand darauf. Bestatte mich auf See, sagte er. Versprich mir das.

Und jetzt ist er hier und sieht seiner Bestattung auf See entgegen. Die Bedingungen haben sich von schlecht zu unbeschreibbar verändert. Auf der Beaufortskala 10 oder 11. Das britische *Handbuch der Seefahrt* beschreibt einen Sturm der Stärke 10 wie folgt: »Großflächiger Schaum wird in dichten weißen Streifen in Windrichtung gelegt. Das Rollen der See wird schwer und stoßartig.« Stärke 11 ist noch schlimmer: »Außergewöhnlich hohe Wellen; kleine oder mittelgroße Schiffe kommen hinter ihnen außer Sicht. Die See ist vollkommen mit langen Schaumflächen bedeckt.« Hurrikan Grace ist immer noch auf dem Weg nach Norden, und wenn er mit dem Sable-Island-Sturm zusammentrifft – wahrscheinlich innerhalb eines Tages –, werden sich die Bedingungen noch weiter verschlechtern, vielleicht bis zu Windstärke 12.

Da anzunehmen ist, daß Billy sein Funkgerät nicht benutzen kann, gibt es keine Möglichkeit zu erfahren, wie die Dinge auf der *Andrea Gail* stehen. Man kann sich jedoch eine recht gute Vorstellung davon machen, wenn man hört, wie es der *Eishin Maru 78* ergeht, dem japanischen Langleiner, der sich zweihundert Meilen weiter südwestlich befindet. Die *Eishin Maru* hat eine kanadische Beobachterin an Bord, Judith Reeves, die dafür sorgen soll, daß das Fahrzeug die kanadischen Fischereibestimmungen einhält. Der Sturm erreicht die *Eishin Maru* ungefähr um die gleiche Zeit wie die *Andrea Gail*, aber nicht so abrupt. Boje Nr. 44137, sechzig Meilen weiter im Süden, registriert am 28. Oktober ab 17 Uhr ein langsames, allmähliches Ansteigen der Windgeschwindigkeit. Als der Morgen dämmert, weht der Wind mit vierzig Knoten, in Böen mit fünfzig, und die Wellen erreichen eine Spitzenhöhe von nur 45 Fuß. Das ist erheblich weniger, als Billy durchmacht, aber es wird zunehmend schlimmer. Gegen Mitternacht beträgt die Windgeschwindigkeit fünfzig Knoten, die in Böen bis auf sechzig hochgeht, und die Wellen erreichen Höhen von über hundert Fuß. Am 29. Oktober um 20.10 Uhr trifft die erste große Welle die *Eishin Maru*.

Mit einem Gewehrknall schlägt sie an der Backbordseite ein Fenster heraus. Wasser überflutet die Brücke und strömt den Gang entlang in Reeves' Kabine. Sie hört panisches Geschrei von der Mannschaft und anschließend Befehle, die sie nicht versteht. Männer stürzen nach draußen, um das Fenster mit Holz abzudichten und das Wasser auszuschöpfen; innerhalb einer Stunde hat der Kapitän wieder die Kontrolle über die Brücke. Das Boot muß entsetzliche Schläge einstecken. Es ist 150 Fuß lang – zweimal die Größe der *Andrea Gail* –, und die Decks werden andauernd von Wellen überflutet. Es sind keine Schwimmwesten zur Hand, es gibt keine Rettungsanzüge und keine Seenotboje. Kurz vor der Morgendämmerung schlägt die zweite Welle zu.

Dieses Mal werden vier Fenster eingedrückt, einschließlich des schon mit Holz gesichertem. »Alle Stromkreise fielen aus, es begann zu rauchen, und Leitungsdrähte knisterten und verschmorten«, erzählt Judith Reeves. »Das Schiff war nahezu lahmgelegt. Ukw und Radar, Bordsprechanlage, die Navigationsüberwachung, alles war nicht mehr funktionsfähig. In diesem Augenblick kam der Funker herein und gab mir – in Zeichensprache – zu verstehen, daß ich in den Funkraum kommen solle.«

Dem Funker war es gelungen, sich über Satellitentelefon mit dem Schiffsagenten in Verbindung zu setzen, und Reeves soll jetzt mit ihm sprechen und die Schäden, die sie erlitten haben, erklären. Während sie noch spricht, schaltet sich die Küstenwache aus New York ein; sie haben das Gespräch mitgehört und wollen wissen, ob die *Eishin Maru* Hilfe braucht. Reeves erklärt ihnen, daß ein Großteil ihrer Elektronik ausgefallen ist und daß sie in ernsthaften Schwierigkeiten steckten. New York verbindet sie mit der Küstenwache in Halifax, und während sie noch darüber reden, wie man die Besatzung am besten vom Boot abbergen kann, wird sie vom Funker unterbrochen. Er deutet auf einen Satz in seinem Sprachführer. Reeves beugt sich über das Buch und liest: »Wir treiben hilflos im Wasser. Bitte leisten Sie Hilfe.« (Das Rudergestänge ist nicht mehr funktionsfähig, eine Tatsache, die Reeves verborgen geblieben war, weil der Funker nicht wußte, wie er ihr das erklären sollte.) In diesem Moment wird Reeves bewußt, daß sie kurz vor dem Untergang stehen.

»Wir waren nicht mehr steuerfähig und befanden uns genau im Auge des Sturmes«, sagt sie. »Wir lagen in aufgewühlter See, die Wellen kamen aus unterschiedlichen Richtungen. Der Wind riß die Wellenkämme ab und trug sie soweit mit, daß wir das SAR-Flugzeug nicht einmal sehen konnten, als es schon über uns war. Das Schiff wurde immer weiter auf die Seite gedrückt, bis wir schließlich kieloben im Wasser lagen. Wenn das Boot erst eine große Welle und kurz darauf eine zweite hinnehmen muß, kann es völlig unter Wasser gedrückt werden. Und in der Sekunde, wo das Boot sich entschließt, doch wieder hochzukommen, hältst du nur noch die Luft an und wartest.«

Sie liegen ohne Fahrt im Wasser und nehmen die riesigen Wellen mit der Breitseite. Wie Judith Reeves berichtet, vollführt das Boot 360°-Rollen, kommt dabei jedoch immer wieder hoch. Vier andere Schiffe versuchen, auf ihren Hilferuf zu reagieren, aber drei von ihnen müssen wegen des Wetters aufgeben. Sie können ihre Fahrt nicht fortsetzen, ohne das eigene

Leben aufs Spiel zu setzen. Der seegehende Schlepper *Triumph C* verläßt Sable Island und kämpft sich südwärts, und der Kutter der Küstenwache, die *Edward Cornwallis,* kommt von Halifax heran. Die Besatzungsmitglieder der *Eishin Maru,* wie gelähmt, sind überzeugt, daß sie alle sterben werden. Judith Reeves ist zu beschäftigt, um sich darüber Gedanken zu machen; sie sucht nach den Schwimmwesten, muß das Funkgerät und das Satellitentelefon bedienen und immer wieder im japanischen Sprachführer blättern. Schließlich hat sie einen Augenblick Zeit, um ihre Chancen zu überdenken.

»Entweder sehe ich zu, daß ich vom Schiff runterkomme, oder ich gehe mit dem Schiff unter. Was die erste Möglichkeit betrifft, so dachte ich eine Zeitlang darüber nach, bis mir klar wurde, daß sie ja alle Luken dichtgehämmert hatten. Ich dachte, ›Herrgott, ich komme nie von diesem verdammten Boot runter, das wird mein Grab werden‹. Also nahm ich mir vor, das zu tun, was im Moment nötig war, und daß es auch keinen Sinn hatte, ernsthaft daran zu denken, weil es einfach zu schrecklich war. Ich wurde von diesem Gefühl ergriffen, daß ich etwas sehr Unangenehmes zu tun haben würde. Denn, weißt du, ertrinken ist nun wirklich nicht angenehm. Und erst als wir nicht mehr steuerfähig waren, begann ich wirklich zu glauben, wir müßten sterben. Ich meine, da wußte ich, daß das jetzt wirklich passieren konnte, und ich mußte dem ins Auge sehen.«

Kurz nachdem das Schiff die Steuerfähigkeit verloren hatte, wird Judith Reeves von einem Funkoffizier in New York gefragt, wie die Dinge stehen. Nicht allzu gut, sagt sie. Haben Sie Ihren Rettungsanzug bereitgelegt? Ja, ich hab' ihn hier liegen, antwortet sie. Na, für wie viele Japaner ist denn da drin noch Platz? Reeves lacht; selbst ein so kleiner Witz genügt, um die verzweifelte Lage erträglicher zu machen. Zwei Stunden später klingelt das Satellitentelefon. So unglaublich es klingt, aber es ist ein kanadischer Rundfunkreporter, der sie interviewen möchte. Sein Name ist Rick Howe.

Miss Reeves, ist es schlimm da draußen? fragt Howe durch die atmosphärischen Störungen und das Heulen des Windes.

Ja, es ist ziemlich übel.

Was ist mit dem Trawler, was ist das Problem?

Es ist kein Trawler, es ist ein Langleiner. Das Problem ist, daß wir heute morgen drei Brückenfenster verloren haben und alle unsere Instrumente ausgefallen sind.

Sind Sie in Gefahr, oder glauben Sie, daß Sie alles wieder unter Kontrolle bekommen?

Wir sind in Gefahr, ganz ohne Frage, wir sind in Gefahr. Wir treiben in einer zwölf Meter hohen Dünung bei Stürmen von fünfzig bis sechzig Knoten. Wenn noch mehr Wasser durch die Brückenfenster kommt, wird uns das sicher die letzten Kommunikationsmittel kosten, die wir noch haben. Wir sind jetzt also wirklich in Gefahr.

Wissen Sie, wie weit das Ihnen nächste Schiff entfernt ist?

Ungefähr hundert Meilen. Wenn wir das Schiff aufgeben müssen, können Rettungshubschrauber in dreieinhalb Stunden hier sein. Leider können sie nicht kommen, wenn es dunkel ist; wenn also dann etwas passiert, ist es aus mit uns.

Sie sagten, daß das Wetter, Ihrer Meinung nach, im Laufe

des Tages besser werden könnte, können Sie uns dazu noch etwas sagen?

Die Wellenhöhe soll auf fünf bis acht Meter zurückgehen und der Wind nach Ost drehen und nur noch 25 bis 35 Knoten haben. Damit wäre mir eine Menge von der Angst genommen, die ich jetzt habe, nämlich daß wir noch einmal von einer großen Welle erwischt werden. Wenn eine große Welle uns trifft und das Boot kentert, und dann trifft uns noch eine, dann werden wir sinken. Wir haben hier alles dichtgemacht und praktisch zugenagelt. Wenn sie durchkentert, kommt kein Mensch mehr raus, over.

Gibt es denn einen Punkt, wo Sie das Schiff aufgehen müssen, und sind Sie und die Mannschaft auf diese Möglichkeit vorbereitet?

Nun, um Ihnen die reine Wahrheit zu sagen, ich glaube nicht, daß die Mannschaft gut auf einen Notfall vorbereitet ist. Sie haben hier keine Seenot-Funkboje und scheinen auch nicht recht zu wissen, was im Notfall zu machen ist, und das macht mir angst. Ich habe als einzige einen Rettungsanzug. Aber bei dem Seegang, den wir heute haben, würde er mir nicht viel nützen.

Ja, richtig. Hören Sie, ich danke Ihnen, daß Sie mit uns gesprochen haben und die ganze Provinz betet, daß Sie heil und gesund zurückkommen.

Danke.

Damit wendet sich Judith Reeves wieder den anstehenden Aufgaben zu.

Nachdem er mit Tommy Barrie gesprochen hat, kann Billy wahrscheinlich noch weitere zwei bis drei Stunden nach Nordosten laufen, bevor die See zu rauh wird, um sie noch mit dem Heck nehmen zu können. Damit befände er sich genau nördlich der Datenboje Nr. 44139 und am Rande von Banquereau, einem der alten Fischgründe vor Neuschottland. Die 100-Faden-Linie macht bei Banquereau einen Bogen und verläuft nördlich den St. Lawrence Channel hinauf und südsüdwestlich nach Sable Island. Ungefähr sechzig Meilen in Richtung Ost ist eine Unterwasserschlucht, die »The Gully« genannt wird, und dann beginnen die Untiefen vor Sable Island.

Sable Island ist eine zwanzig Meilen lange Sandbarre, die sich unter Wasser noch weitere vierzig bis fünfzig Meilen in Ost-West-Richtung erstreckt. Aus der Entfernung sehen die Wellen, die auf den Flachs brechen, wie eine weiße Sandbank aus. Seeleute sind schon im Sturm darauf zugesteuert in der Annahme, sie könnten sich retten, indem sie ihr Schiff auf den Strand setzten, nur um dann an der äußeren Barre durch zwanzig Fuß hohe Wellen in Stücke geschlagen zu werden. Der Historiker George Patterson, der sich besonders mit der Geschichte von Sable Island befaßt hat, schreibt im Jahr 1894: »Vom östlichen Ende erstreckt sich eine Barre siebzehn Meilen in nordöstlicher Richtung, von denen die ersten vier bei gutem Wetter trocken fallen, die folgenden neun von schweren Brechern überspült werden und die restlichen vier unter einer hohen Kreuzsee liegen. Die Insel und ihre Barre zeigen sich als eine über fünfzig Meilen lange kontinuierliche Linie fürchterlicher Brecher. Die Strömungen, die um die Insel fließen, stehen miteinander im Widerstreit und sind unglaublich unbeständig; manchmal passieren sie alle Striche des Kompasses in 24 Stunden. Ein leeres Faß wird rund um die Insel getragen; immer wieder, und das gleiche gilt für die ertrunkenen Seeleute von den Wracks.«

Die Insel wandert ruhelos auf dem Festlandsockel von Neuschottland herum, verliert Sand an einem Ende, um es am anderen wieder anzulagern, endlos, ohne Unterlaß, durch die Jahrhunderte. Seit 1873 ist sie unter den Fundamenten von sechs Leuchtfeuern weggeschmolzen. Herden wilder Pferde leben auf der Insel, die Nachkommen zäher bretonischer Bergpferde, welche die Franzosen hier zurückgelassen haben. Allein der Strandhafer hält die Dünen fest, und in den weiter landeinwärts liegenden Sümpfen wachsen Preiselbeeren, Blaubeeren und wilde Rosen. Der Golfstrom und der eisig kalte Labradorstrom treffen bei Sable Island zusammen und lassen die Insel oft im Nebel verschwinden. Fünftausend Menschen sollen schon in ihren Untiefen ertrunken sein, was ihr den Namen »Friedhof des Atlantiks« eingetragen hat, und mindestens genau so viele sind von Männern des Rettungsdienstes in Sicherheit gebracht worden, der seit 1801 auf der Insel stationiert ist. »Wir haben einen erträglichen Winter hinter uns, ohne Wracks, bis auf den Rumpf des Schoners *Juno* aus Plymouth«, schrieb ein Inselwächter im Jahre 1820. »Er trieb an den Strand ohne Masten, Segel oder Takelage irgendwelcher Art, und es befand sich niemand an Bord, bis auf einen Toten im Laderaum.«

Bei schlechtem Wetter ritten Wächter rund um die Insel und spähten nach Schiffen in Seenot aus. Wenn sie eins entdeckten, ritten sie schnell zu ihrem Brandungsboot und ruderten durch die Brecher hinaus, um die noch lebenden Besatzungsmitglieder zu retten. Manchmal konnten sie auch mit einer Rakete eine

Leine zum gestrandeten Schiff hinüberschießen, mit deren Hilfe eine Hosenboje geriggt werden konnte. Wenn der Sturm vorüber war, bargen sie die Ladung und zersägten das Schiff zu Feuerholz oder Baumaterial. Leute, die von sinkenden Schiffen abgeborgen werden konnten, verbrachten oft den ganzen Winter auf der Insel. Manchmal kampierten zwei- bis dreihundert Menschen in den Dünen und warteten auf die Ankunft eines Hilfsschiffs im Frühjahr.

Heute gibt es dort zwei Leuchttürme, eine Station der Küstenwache, eine Wetterstation und einige Dutzend Öl- und Erdgasquellen. Dreißig Meilen in nordwestlicher Richtung liegt eine 60-Fuß-Untiefe und zwanzig Meilen in östlicher Richtung eine 45-Fuß-Untiefe. Sie markieren das westliche beziehungsweise das östliche Ende der Sandbarre. Billy befindet sich zwar noch nicht über der Barre, aber er ist schon ziemlich nahe dran. In früherer Zeit wußte man, daß Navigationsfehler für die meisten Strandungen auf Sable Island verantwortlich waren; die westliche Strömung war so stark, daß sie die Schiffe um sechzig bis hundert Meilen versetzen konnte. Wenn Billys Elektronik ausgefallen ist – sein GPS, Radar und Loran –, dann hat es ihn tatsächlich wieder in die alte Zeit zurückversetzt. Sicher hätte er eine Karte der Grand Banks auf seinem Kartentisch und würde versuchen, seine Position mit Hilfe des Kompaßkurses, seiner Fahrt und der Windverhältnisse zu bestimmen, ein Verfahren, das man »koppeln« nennt. Vielleicht wird Billy durch die Strömungen und die Sturmwinde weiter nach Westen versetzt, als ihm bewußt ist, und er befindet sich plötzlich in den Untiefen vor Sable. Vielleicht ist er auch mit Absicht vor den Wind gegangen, um kein Wasser mehr ins Ruderhaus zu bekommen oder um Kraftstoff zu sparen. Vielleicht ist aber auch das Ruder nicht mehr funktionsfähig, und sie treiben jetzt, wie die *Eishin Maru*, auf der Seite liegend durch das Wasser.

Was immer es ist, eine Sache weiß man mit Sicherheit. Gegen Mitternacht des 28. Oktober – als der Sturm vor Sable Island seine volle Stärke erreicht hat – ereignet sich an Bord der *Andrea Gail* eine Katastrophe.

Der letzte Augenblick

Und ich sah, und siehe, ein fahles Pferd.
Und der darauf saß, des Name war:
Der Tod, und die Hölle folgte ihm nach.

Die Offenbarung des Johannes 6,8

In den fünfziger und sechziger Jahren beschloß die US-Regierung, im Pazifischen Ozean eine Reihe von nuklearen Sprengköpfen zu zünden. Die Überlegung war, daß tiefes Wasser die Schockwellen absorbieren und die Wirkung auf die Umwelt auf ein Minimum beschränken würde, den Wissenschaftlern dabei jedoch die Möglichkeit böte, die Stärke der Explosion zu messen. Aber ein Ozeanograph namens William Van Dorn, der für das Scripps Institute in La Jolla, Kalifornien, arbeitete, warnte, daß eine Kernexplosion am falschen Ort »den gesamten Festlandsockel in eine Brandungszone verwandeln könnte«.

Nachdenklich geworden, führte die Marine eine Reihe von Modellversuchen durch, um festzustellen, welche Belastungen die Schiffe ihrer Flotte aushalten könnten. (Im Jahre 1944 hatten sie bereits drei Zerstörer in einem Taifun verloren. Bevor sie untergingen, hatten die Schiffe gemeldet, daß ihr Rollwinkel 140 Grad betrüge. Sie liefen durch ihre Schornsteine voll und sanken.) Die Marine setzte Modelle von Zerstörern und Flugzeugträgern verschiedenartigen Wellen aus und fand heraus, daß eine einzige nichtbrechende Welle – ungeachtet ihrer Größe – unfähig war, ein Schiff zu versenken. In einer einzigen *brechenden* Welle überschlug sich ein Schiff jedoch der Länge nach, wenn die Wellenhöhe die Schiffslänge überstieg. Bei einem typischen Verlauf dieses Vorgangs arbeitete sich das Schiff in einem Winkel von 45 Grad die Welle hinauf, erreichte jedoch den Kamm nicht und glitt wieder hinab. Das Heck versackte im Wellental und der brechende Wellenberg packte das Vorschiff und warf das Schiff der Länge nach um. Das nennt man »Über-Kopf-Gehen«. Ernie Hazard widerfuhr dies auf der Georges Bank. Es ist eine der wenigen Wellenbewegungen, die eine Schiff-Land-Funkverbindung abrupt beenden können.

Eine andere besteht aus einer Folge von Wellen, die das Boot einfach unter Wasser drücken. Auf einem Stahlschiff implodieren dabei die Fenster, die Luken geben nach, und das Boot beginnt vollzulaufen. Durch die schiere Kraft des Wassers, das durch alle Öffnungen strömt, wird die Besatzung daran gehindert, aus dem Boot zu entkommen – es ist ungefähr so, als versuchte man, gegen den Strahl eines Feuerwehrschlauches anzugehen. In dieser Hinsicht ist das Über-Kopf-Gehen besser als das Sinken, weil ein durchgekentertes Boot eine mehr oder weniger große Luftblase enthält und eine Stunde oder länger schwimmfähig bleiben kann. Das ermöglicht der Besatzung, durch irgendeine Schottenöffnung hinauszuschwimmen und in eine Rettungsinsel zu klettern. Die Rettungsinseln sind so konstruiert, daß sie sich automatisch aufblasen und an die Oberfläche steigen, wenn das Boot sinkt. Theoretisch schwimmt auch die Seenot-Rettungsboje auf und beginnt ihr Notsignal auszusenden. Alles, was die Besatzung tun muß, ist, am Leben zu bleiben.

In den späten Stunden des 28. Oktober ist der Seegang ohne weiteres hoch genug, um die *Andrea Gail* über Kopf gehen zu lassen oder sie zu versenken. Und wenn sie Fahrt verliert – ein verstopfter Kraftstoffilter, ein unklarer Propeller –, könnte sie quer zur See zu liegen kommen und kentern. Für das Kentern gilt analog die gleiche Regel wie für das Über-Kopf-Gehen: Die Welle muß höher sein, als das Boot breit ist. Die *Andrea Gail* mißt an der breitesten Stelle zwanzig Fuß. Aber selbst wenn sie nicht von einer Welle getroffen wird, mit der sie nicht mehr fertig werden kann, so läßt doch der immer höhere Seegang Billy immer weniger Spielraum zum Manövrieren. Wenn er genug Fahrt beibehält, um steuerfähig zu bleiben, wird er das Boot zuschanden fahren; wenn er mit der Fahrt heruntergeht, verliert er die Steuerfähigkeit. Nach zwei Tagen stetig abnehmender Wahlmöglichkeiten sind ihm nur diese beiden geblieben; jetzt kann er nur noch entscheiden, ob er gegen oder mit der See laufen will, und das einzige Ergebnis wird sein, ob sie sinken oder treiben werden. Der Unterschied ist nicht groß.

Wenn sich die Wetterbedingungen nicht bessern, kann Billy realistisch höchstens noch hoffen, bis zum Tagesanbruch zu überleben. Dann haben sie wenigstens eine Chance, gerettet zu werden – jetzt ist das unmöglich. »Bei heftigen Stürmen ist so viel Wasser in der Luft und so viel Luft im Wasser, daß man unmöglich sagen kann, wo die Atmosphäre aufhört und die See beginnt«, schreibt Van Dorn. »Das kann es buchstäblich unmöglich machen, oben von unten zu unterscheiden.« Unter derartigen Bedingungen könnte ein Hubschrauberpilot niemals sechs Leute vom Deck eines Schiffes abbergen. Die nächsten acht Stunden muß die

Besatzung der *Andrea Gail* also dafür sorgen, daß die Maschine und die Lenzpumpen richtig arbeiten, und einfach nur hoffen, daß sie keiner Riesenwelle begegnen. 70-Fuß-Monster ziehen durch die See wie mürrische Giganten, und Billy kann kaum etwas anderes tun als gegenan laufen und versuchen, über ihren Kamm zu gelangen, bevor sie brechen. Wenn seine Suchscheinwerfer ausgefallen sind, hätte er nicht einmal diese Wahl – er würde nur noch merken, wie das Boot in das Wellental hinabfällt, plötzlich überholt und dann langsam einen Hang hinaufzuklettern beginnt, dessen Steigung seine Kräfte überfordert.

»Wellen von siebzig Fuß – ich würde Windeln anlegen, wenn es so dick käme«, sagt Charlie Reed. »Ich wäre ziemlich nervös. Das ist höher als der höchste Punkt auf der *Andrea Gail.* Ich kam einmal in 35-Fuß-Seen von den Grand Banks zurück. Eine unheimliche, verdammte Vorstellung – wie mit dem Fahrstuhl hoch, dann wieder runter, und das sechs Tage lang. Ich denke, daß Billy querschlug und kenterte. Du kommst vielleicht von einer dieser Seen ein bißchen schräg herunter, die nächste Welle kommt womöglich aus einer etwas anderen Richtung, drückt das Boot herum, und dann kenterst du. Wenn das Boot durchkentert, kommt irgendwo Wasser rein, selbst wenn alles dichtgemacht worden ist. Das Boot treibt kieloben, das Holz gibt nach, und das ist das Ende.«

Als Ernie Hazard 1982 auf der Georges Bank über Kopf ging, war das nicht so sehr eine heftige Bewegung, sondern mehr ein gewaltiger, langsamer Halbsalto, bei dem das Boot gewissermaßen auf den Rücken klatschte. Hazard erinnert sich, daß eine Welle sie herumdrehte und die andere sie dann über Kopf gehen ließ. Es war nicht so, als überschlüge man sich bei hoher Geschwindigkeit mit einem Auto, sondern als kippte man mit einem Haus um. Hazard war damals 33; drei Jahre zuvor hatte er auf eine Zeitungsanzeige geantwortet und einen Job auf der *Fairwind* bekommen, einem Hummerboot aus Newport, Rhode Island. Der Sturm schlug auf der letzten Fahrt des Jahres zu, Ende November. Alle Mitglieder der Besatzung waren gute Freunde; sie feierten das Ende der Saison in einem Steakhaus und liefen dann spätmorgens am nächsten Tag zur Georges Bank aus. Es wehte nur ein leichter Wind, und die Vorhersage meldete für die kommenden Tage gutes Wetter. Als der neue Morgen graute, wehte es mit hundert Knoten:

> Wir taten unser Bestes. In so einer Lage richtest du den Bug gegen die See und versuchst, den Sturm zu überstehen – bleibst einfach da und steckst ein, was die See austeilt. Du trimmst das Boot aus, flutest die Tanks, versuchst zu retten, was sich an Deck befindet. Der Wind heulte um die Stagen, und es war eine Menge Schaum auf dem Wasser, gelblicher Schaum, Gischt. Auf den Wellenbergen verloren wir an Fahrt, weil dort mehr Schaum als Wasser war; der Propeller fand einfach keinen Widerstand.
>
> Es passierte ganz schnell. Wir befanden uns in der Nähe des Festlandsockels, und die Seen wurden richtig groß, türmten sich hoch auf und begannen zu brechen. Ich erinnere mich, wie ich aus dem Ruderhaus sah und diese Monsterwelle kam, über dem Bug brach und uns zurückschob. Da war nichts, was uns hätte halten können, und wir haben uns dann sicher mit dem Heck eingegraben und sind ganz her-

umgedreht worden. Wir liegen jetzt also in einer auflaufenden See. Wir schafften nur noch eine Welle, setzten dann ganz tief mit dem Bug in das Wellental ein und gingen über Kopf. Da war die brechende Welle, dann das Gefühl, daß das Boot sich hob und umschlug, und als nächstes wußte ich nur, daß wir kieloben im Wasser lagen und im Inneren des Bootes herumschwammen.

Ich tauchte in einer kleinen Luftblase auf und wußte nicht, ob ich auf dem Kopf stand, an irgendeiner Wand hing oder was sonst auch. Ich tauchte und konnte einen Lichtschimmer sehen – vielleicht ein Fenster oder ein Bullauge, ich weiß nicht –, und als ich zu meiner Luftblase zurückschwamm, war sie nicht mehr da. Die ganze Luft war weg. Ich dachte, »Das war's dann wohl. Nimm einfach einen großen Schluck Wasser, und es ist vorbei.« Das war ein ganz sachlicher Gedanke. Ich war an einer Weggabelung, und ich mußte mich entscheiden – schwimm oder stirb. Angst hatte ich nicht; ich dachte auch nicht an meine Familie oder sonst irgendwas. Es war alles ganz nüchtern. Die Leute denken, daß du dich immer für das Leben entscheiden mußt, aber das mußt du nicht. Du kannst auch aufgeben.

Aus Gründen, die er immer noch nicht versteht, gab Hazard nicht auf. Er traf eine Entscheidung und schwamm los. Die ganze Backbordseite des Raumes bestand aus geschweißten Stahlplatten, und er wußte, wenn er diese Richtung einschlug, war es mit ihm aus. Er merkte, wie er durch eine enge Öffnung glitt – die Tür? ein Fenster? –, und plötzlich war er in die Welt zurückgekehrt. Das Boot lag kieloben im Wasser und trieb schnell davon, und die Rettungsinsel tanzte wie in konvulsivischen Zuckungen am Ende ihrer Sorgleine. Sie war seine einzige Hoffnung; er wand sich aus seinen Kleidern heraus und begann zu schwimmen.

Ob die *Andrea Gail* nun kentert, über Kopf geht oder unter Wasser gedrückt wird, sie kommt, auf diese oder jene Weise, in eine Lage, aus der sie sich nicht mehr befreien kann. Schiffbauingenieure nennen das den »Zero-Moment«-Punkt – den Punkt, von dem aus es kein Zurück mehr gibt. Der Übergang von der Krise zur Katastrophe ist kurz; er dauert wahrscheinlich weniger als eine Minute, denn sonst würde wohl jemand die Seenot-Rettungsboje eingeschaltet haben. (Tatsächlich beginnt die EPIRB nicht einmal zu senden, als sie im Wasser ist, was bedeutet, daß irgendeine Fehlfunktion vorliegt. In den allermeisten Fällen weiß die Küstenwache, wann Männer auf See in Lebensgefahr sind.) Es ist keine Zeit mehr, die Rettungsanzüge anzulegen oder nach einer Schwimmweste zu greifen; das Boot vollführt die extremsten Bewegungen seines Lebens, und es ist nicht einmal Zeit genug zu schreien. Der Kühlschrank kommt aus der Wand und poltert krachend durch die Kombüse. Schmutziges Geschirr rasselt im Bogen aus dem Spülbecken. Der Fernseher, die Waschmaschine, die Videokassetten, die Männer, alles fliegt durch die Luft. Und Sekunden später strömt das Wasser herein.

Wenn ein Boot volläuft, fällt als erstes die elektrische Anlage aus. Die Lichter gehen aus, und einen Augenblick lang wird die Umgebung nur erhellt durch das Zucken blauer Blitze, die ins Wasser fahren. Man sagt, daß Menschen in extremen Situationen die Dinge in ihrer Umgebung in verzerrter, nahezu surrealistischer

Weise wahrnehmen, und wenn die Drähte zu knistern und zu brennen beginnen, denkt vielleicht ein Mitglied der Mannschaft an ein Feuerwerk – an den letzten 4. Juli, als er mit seiner Freundin durch Gloucester spazierte und die Farben über dem Hafenbecken aufblühen sah. Touristen schlenderten durch die Rogers Street, Fischer saßen in den Kneipen, und der Geruch von Pulver und gedünsteten Muscheln zog durch die Stadt. An diesem Juli-Abend lag sein ganzes Leben noch vor ihm; ihm stand noch jede Wahl offen.

Aber er endete im Schwertfischfang. Auf diesem oder jenem Weg fand er sich schließlich auf dieser Fahrt, in diesem Sturm – und das Boot läuft voll Wasser, und er hat nur noch zwei Minuten zu leben. Jetzt führt kein Weg mehr nach Hause, kein Rettungshubschrauber kann ihn jetzt noch von Bord holen. Jetzt bleibt nur noch die Hoffnung, daß es schnell vorbei ist.

Als das Wasser die eingeschlossenen Männer erreicht, ist es zwar kalt, aber nicht lähmend kalt, so um 11° Celsius. Bei dieser Temperatur kann ein Mensch vier Stunden überleben, wenn irgend etwas ihn über Wasser hält. Wenn das Boot kentert oder über Kopf geht, sind die Männer im Ruderhaus die ersten, die ertrinken. Sie erleben das, was auch Hazard erlebt hat, nur daß sie es nicht schaffen, aus dem Ruderhaus herauszukommen und ein Rettungsfloß zu erreichen; sie atmen ein, und das ist das Ende. Dann steigt das Wasser über den Niedergang in die Kombüse und das Logis, und dann durch die Luke in den Maschinenraum. Es kann auch durch die achtere Tür und die Laderaumluke kommen, wenn eine oder beide leckgeschlagen sind. Wenn das Boot kieloben treibt und sich Männer im Maschinenraum befinden, trifft es sie zuletzt. Sie befinden sich in absoluter Dunkelheit, unter einer Lawine von Werkzeugen und Gerätschaften, das Wasser steigt über den Niedergang in den Raum, und das Toben des Seegangs ist plötzlich leiser geworden. Läßt sich das Wasser Zeit, könnten sie versuchen, mit einer Lunge voll Luft ins Freie zu kommen – den Niedergang hinunter, den Gang entlang, durch die achtere Tür und dann an die Oberfläche –, aber das schaffen sie nicht. Es ist zu weit, sie sterben bei dem Versuch. Oder aber das Wasser strömt so gewaltig und schnell in den Raum, daß sie keinen Gedanken mehr fassen können. Es geht ihnen bis zur Taille, bis zur Brust bis ans Kinn, und dann ist plötzlich keine Luft mehr da. Nur die, die noch in ihrer Lunge ist, und die reicht vielleicht für eine Minute.

Der Instinkt, unter Wasser nicht zu atmen, ist so stark, daß er über die Agonie des Sauerstoffmangels triumphiert. Es spielt keine Rolle, wie verzweifelt die ertrinkende Person nach Luft verlangt, sie atmet nicht ein, bis sie sich am Rande der Bewußtlosigkeit befindet. In diesem Zustand enthält das Blut so viel Kohlendioxyd und so wenig Sauerstoff, daß chemische Sensoren im Gehirn ein unwillkürliches Atemholen auslösen, ob sich der Mensch nun unter Wasser befindet oder nicht. Das ist der sogenannte *break point*. Laborversuche haben ergeben, daß dieser Punkt nach 87 Sekunden eintritt. Es ist eine Art neurologischer Optimismus, als wollte der Körper sagen: »Dieses Anhalten des Atems bringt uns um, und einatmen bringt uns vielleicht nicht um, also können wir genausogut einatmen.« Wenn die Person vorher hyperventiliert – wie es Freitaucher machen und vielleicht auch jemand, der sich in einer verzweifelten Situation befindet –, dann kann der *break point* auch erst nach 140 Sekunden eintreten. Hyperventilation sorgt anfänglich dafür, daß Kohlendioxyd aus dem Körper ausgeschieden wird, so daß es länger dauert, bis der kritische Wert wieder erreicht ist.

Bis zum *break point* macht ein Ertrinkender das, was man als freiwillige Apnoe bezeichnet, er hält die Luft an. Sauerstoffmangel im Gehirn erzeugt die Empfindung einer von allen Seiten näher kommenden Dunkelheit, als würde eine Kamerablende immer weiter geschlossen. Die Panik einer ertrinkenden Person ist gemischt mit einer seltsamen Ungläubigkeit, daß dies alles tatsächlich passiert. Da sie es noch nie zuvor getan haben, wissen der Körper – und der Geist – nicht, wie sie mit Anstand sterben sollen. Der Vorgang ist voll von Verzweiflung und Unbeholfenheit. »So ist es also, wenn man ertrinkt«, denkt ein Ertrinkender vielleicht. »Auf diese Weise komme ich also ums Leben.«

Neben der Ungläubigkeit findet sich oft das überwältigende Gefühl, daß man zum denkbar ungünstigsten Zeitpunkt aus dem Leben gerissen wird. »Ich kann doch jetzt nicht einfach sterben, ich habe doch Karten für das Fußballspiel nächste Woche« ist durchaus kein unmöglicher Gedanke für jemanden, der dabei ist, zu ertrinken. Der Ertrinkende kann sich sogar peinlich berührt fühlen, als habe er gerade ein großes Vermögen vergeudet. Er hat die Vorstellung, die Leute schüttelten den Kopf über sein nutzloses Sterben. Der Ertrinkende kann die Empfindung haben, dies wäre die letzte, allergrößte Dummheit in seinem Leben.

In der Minute, in der ein in Panik befindlicher Mensch die Luft in seinen Lungen verbraucht, mögen ihm derartige Gedanken durch den Kopf schießen. Wenn der erste unfreiwillige Atemzug einsetzt, sind die meisten Menschen noch bei Bewußtsein, und das ist bedauerlich, denn noch schlimmer, als keine Luft mehr zu bekommen, ist es, im Wasser Atem holen zu wollen. Zu diesem Zeitpunkt erfolgt der Übergang von der freiwilligen zur unfreiwilligen Apnoe, und jetzt wird es ernst mit dem Ertrinken. Ein spasmodischer Atemzug bringt Wasser in Mund und Luftröhre, und dann geschieht eins von zwei Dingen. Bei ungefähr zehn Prozent aller Menschen ziehen sich die Muskeln um den Kehlkopf sofort zusammen, wenn Wasser – oder irgendein anderer Stoff – mit den Stimmbändern in Berührung kommt. Tatsächlich ist es so, daß das Zentralnervensystem einen Fremdkörper im Kehlkopf für eine größere Bedrohung hält als einen niedrigen Sauerstoffanteil im Blut und entsprechend reagiert. Diese krampfartige Verengung nennt man Laryngospasmus oder Stimmritzenkrampf. Er ist so wirkungsvoll, daß er den Atemreflex überwindet und die betreffende Person schließlich erstickt. Jemand, der einen Laryngospasmus erleidet, ertrinkt, ohne Wasser in die Lungen zu bekommen.

In den anderen neunzig Prozent der Fälle füllen sich die Lungen mit Wasser und beenden damit die immer schwächer werdende Abgabe von Sauerstoff in das Blut. Die Uhr läuft jetzt ab; nur noch halb bei Besinnung und geschwächt durch den Sauerstoffmangel, ist die Person nicht mehr in der Lage, sich wieder an die Oberfläche zu kämpfen. Der bloße Vorgang des Ertrinkens macht es schwerer und schwerer, nicht zu ertrinken – eine exponentielle Katastrophenkurve ähnlich der eines sinkenden Schiffs.

Gelegentlich gelingt es jedoch jemand, aus dieser dunklen Welt zurückzukommen, und von Menschen wie diesen wissen wir, wie es ist, zu ertrinken. Im Jahre 1892 befand sich ein schottischer Arzt namens James Lowson auf einem Dampfschiff, das als Ziel Colombo im damaligen Ceylon ansteuerte. Das Schiff geriet in einen Taifun und sank im Dunkel der Nacht. Die meisten der 150 Menschen an Bord gingen mit dem Schiff unter, aber Lowson gelang es, sich aus dem Inneren des Schiffes herauszukämpfen und das freie Wasser zu erreichen. Das Schiff sackte unter ihm weg und zog ihn mit sich, und das letzte, an das er sich erinnert, ist, daß er unter Wasser das Bewußtsein verlor. Wenig später brachte ihn der Auftrieb seiner Rettungsweste jedoch wieder an die Oberfläche, und er wurde an den Strand einer Insel gespült. Nach seiner glücklichen Heimkehr konnte er im *Edinburgh Medical Journal* über seine Erfahrung berichten. Er schrieb die Klarheit seiner Erinnerung der »übernatürlichen Ruhe« der Menschen zu, die dem Tod ins Angesicht gesehen haben. Dem Wunsch, etwas über die letzten Augenblicke der *Andrea Gail* zu erfahren, kommt man mit diesem Bericht vielleicht am nächsten:

> Den ganze Nachmittag hämmerten die großen Seen weiter auf das dem Untergang geweihte Schiff ein; als die Nacht hereinbrach, fügte sie den anderen Schrecken nur noch den der Dunkelheit hinzu. Kurz vor zehn Uhr abends fanden drei riesige Wellen ihren Weg durch den Kesselabzug, löschten das Feuer und brachten uns in eine verzweifelte Lage. Das Ende kam kurz vor Mitternacht, als wir mit

einem schrecklichen Krachen einen Unterwasserfelsen rammten und das Schiff binnen einer Minute auf den Grund der Straße von Formosa sank.

Ohne groß nachzudenken, riß ich die Schwimmwesten herunter, warf zwei meinen Begleitern zu, legte die dritte selber an und rannte zum Niedergang. Die Umstände ließen mir keine Zeit, um große Menschenstudien zu machen, aber ich werde niemals den offenkundigen Mangel an Initiative vergessen, den alle Menschen, an denen ich vorbeikam, an den Tag legten. Alle Passagiere kamen mir wie gelähmt vor – selbst meine Begleiter, unter denen sich einige fähige Soldaten befanden. Die Stewards, die verzweifelte Schreie und Abschiedsrufe ausstießen, versperrten den Zugang zum Deck, und ich konnte mich nur mit Gewalt an ihnen vorbeiquetschen. Als ich das Deck erreichte, schien mir sowohl von oben als auch von unten ein veritabler Berg aus Wasser entgegenzukommen, und ich wurde gegen den Brückenniedergang geschleudert. Das Schiff sank schnell, und ich, wiewohl mit aller Kraft versuchend, mich zu befreien, wurde mit hinuntergezogen.

Unter Wasser kam ich schließlich frei und bemühte mich sofort, an die Oberfläche zu kommen, wurde jedoch durch den Sog weiter nach unten gezogen. Die Anstrengung kostete mich viel Luft, und nach zehn oder fünfzehn Sekunden konnte ich den Drang, einzuatmen, nicht mehr unterdrücken. Es schien, als befände ich mich in einem Schraubstock, der langsam enger und enger gedreht wurde, bis es mir vorkam, als müßten Brustbein und Rückgrat brechen. Vor vielen Jahren pflegte mein alter Lehrer zu beschreiben, wie schmerzlos und leicht der Tod durch Ertrinken wäre – »als fiele man im Frühsommer in einem grünen Feld einfach um« –, und dieser Gedanke ging mir in diesem Augenblick durch den Kopf. Das Bestreben zu »schlucken« nahm mehr und mehr ab, und der Druck war kaum zu ertragen, aber allmählich schien der Schmerz weniger zu werden. Ich kam mir vor wie in einem angenehmen Traum, obgleich ich genug Willenskraft hatte, an meine Freunde daheim zu denken und die schottische Landschaft um Aberdeen, die mir als Kind vertraut war und die mir jetzt vor Augen trat. Bevor ich das Bewußtsein verlor, war der Schmerz in der Brust vollständig verschwunden, und ich verspürte wirklich ein angenehmes Gefühl.

Als ich das Bewußtsein wiedererlangte, fand ich mich an der Oberfläche und schaffte es, ungefähr ein dutzendmal tief einzuatmen. Das Land lag ungefähr vierhundert Yards entfernt, und ich bediente mich eines Seidenballens und dann einer langen Planke, um mich dorthin zu retten. Nachdem ich ans Ufer gekrochen war und hinter einem Felsen Schutz gesucht hatte, war wenig Anstrengung vonnöten, um eine reichliche Emesis auszulösen. Nach der ganzen Aufregung verfiel ich in einen gesunden Schlaf, und dieser Schlaf dauerte drei Stunden, wonach mich eine starke Diarrhöe überfiel, offensichtlich verursacht durch das viele Seewasser, das ich geschluckt hatte. Bis zum Morgengrauen waren alle meine Muskeln in einem andauernden Tremor, den ich nicht kontrollieren konnte. (Mehrere Wochen später) schlief ich in einem bequemen Bett, als mich, spätabends, ein Alptraum zu einem heftigen Kampf mit dem Nachttisch verführte, so daß ich schließlich mit einem Kopfsprung aus dem Bett schoß und schmerzhaft auf dem Boden landete.

Lowson vermutet, daß ein Laryngospasmus das Eindringen von Wasser in seine Lungen verhinderte, als er ohnmächtig war. Die Männer der Besatzung der *Andrea Gail* haben entweder einen Laryngospasmus, oder ihre Lungen sind völlig mit Wasser gefüllt. Sie schweben, mit offenen Augen und ohne Bewußtsein, in den wassergefüllten Räumen des Schiffs. Die Dunkelheit ist absolut, und das Boot ist vielleicht schon auf dem Weg zum Grund. Jetzt könnten die Männer nur noch durch eine massive Sauerstoffgabe gerettet werden. Gelitten haben sie höchstens ein oder zwei Minuten. Ihre Körper, die bislang immer drastischere Maßnahmen ergriffen haben, um funktionsfähig zu bleiben, haben endlich angefangen, alles abzuschalten. Wasser in den Lungen schwemmt eine Substanz fort, die Surfactant heißt, eine Substanz, die es den Alveolen ermöglicht, Sauerstoff aus der Luft aufzunehmen. Die Alveolen selbst, traubenförmige Anordnungen von Membranen an der Lungenwand, kollabieren, weil kein Blut mehr durch die Lungenarterie fließen kann. Die Arterie hat sich verengt im Bemühen, Blut in die Bereiche der Lunge zu leiten, in denen sich mehr Sauerstoff befindet. Leider existieren solche Bereiche nicht mehr. Das Herz arbeitet schwer bei dem kritisch niedrigen Sauerstoffspiegel und beginnt, schnell und unregelmäßig zu schlagen – »wie ein Sack voller Würmer« –, wie es ein Arzt einmal ausdrückte. Man nennt das Kammerflimmern. Je unregelmäßiger das Herz schlägt, desto weniger Blut wird transportiert und desto schneller schwächen sich die Lebensfunktionen ab. Kinder – die im Verhältnis stärkere Herzen haben als Erwachsene – können den Herzschlag ohne Luftzufuhr bis zu fünf Minuten aufrechterhalten. Erwachsene sterben früher. Das Herz schlägt immer weniger effektiv, bis es sich, nach einigen Minuten, überhaupt nicht mehr zusammenzieht. Nur das Gehirn lebt noch.

Das Zentralnervensystem weiß nicht, was mit dem Körper geschehen ist; es weiß nur, daß das Gehirn nicht genug Sauerstoff bekommt. Es werden daher immer noch Befehle ausgeschickt – *Atme! Pumpe! Zirkuliere!* –, Befehle, die der Körper nicht mehr befolgen kann. Würde die Person in diesem Augenblick aus dem Kammerflimmern herausgeholt, könnte sie möglicherweise überleben. Nach Durchführung einer Herz-Lungen-Wiederbelebung könnte sie an ein Beatmungsgerät angeschlossen und wieder ins Leben zurückgeholt werden. Doch auch so tut der Körper alles, was er kann, um das Unausweichliche hinauszuschieben.

Wenn das Gesicht mit kaltem Wasser in Berührung kommt, wird ein Impuls ausgelöst, der über den Trigeminus zum Zentralnervensystem geht und die Geschwindigkeit des Stoffwechsels heruntersetzt. Der Puls verlangsamt sich, und das Blut sammelt sich dort, wo es am meisten gebraucht wird, im Herzen und im Kopf. Es ist wie ein zeitweiliger Winterschlaf, der das Verlangen des Körpers nach Sauerstoff drastisch reduziert. Krankenschwestern spritzen Patienten, die einen Anfall von Herzrasen haben, oft Eiswasser ins Gesicht, um die gleiche Reaktion auszulösen.

Der Tauchreflex, wie man ihn auch nennt, wird noch verstärkt durch die allgemeine Wirkung niedriger Temperaturen auf Zellgewebe – sie erhalten es. Alle chemischen Reaktionen und metabolischen Prozesse werden stark verlangsamt, und das Gehirn kann mit weniger als der Hälfte des Sauerstoffs auskommen, den es normalerweise benötigt. Es gibt Fälle, wo Menschen vierzig oder fünfzig Minuten unter dem Eis eines Sees gelegen haben und wiederbelebt werden konnten. Je kälter das Wasser, desto stärker der Tauchreflex, desto langsamer auch der metabolische Prozeß und desto länger die Überlebenszeit. Die Besatzung der *Andrea Gail* findet sich jedoch nicht in besonders kaltem Wasser; es mag ihr Leben um fünf oder zehn Minuten verlängern. Und es ist ohnehin niemand in der Nähe, der in der Lage wäre, sie zu retten. Die elektrische Äktivität im Gehirn nimmt mehr und mehr ab, bis sie, nach fünfzehn oder zwanzig Minuten, völlig erlischt.

Der Körper gleicht einer Besatzung, die immer verzweifeltere Versuche unternimmt, um ihr Schiff zu retten. Schließlich ist die letzte Leitung durch Kurzschluß ausgefallen, das letzte Stückchen vom Deck unter die Oberfläche getaucht. Tyne, Pierre, Sullivan, Moran, Murphy und Shatford sind tot.

Die Welt der Lebenden

Die See harte seinen endlichen Körper am Leben erhalten, aber die Unendlichkeit seiner Seele war untergegangen. Er sah Gottes Fuß auf dem Trittbrett des Webstuhls und kündete davon, und seine Schiffsgenossen nannten ihn verrückt.

HERMAN MELVILLE, Moby Dick, 1851

Fünfzig Meilen südlich der Grand Banks wird Albert Johnston auf der *Mary T.* ein paar Stunden später als die *Andrea Gail* von dem Sturm getroffen, kaum weniger hart. Das erste Anzeichen sind massive atmosphärische Störungen im Sprechfunk, und dann kommt der Wind: dreißig, vierzig, fünfzig Knoten; schließlich fegt er den Windmesser von der Boje Nr.44138. Die Boje befindet sich ungefähr fünfzig Meilen nordwestlich von Johnstons Position und registriert 56 Knoten, bevor die Aufzeichnung abbricht. Die Windgeschwindigkeiten oberhalb der durch die Wellenkämme verursachten Störungen liegen wahrscheinlich noch um die Hälfte darüber. Das Zentrum des Tiefs zieht am späten Abend des 28. Oktober an Johnston vorbei und schwenkt während des nächsten Tages in einem Bogen zur Küste zurück. Das bewahrt Johnston vor den schlimmsten Auswirkungen des Sturms. Seiner Ansicht nach rettet ihm das auch das Leben.

Bis zum Einbruch der Dunkelheit arbeitet sich Johnston gegen Wind und Wellen voran, dreht dann und geht vor den Wind. Er will nicht riskieren, im Dunkeln in eine Riesenwelle hineinzulaufen und seine Fenster zu verlieren. In den frühen Stunden des 29. Oktober reitet er, einem Ausläufer des kalten Labradorstroms folgend, vor dem Wind auf dem Rücken riesiger Seen, und als der Tag anbricht, wendet er erneut und stampft gegen Wind und Wetter nordwärts. Er möchte so viel Seeraum gewinnen, daß er nicht in den Golfstrom gerät, wenn er in der folgenden Nacht wieder auf Südkurs gehen muß. Am zweiten Tag kämpfen sich die Männer an Deck, um die Luken und Ankerzurrings zu kontrollieren. Die Sonne ist herausgekommen, matt reflektiert von dem grünlich schimmernden Ozean, und der Wind heult aus dem Osten heran, bringt die Stagen zum Stöhnen und treibt lange Schaumstreifen durch die Luft. Funkwellen können sich in der gesättigten Luft so schlecht fortpflanzen, daß das Radar nicht mehr arbeitet. Irgendwann taucht plötzlich ein unbekannter japanischer Schwertfischjäger mit eingeschaltetem Suchscheinwerfer aus dem Nichts auf – es ist inzwischen wieder düster geworden – und läuft wenige hundert Yards an der *Mary T.* vorbei. Bei den steileren Seen steigt der Bug nicht rechtzeitig hoch und pflügt geradewegs durch die Wasserwand. Nur das Ruderhaus ist noch zu sehen, doch dann taucht, langsam, unaufhaltsam, der Bug wieder auf. Die beiden Schiffe passieren sich ohne ein Wort oder ein Zeichen; unfähig, miteinander zu kommunizieren, unfähig, einander zu helfen; für sich allein verfolgt jedes seinen Kurs durch die Hölle.

Außer dieser einen Expedition an Deck, um Luken und Anker zu kontrollieren, bleiben die Männer in ihren Kojen, und nur Johnston steht eisern am Ruder, ringt mit dem Steuerrad und schreibt gelegentlich ein paar schnelle Notizen in das Logbuch. Seine Eintragungen sind knappe und schnörkellose Beschreibungen des Chaos da draußen. *»NO-Winde, 80–100 Kn, als wir die westliche Seite des Auges passieren«*, schreibt er am 29. Oktober. *»Seen 20–30 Fuß. Gefährlicher Sturm zieht mit 15 Kn nach Osten, wird nach SW abgelenkt und vereinigt sich mit Grace.«* Johnston ist einer der meteorologisch interessiertesten Kapitäne aller Schwertfischfänger, und er hat den Hurrikan Grace, der unaufhaltsam die Küste hinauf nach Norden wandert, keinen Moment aus dem Gedächtnis verloren. Um acht Uhr morgens am 29. Oktober stößt Grace, wie vorausgesagt, mit der Kaltfront zusammen und wird von ihr wieder auf See hinausgeschleudert. Der Hurrikan bewegt sich äußerst schnell und kommt einher mit 80-Knoten-Winden und Seen von 30 Fuß. Er ist jetzt ein Mitspieler; ein wichtiges – wenn auch schwächer werdendes – Element in der atmosphärischen Maschinerie, die sich südlich von Sable Island aufbaut. Grace überquert an jenem Nachmittag den 40. Breitengrad und trifft am 29. Oktober um 20 Uhr auf den Sable-Island-Sturm.

Die Wirkung tritt unverzüglich ein. Tropische Luft ist eine Art meteorologischer Beschleuniger, der einem anderen Sturmsystem Feuer unter dem Frack machen kann, und innerhalb weniger Stunden nach seinem Zusammentreffen mit Grace bildet das Druckgefälle um den Sturm herum das Äquivalent einer Klippe. Auf Wetterkarten wird der Druck genauso dargestellt wie Bodenerhebungen auf einer topographischen Karte; für beide Fälle gilt, daß die Veränderungen um so stärker sind, je enger die Linien beieinander liegen. Wetterkarten der Grand Banks für die ersten Stunden des 30. Oktober zeigen, wie sich die Isobaren-Linien wie eine schwarze Masse an der Nordseite des Sturms zusammenballen. Von einem Sturm mit dicht beieinanderliegenden Isobaren-Linien sagt man, er habe ein steiles spezifisches Druckgefälle, und der Wind fegt mit besonderer Heftigkeit gewissermaßen den Berg hinunter. Im Falle des Sturms vor Sable Island rast der Wind mit Geschwindigkeiten von bis zu hundert Meilen pro Stunde in das Tief hinein. Wie ein Katastrophenbericht der NOAA ein Jahr später nüchtern vermeldete: »Der vorausgesagte gefährliche Sturm war jetzt Wirklichkeit geworden.«

Was die Küstenbewohner betrifft, ist das einzig Gute bei solchen Winterstürmen, daß sie für gewöhnlich in östlicher Richtung nach See abziehen. Das bedeutet, daß ihre Vorwärtsbewegung von der Windgeschwindigkeit abzuziehen ist: Ein 70-Knoten-Wind, der mit zwanzig Knoten davonzieht, wird so effektiv zu einem 50-Knoten-Wind. Das Gegenteil ist auch wahr – die Vorwärtsbewegung eines heranziehenden Sturms wird zur Windgeschwindigkeit addiert –, aber dieser Fall tritt an der Ostküste fast nie ein. Die atmosphärische Bewegung in den mittleren Breiten geht von West nach Ost, und es ist für ein Wettersystem nahezu unmöglich, diese Tendenz zu überwinden. Stürme können wohl zeitweilig nach Nordost oder Südost ausscheren, aber sie gehen eigentlich nie gegen den Jetstream. Es bedarf einer ungewöhnlichen Konstellation von Variablen, damit so etwas geschehen kann, sozusagen eines dritten Zahnrads in der riesigen Maschinerie des Himmels.

Allgemein gesprochen, dazu bedarf es eines Hurrikans.

Am 30. Oktober ist der Sable-Island-Sturm fest zwischen den Resten des Hurrikans Grace und dem kanadischen Hoch eingebettet. Wie alle großen, in Bewegung befindlichen Gebilde kommen Hurrikans nur langsam zur Ruhe, und ihre Linksdrehung setzt sich fort, noch lange nachdem ihre inneren Strukturen zerfallen sind. Währenddessen dreht sich das kanadische Hoch weiterhin im Uhrzeigersinn, in einem Wirbel dichter, kalter Luft. Diese beiden Systeme funktionieren wie riesige Getrieberäder, die den Sturm zwischen ihre Zähne nehmen und ihn nach Westen hinauspressen. Das wird als rückläufige Bewegung bezeichnet; es ist eine Art meteorologischer Trotzgeste, die sich bei einem größeren Sturm vielleicht nur einmal in hundert Jahren ereignet. Schon am 27. Oktober sagten die Cray-Computer der NOAA in Mareland voraus, daß der Sturm zur Küste zurückkehren würde; zwei Tage später beobachtete Bob Case auf den GOES-Satelliten-Bildschirmen, wie genau das passierte. Meteorologen sehen Perfektion in seltsamen Dingen, und das Ineinandergreifen dreier voneinander völlig unabhängiger Wettersysteme, die durch ihre Vereinigung ein Jahrhundertereignis schaffen, ist eins davon. Mein Gott, dachte Case, das ist der perfekte Sturm.

Diese schreckliche Konstellation hatte zur Folge, daß der Großteil der Schwertfischfängerflotte – weit draußen auf dem Flemish Cap – von der vollen Wucht des Sturms verschont blieb, während alle näher unter der Küste stehenden Boote seine ganze Kraft zu spüren bekommen. Der 105 Fuß langen *Mr. Simon,* die sich hundert Meilen westlich von Albert Johnston befindet, wird die achtere Tür eingedrückt, das Ruderhaus läuft voll Wasser, und die Ankerzurrings werden weggerissen. Der Anker beginnt mit lautem Getöse an Deck umherzufahren, und ein Mitglied der Besatzung muß raus an Deck und die Kette kappen. Die *Laurie Dawn 8* verliert ihre Antennen und bekommt dann eine Welle in ihre Entlüfterstutzen, so daß eine ihrer Maschinen ausfällt. Weiter unten im Süden der Küste ist die Situation noch schlimmer. Ein Massengutfrachter namens *Eagle* findet sich, zusammen mit dem Frachter *Star Baltic,* vor der Küste Carolinas in ernsthaften Schwierigkeiten, und beiden gelingt es nur mit Mühe und schwer beschädigt, den Hafen zu erreichen. Der 90-Fuß-Schoner *Anne Khristine,* ein Veteran von 123 Jahren, sinkt vor der Küste von Delaware; glücklicherweise kann die Besatzung von Hubschraubern der Küstenwache gerettet werden. Der Stückgutfrachter *Zarah,* der sich nur fünfzig Meilen südlich von der *Andrea Gail* befindet, nimmt 90-Fuß-Seen über, die die Stahlbolzen der Bullaugen abscheren. Dreißig Tonnen Wasser ergießen sich in die Mannschaftsmesse, fließen weiter in die Offiziersmesse, zerschlagen ein Stahlschott und zwei weitere Wände, überfluten die Mannschaftsquartiere, stürzen dann einen Niedergang hinunter und setzen die Maschine außer Gefecht. Die *Zarah* ist 550 Fuß lang.

Und die Slup *Satori,* allein vor der Mündung des Greath South Channel, beginnt ihren Kampf gegen den Sturm zu verlieren. Karen Stimson hockt niedergeschlagen am Navigationstisch und lauscht der NOAA-Wettervorhersage für Dienstag morgen: EINER DER SCHLIMMSTEN STÜRME SEIT DEM BLIZZARD VON 78. BEREITS DREI DUTZEND BOOTE VOR NAUSET BEACH GESTRANDET ODER UNTERGEGANGEN. SCHIFFE MELDEN WELLENHÖHEN VON 63 FUSS, WAS WAHRSCHEINLICH HOCHGEGRIFFEN IST, ABER KENNZEICHNEND FÜR KOMMENDE PROBLEME. HOHE BRAN-

DUNGSWELLEN, TROTZ ZEITWEILIGEM ABFLAUEN DES WINDS.

Anstatt abzuflauen, wie Leonard weiter erklärt, wird der Sturm immer schlimmer; die Seen sind dreißig Fuß hoch, und die Winde erreichen Hurrikanstärke. Das Boot rollt hilflos von einer Seite auf die andere, jedesmal wenn sie eine Welle breitseits nehmen müssen. »Wir mußten so viel einstecken – ein Wunder, daß wir uns dabei nicht das Genick gebrochen haben«, sagt Stimson. »Unter Deck flogen alle möglichen Dinge durch die Luft, und jede Welle ließ uns durch die Kajüte taumeln. Es war nur noch eine Frage der Zeit, bis das Boot auseinanderbrechen mußte.« Bylander weigert sich, an Deck zu gehen, und Leonard liegt zusammengekauert in seiner Koje, mürrisch und ohne ein Wort von sich zu geben, und trinkt immer wieder einen Schluck aus der Whiskyflasche. Stimson zieht fast alles an, was sie an Kleidung dabeihat, klettert den engen Niedergang hoch und hakt die Sicherheitsleine ein.

Was sie auch immer versucht – das Ruder festzulaschen, vor den Wind zu gehen, die Vorsegelfläche zu verkleinern –, sie bekommt das Boot nicht unter Kontrolle. Mehrere Male wird sie von einer einsteigenden Welle mitgerissen und nur noch von der Sicherheitsleine gehalten. Stimson weiß, daß sie Gefahr laufen durchzukentern, wenn sie nicht mit dem Bug im Wind bleiben, und kommt deshalb zur Überzeugung, daß sie keine andere Wahl haben, als den Motor anzuwerfen. Sie geht unter Deck, um Leonard zu fragen, wieviel Kraftstoff sie noch haben, bekommt von ihm aber nur unklare Auskünfte. Das ist ein schlechtes Zeichen, sowohl was die Kraftstoffsituation als auch Leonards

Gemütszustand angeht. Aber der Kraftstoff sei nicht ihr einziges Problem, sagt Leonard, es ginge auch um den Propeller. Bei einem solch chaotischen Seegang käme der Propeller immer wieder aus dem Wasser und würde dann mit viel zu hoher Drehzahl laufen; das würden die Lager auf Dauer nicht mitmachen.

Während Leonard sich über die Feinheiten der Propellerkavitation verbreitet, kommt es zur ersten Beinahe-Kenterung. Eine Welle erwischt die *Satori* breitseits und legt sie auf die Seite, so daß ihr Mast ins Wasser klatscht; die ganze Mannschaft wird gegen die gegenüberliegende Bordwand geschleudert. Konservendosen rasseln durch die Pantry, und die Kajüte füllt sich mit Wasser. Zuerst glaubt Stimson, daß die Außenhaut ein Leck gesprungen hat – was einem Todesurteil gleichkäme –, aber das Wasser ist nur durch den Kajütdeckel eingedrungen. Die Kajüte ist voll von zerbrochenen Einrichtungsgegenständen und Glasstücken, und der Naviganonstisch ist überschwemmt. Der Einseitenbandsender hat den Geist aufgegeben, und das Ukw-Gerät sieht auch nicht mehr sehr verläßlich aus.

Stimson hat ihre Erfahrungen hauptsächlich in Holzbooten gesammelt; in schwerem Wetter können die Nähte der Außenhaut aufspringen, und die Boote sinken. Fiberglas ist zwar wesentlich stärker, aber auch seine Widerstandskraft hat Grenzen. Stimson weiß nur nicht, wo diese Grenzen liegen. Sie sieht keine Möglichkeit, den Bug im Wind zu halten, keine Möglichkeit, die Schläge, die ihnen die See versetzt, auf ein Minimum herabzusetzen. Selbst wenn es ihnen gelingt, einen Mayday-Ruf abzusetzen – und es ist unmöglich zu sagen, ob das Ukw-Gerät noch funktioniert –, so wird man sie doch nur im Umkreis von einigen Meilen hören können. Sie sind jedoch rund fünfzig Meilen von der Küste entfernt. Zwischen zwei Wellen, vor dem nächsten harten Aufschlagen des Vorschiffs auf die See, ruft Stimson den anderen zu: Ich denke, wir sollten einen Seenotsack packen! Falls wir das Schiff verlassen müssen!

Sue Bylander, dankbar, irgend etwas tun zu können, stöbert in den auf dem Kajütboden verstreuten Sachen herum und verstaut Konserven, Wasserflaschen, Kleidungsstücke und schließlich auch einen Käsehobel in dem Seesack. Sue, wir brauchen keinen Käsehobel, wir können vom Käse abbeißen, sagt Stimson, aber Bylander schüttelt nur den Kopf. Ich habe hierüber einiges gelesen, gerade die kleinen Dinge machen viel aus! Ray, wo sind die Sitzkissen? Während sie noch den Notsack füllen, werden sie ein zweites Mal auf die Seite geworfen. Dieses Mal ist es noch schlimmer als vorher, und das Boot braucht eine lange Zeit, um sich wieder aufzurichten. Stimson und Leonard erheben sich, benommen und voller blauer Flecke, vom Kajütboden, und Sue Bylander steckt den Kopf aus der Luke, um zu sehen, wie es an Deck aussieht. Mein Gott, Karen! schreit sie. Das Rettungsfloß ist weg!

»Ich hockte in einer Ecke und bedeckte mich mit weichen Sachen«, erzählt Stimson, »und im Licht einer Taschenlampe brauchte ich ungefähr zehn Minuten, um einige kurze Abschiedsbriefe zu schreiben, sie in eine Reißverschlußtasche zu stecken und die dann unter meiner Kleidung zu verbergen. Das war der Tiefpunkt. Wir hatten mit niemandem Kontakt, es war mitten in der Nacht – was seinen eigenen Schrecken mit sich bringt –, und ich hatte das Gefühl, daß alles noch schlimmer werden würde. Aber es ist seltsam. Ich verspürte keine Gefühlsregung, keine Zeit für Angst. Furcht ist für mich, um zwei Uhr morgens durch eine leere Straße zu gehen und plötzlich Schritte hinter mir zu hören – das ist für mich ein Schrecken, der sich nicht mit Worten ausdrücken läßt. Was hier passierte, war kein Schrecken, für den es keine Worte gibt. Dies war grausame Realität, gehetztes Überlegen, was als nächstes getan werden sollte, Entschlossenheit, zu überleben und den anderen zu helfen, am Leben zu bleiben – und über allem das harte Aufschlagen des von Wind und Wellen gebeutelten Bootes in der Finsternis. Aber es war kein Schrecken, für den es keine Worte gibt. Ich hatte nur das überwältigende Gefühl, daß wir nicht davonkommen würden.«

Was Stimson nicht weiß, ist, daß Sue Bylander sich ihren Paß mit Klebeband am Körper befestigt, damit man sie später identifizieren kann. Beide Frauen sind zu diesem Zeitpunkt bereit, zu sterben. Als Stimson ihre Abschiedsbriefe geschrieben hat, sagt sie zu Leonard, daß es Zeit für ein Mayday sei. Das Wort Mayday kommt von dem französischen »venez m'aidez« – kommen Sie mir zu Hilfe! – und bedeutet im wesentlichen, daß die Leute an Bord alle Hoffnung aufgegeben haben. Jemand anders muß jetzt versuchen, sie zu retten. Leonard liegt bewegungslos in seiner Koje. Okay, sagt er. Stimson arbeitet sich mühsam ins Cockpit hinauf, und Bylander setzt sich an den Navigationstisch und versucht, ob sie das Sprechfunkgerät wieder zum Leben erwecken kann.

Um 23.15 Uhr des 29. Oktober hört ein Frachter vor Long Island die angsterfüllte Stimme einer Frau über Ukw: *Hier ist die Satori, die Satori, 39° 49′ Nord und 69° 52′ W, wir sind zu dritt, dies ist ein MAYDAY. Wenn je-*

mand uns hört, bitte gebt unsere Position an die Küstenwache weiter. Ich wiederhole, dies ist ein Mayday, wenn jemand uns hört, bitte gebt unsere Position an die Küstenwache weiter …

Der Frachter, die *Gold Bond Conveyor,* übermittelt den Spruch an die Leitstelle der Küstenwache in Boston, die ihrerseits den Coast-Guard-Kutter *Tamaroa* in Provincetown Harbor benachrichtigt. Die *Tamaroa* ist gerade von der Georges Bank zurückgekommen, wo sie Stichproben bei der Fangflotte vorgenommen hat, und jetzt wartet sie auf das Ende des Sturms innerhalb der riesigen schützenden Armbeuge von Cape Cod. Ein kleiner Falcon-Jet startet vom Luftstützpunkt auf Cape Cod, und die *Tamaroa,* 1600 Tonnen und 205 Fuß, geht um Mitternacht Anker auf und läuft in den Rachen des Sturms hinein.

Die Besatzung der *Satori* hat keine Möglichkeit festzustellen, ob ihr Funk noch funktioniert, sie können nur ihr Mayday ein ums andere Mal wiederholen und auf das Beste hoffen. Und selbst wenn der Ukw-Sender noch funktioniert, dürften sie nicht weiter als zwei bis drei Meilen von einem anderen Schiff entfernt sein, um noch gehört zu werden. Für eine Nacht wie diese ist das reichlich viel verlangt. Bylander, festgeklemmt hinter dem Navigationstisch, gibt eine halbe Stunde lang immer wieder ihren Namen und ihre Position durch, ohne auch nur eine einzige Antwort zu erhalten. Anscheinend sind sie hier draußen ganz allein. Sie versucht es jedoch immer wieder – was könnte sie denn sonst auch tun? –, und Stimson geht wieder an Deck und versucht, gegen Wind und Wetter anzulaufen. Sie ist noch nicht lange da draußen, als sie durch den Sturm das an- und abschwellende Turbinengeräusch

Um seine anfänglich magere Fangquote zu erhöhen,
nimmt Billy trotz Sturmwarnung
Kurs auf *Flemish Cap* weiter im Osten.

Neben den Schwertfischen verirrt sich auch schon mal
ein ausgewachsener Hai an Deck.

Oben: Linda Greenlaw (Mary Elizabeth Mastrantonio), die Kapitänin der *Hannah Boden*, sieht das Unheil kommen. Unten: Die Segeljacht *Satori* befindet sich bereits in höchster Seenot.

Oben: Billy und Bobby im Angesicht des Sturms.
Unten: Die Katastrophe nimmt ihren Lauf. Über 30 Meter hohe Wellen stürzen auf den Fischkutter ein.

Kapitän Pyne bei einem waghalsigen
Rettungsmanöver.

Die *Andrea Gail* bei den Dreharbeiten
in den Warner-Bros.-Studios.

eines Flugzeugs hört. Sie starrt wie elektrisiert in die Dunkelheit, und einen Augenblick später heult ein Falcon-Jet unterhalb der Wolkendecke heran und stellt mit Sue Bylander Funkkontakt her. »Sue war so aufgeregt, daß ihr fast schwindelig wurde«, sagt Stimson, »aber ich war es nicht. Ich erinnere mich genau, daß mich nicht so sehr freudige Erregung oder Erleichterung überkam, sondern eher das Gefühl, daß ich jetzt wieder zur Welt der Lebenden gehörte.«

Der Pilot der Falcon kreist mit seiner Maschine unterhalb der Wolkendecke und bespricht mit Sue Bylander über Ukw, was als nächstes zu tun ist. Die *Tamaroa* wird erst in zwölf Stunden da sein können, und sie müssen dafür sorgen, daß das Boot bis dahin schwimmfähig bleibt, selbst wenn die Maschine dabei zum Teufel geht. Sie können es sich nicht leisten, noch einmal fast zu kentern. Gegen den Wunsch Leonards betätigt Sue Bylander schließlich den Anlasser, und zu ihrer Verblüffung springt der Motor sofort an. Mit Hilfe der Sturmfock und des arbeitenden Propellers gelingt es ihnen jetzt, etwas mehr an den Wind zu gehen. Viel ist es nicht, aber es genügt, um ein Querschlagen zu verhindern.

Die ganze Nacht kreist die Falcon über ihnen, und der Pilot versichert Sue Bylander immer wieder, daß sie lebend aus dieser Sache herauskommen werden. Stimson bleibt am Ruder, und Leonard liegt in der Koje und denkt über den absehbaren Verlust seines Boots nach. Wenn die *Timaroa* da ist, wird er es aufgeben müssen, und das ist für einen Skipper eine fast undenkbare Vorstellung. Die *Satori* ist sein Heim, sein Leben, und wenn er sich von der Küstenwache abbergen läßt, wird er sie wahrscheinlich nie wiedersehen.

Jedenfalls nicht unbeschädigt. Irgendwann in dieser Nacht, während er in seiner Koje liegt und auf den Morgen wartet, beschließt Leonard, sein Boot nicht zu verlassen. Die Frauen können von Bord gehen, wenn sie wollen, aber er wird das Boot in den Hafen bringen.

Die ganze Nacht hindurch kämpft sich die *Tamaroa* durch den Sturm. Sie ist eine Bulldogge von einem Schiff, ursprünglich gebaut, um im Zweiten Weltkrieg kampfunfähige Schlachtschiffe zu bergen, und sie kann »alles abschleppen, was schwimmt«, wie es in der Schiffsbeschreibung heißt. Der Seegang ist jedoch so stark, daß sie nur mit drei bis vier Knoten voran kommt – das ist ungefähr Schrittempo. Bei größeren Wellen stößt sie in den Kamm hinein, verliert alle Fahrt, und kommt auf der anderen Seite wieder hervor, die Brücke in Gischt gehüllt und Bäche von grünem Wasser aus den Speigatten strömend. Sie kreuzt die Cape-Cod-Bucht, sucht sich den Weg durch den Kanal, läßt die Elizabeth-Inseln an Steuerbord und umrundet schließlich die Landspitze bei Martha's Vineyard. Commander Lawrence Brudnicki, der das Kommando an Bord hat, schätzt, daß sie am nächsten Tag spät am Nachmittag an Ort und Stelle sein werden; bis dahin muß die Besatzung die *Satori* über Wasser halten. Sie haben keine Rettungsinsel oder Überlebensanzüge an Bord, und die nächste Hubschrauberbasis liegt eine Stunde entfernt. Wenn die *Satori* sinkt, ist die Besatzung verloren.

Brudnicki kann nicht direkt mit der *Satori* sprechen, aber er kann durch die über ihr kreisende Falcon Botschaften übermitteln. Sowohl die *Tamaroa* als auch das Flugzeug stehen in Verbindung mit der Befehlszentrale des ersten Distrikts – der D1 Comcen, wie sie in

Meldungen der Küstenwache genannt wird. Die D1 Comcen ist verantwortlich für die Koordinierung aller Schiffe und Flugzeuge der Küstenwache, die an der Rettungsaktion beteiligt sind, sowie für die Entwicklung der sichersten Strategie zum Abbergen der Besatzung. Jede Entscheidung muß von der Zentrale genehmigt werden. Da die *Satori* noch schwimmfähig ist, beschließen sie, daß die Falcon weiterhin Begleitschutz fliegen soll, bis die *Tamaroa* zur Stelle ist, um dann die Besatzung mit Hilfe eines Rettungsfloßes von Bord zu holen. Eine Bergung aus der Luft kann unter den gegenwärtigen Bedingungen riskanter sein, als auf dem Boot zu bleiben, und wird daher nur als letzter Ausweg angesehen. Sobald der Tag anbricht, soll der Begleitschutz von H-3-Rettungshubschraubern übernommen werden, die sich bis zur Ankunft der *Tamaroa* regelmäßig ablösen müssen. Hubschrauber können nur eine relativ kurze Zeit in der Luft bleiben – im allgemeinen etwa vier Stunden –, aber sie können notfalls Menschen aus dem Wasser bergen. Falcon-Jets können für Leute im Wasser wenig tun, außer über ihren Köpfen zu kreisen und ihnen beim Ertrinken zuzusehen.

Aus dem Tagebuch der D1 Comcen:

2.30 Uhr s/y (Segelyacht) hat nahezu allen Treibstoff verbraucht, empfehlen Versuch, Falcon in der Nähe der s/y zu halten, bis Tamaroa dort ist.

5.29 Uhr Falcon hat keine Funkverbindung mehr mit s/y, deren Batterie schwach ist. S/y macht Wasser; Pumpen arbeiten noch, sind aber elektrisch betrieben.

7.07 Uhr Falcon im Suchgebiet, s/y lokalisiert. Nur noch Treibstoff für sechs Stunden. Besatzung verängstigt.

Gegen 6.30 Uhr erreicht der H-3-Rettungshubschrauber das Suchgebiet, und er braucht eine halbe Stunde, um die *Satori* zu finden. Die Wetterbedingungen sind so schlecht, daß sie vom Radarschirm der Falcon verschwunden ist, und der Pilot der H-3 befindet sich schon fast über ihr, als er sie erst in der schaumbedeckten See ausmachen kann. Die Falcon dreht nach Südwest ab, um den Abwurf einer Rettungsinsel vorzubereiten, während die H-3 im Schwebeflug direkt über der Slup stehenbleibt. Unter diesen Bedingungen könnte der Pilot der Falcon niemals ein so kleines Ziel wie eine Segelyacht ansteuern, und die H-3 fungiert daher als Ersatzziel. Die Falcon kommt mit einer Geschwindigkeit von 140 Knoten zurück, das Radar auf den Hubschrauber aufgeschaltet; der Hubschrauber dreht im letzten Moment ab und die Falcon macht ihren Abwurf. Die Maschine fliegt heulend über den Mast der *Satori,* und der Kopilot stößt durch eine Bodenluke zwei Rettungsfloßbehälter ins Freie. Die beiden Behälter sind durch eine lange Nylonleine verbunden; im Fallen entfernen sie sich voneinander und schlagen zu beiden Seiten der *Satori* aufs Wasser. Die Verbindungsleine, aus einer Höhe von zweihundert Fuß in einen Wind von Hurrikanstärke hinabgeworfen, fällt genau in Sue Bylanders Hand. Die H-3 schwebt über ihnen, während die Besatzung der *Satori* die Behälter einholt, aber beide Rettungsflöße sind beim Aufprall explodiert. An beiden Enden der Leine hängt – nichts. Die *Tamaroa* ist immer noch fünf Stunden entfernt, und der zurückkehrende Sturm steht bereits zweihundert Meilen vor der Küste. Während der nächsten vierundzwanzig Stunden wird er direkt über die *Satori* hinwegziehen. Unter solchen Bedingungen ist eine Rettung schon bei Tageslicht schwierig, bei Nacht ist sie ein Ding der Unmöglichkeit. Wenn die Besatzung der *Satori* nicht innerhalb der nächsten Stunden abgeborgen werden kann, dann spricht alles dafür, daß man sie überhaupt nicht mehr rechtzeitig von Bord bekommt. Später am Morgen erscheint eine zweite H-3, und der Pilot, Kapitänleutnant Klosson, gibt Ray Leonard einen Lagebericht. Leonard funkt zurück, daß er das Boot nicht verlassen will.

Es ist unklar, ob Leonard diese Aussage ernst meint oder ob er nur sein Gesicht wahren möchte. Wie auch immer, die Küstenwache will davon nichts wissen. Zwei Hubschrauber, zwei Falcon-Düsenflugzeuge, ein Kutter mittlerer Reichweite und etwa hundert Mann seemännisches und fliegendes Personal sind bereits an der Rettung beteiligt; die Besatzung der *Satori* muß jetzt von Bord. *»Eigner weigert sich, von Bord zu gehen und sagt, er habe schon Hurrikans abgewettert«*, lautet die Eintragung um 12.24 Uhr im Comcen-Tagebuch. *»Tamaroa verlangt Notfall – manifestly unsafe voyage – festzustellen, damit Eigner/Skipper mit Gewalt von Bord geholt werden kann.«*

Der Begriff *manifestly unsafe voyage* bedeutet, daß das betreffende Schiff ein unannehmbares Risiko für seine eigene Besatzung oder auch für andere darstellt und daß die Küstenwache das Recht hat, jedem Mitglied der Besatzung zu befehlen, von Bord zu gehen. Commander Brudnicki setzt sich über Funk mit der Zentrale in Verbindung und erbittet diese Einstufung für die *Satori,* die ihm auch um 12.45 Uhr gegeben wird. Die *Tamaroa* ist jetzt nur noch einige Meilen entfernt, innerhalb Ukw-Reichweite der *Satori,* und Brudnicki setzt sich mit Leonard in Verbindung und teilt ihm mit, daß er in dieser Angelegenheit keine Wahl mehr habe. Jeder müsse das Boot verlassen. Um 12.57 Uhr, dreizehn Stunden nachdem sie den Anker gelichtet hat, kommt die *Tamaroa* in Sicht.

Eine Menge »Rettungsgerät« ist um die *Satori* versammelt. Da sind die Falcon, die H-3, die *Tamaroa* und der Frachter *Gold Bond Conveyor,* der seit dem ersten Mayday-Ruf seine Kreise um die *Satori* gezogen hat. Das »Gerät« ist also nicht das Problem; das Problem ist die Zeit. Bis zur Dunkelheit sind es nur noch drei Stunden, und der Pilot der abdrehenden H-3 glaubt nicht, daß die *Satori* noch eine weitere Nacht überleben wird. Sie wird in Kürze ihren Kraftstoff verbraucht haben, immer öfter auf die Seite geworfen werden und schließlich auseinanderbrechen. Die Besatzung wird sich im Wasser wiederfinden, und der Pilot des anderen Hubschraubers wird seinen Rettungsschwimmer nicht hinunterlassen wollen, weil er nicht sicher sein kann, daß er ihn wieder an Bord bekommt. Es wäre Sache der *Tamaroa,* sich an die im Wasser Schwimmenden heranzumanövrieren und sie an Bord zu holen, aber in dieser See war das nahezu unmöglich. Es muß jetzt geschehen oder nie.

Die einzige Möglichkeit, sie zu retten, sagt sich Brudnicki, ist, sie in einem der kleinen Avon-Schlauchboote zur *Tamaroa* herüberzuholen. Die Avons sind aufblasbare Flöße von 21 Fuß Länge mit starrem Rumpf und Außenbordmotor; eins von ihnen könnte zur *Satori* hinüberlaufen, Überlebensanzüge an Bord geben und nach einiger Zeit zurückkommen, um die Besatzung zu übernehmen. Falls jemand ins Wasser fiele, wäre er zumindest gut isoliert und könnte nicht untergehen. Es ist kein besonders kompliziertes Manöver, aber noch nie zuvor ist es unter Bedingungen wie diesen durchgeführt worden. Bedingungen wie diese hier hat vorher niemand auch nur von fern gesehen. Um 13.23 Uhr steht die Besatzung der *Tamaroa* an den Backbord-Davits, drei Mann klettern an Bord des Avon, und das Boot wird weggefiert.

Schon von Anfang an geht alles schief. Was als eine zeitweilige Beruhigung der See zwischen den Wellen angesehen wird, ist in Wirklichkeit eine Bewegung des Wasserspiegels um dreißig bis vierzig Fuß zwischen Wellenberg und Wellental. Hauptbootsmann Thomas Amidon fiert das Boot halb weg, wird von der nächsten Welle in die Höhe gehoben, kann nicht schnell genug kontrolliert weiterfieren, als das Wellental kommt, und fällt frei hinunter, bis der Fall von der Talje aufgefangen wird Das Heißauge wird aus seiner Halterung gerissen, und Amidon geht beinahe über Bord. Er kriecht mühsam auf seinen Platz zurück, bringt das Boot zu Wasser und nimmt Kurs auf den Havaristen.

Die Seen sind doppelt so hoch, wie die Avon lang ist. Mit qualvoller Langsamkeit kämpft sie sich zur *Satori* hinüber, geht mit dem Bug so nahe wie möglich an ihr Heck heran, und ein Crewmitglied wirft die drei Überlebensanzüge an Deck. Stimson bekommt sie zu fassen und verteilt sie an die anderen, aber Amidon geht nicht rechtzeitig wieder achteraus. Die Segelyacht steigt eine Welle hoch, fällt dann auf die Avon herunter und schlägt dabei eine ihrer Luftkammern auf. Jetzt geht alles ganz schnell: Der Bug der Avon fällt in sich zusammen, eine Welle steigt ein und füllt das Boot bis zum Rand, der Motor fällt aus, und sie sackt achteraus. Amidon versucht verzweifelt, den Motor wieder in Gang zu setzen, und es gelingt ihm schließlich auch, aber die Männer stehen jetzt bis zur Taille im Wasser, und das Floß ist nicht mehr einsatzfähig. Sie haben keine Chance, selbst wieder an Bord der *Tamaroa* zu gelangen, geschweige denn, die Besatzung der *Satori* zu retten. Jetzt müssen also sechs Leute, nicht nur drei, geborgen werden.

Ungläubig verfolgt die Besatzung der H-3 diese Entwicklung. Sie sind in stationärem Schwebeflug in 2-Uhr-Position, mit geöffneter Sprungtür, dicht über den Wellenbergen. Sie sehen, wie das Rettungsfloß schwerfällig durch die Wellen treibt und die *Tamaroa* von einer Seite auf die andere rollt. Der Pilot, Claude Hessel, setzt sich schließlich mit Brudnicki und Amidon in Verbindung und sagt ihnen, daß es vielleicht noch eine andere Möglichkeit gibt. Er kann die Besatzung der *Satori* nicht direkt mit Hilfe des Heißgeschirrs abbergen, weil der Mast zu sehr hin und her schwankt und sich im Gurtzeug verfangen könnte. Dann bestünde die Gefahr, daß die H-3 selbst auf das Boot herabgezogen würde. Aber er könnte statt dessen seinen Rettungsschwimmer absetzen, der einen Schiffbrüchigen nach dem anderen vom Boot holen und sie mit Hilfe der Bergungswinde an Bord der H-3 bringen könnte. Das ist die beste Chance, die sie haben, und das weiß auch Brudnicki. Er berät sich mit der Zentrale und gibt dann seine Zustimmung.

Der Rettungsschwimmer in Hessels Hubschrauber ist Dave Moore, ein Mann, der schon drei Jahre dabei ist, aber noch nie an einer größeren Rettungsaktion beteiligt war. (»Gute Einsätze gibt es nicht allzu häufig – gewöhnlich ist schon jemand vor dir da«, sagt er. »Wenn ein Segelboot weit draußen vor der Küste in Schwierigkeiten gerät, fliegen wir einen Rettungseinsatz, ansonsten gibt es nur eine Menge Kleinkram.«) Moore ist ein gutaussehender Bursche mit einem eckigen Kinn, blauen Augen und einem breiten, offenen Lächeln. Er hat einen festen, untersetzten Körper, der eher an einen Seehund als an einen Athleten erinnert. Rettungsschwimmer gibt es an Bord der Hubschrauber, seit Mitte der achtziger Jahre ein Tanker vor New York unterging. Ein Hubschrauber der Küstenwache kreiste über der Unglücksstelle, aber es war Winter und die Besatzung des Tankers zu unterkühlt, um in den Heißkorb klettern zu können. Sie ertranken alle. Der Kongreß beschloß, daß etwas geschehen müsse, und die Küstenwache übernahm das Rettungsprogramm der US-Marine. Moore ist 25 Jahre alt; er wurde in dem Jahr geboren, in dem Karen Stimson ihr Abschlußexamen an der High-School machte.

Moore hat bereits seinen Neopren-Anzug angelegt. Er zieht auch Neopren-Socken an, setzt die enganliegende Kapuze auf, schnallt die Schwimmflossen an, zieht Maske und Schnorchel über den Kopf und schlüpft dann in die Neopren-Handschuhe. Schließlich legt er noch eine Rettungsweste an und signalisiert dem Flugingenieur Vriesman, daß er bereit ist. Vriesman, der einen Arm wie eine Barriere vor der Türöffnung ausgestreckt hält, tritt zur Seite so daß Moore sich an der Kante hinhocken kann. Das heißt, daß sie jetzt auf »zehn und zehn« sind – ein Schwebeflug in zehn Fuß Höhe mit einer Geschwindigkeit von zehn

Knoten. Moore, der nicht mehr an die Bordsprechanlage angeschlossen ist, übermittelt Vriesman durch Handzeichen noch ein paar letzte Positionskorrekturen, die dieser an den Piloten weitergibt. Jetzt ist der Moment gekommen, für den Moore drei Jahre lang trainiert hat. Noch vor einer Stunde stand er in der Schlange, um sein Mittagessen entgegenzunehmen. Jetzt steht er im Begriff, in einen Mahlstrom hinunterzuspringen.

Hessel hält den Hubschrauber in einem niedrigen Schwebeflug, so daß sich das Boot in der 2-Uhr-Stellung befindet. Moore sieht die Besatzung an Deck beisammenstehen und die *Satori* langsam und stampfend gegen die See angehen. Vriesman sitzt neben Moore am Steuergerät der Bergungswinde und Ayres mit dem Funk- und Suchgerät hinter dem Kopiloten. Beide tragen Fliegerkombination und Helm und sind mit der Bordsprechanlage verbunden. Es ist 14.07 Uhr. Moore sucht sich eine Stelle zwischen den Wellen, holt noch einmal tief Luft und springt.

Es ist ein Sprung aus zehn Fuß Höhe, und er taucht mit den Füßen voran und angelegten Armen ins Wasser ein. Er kommt wieder hoch, bläst den Schnorchel aus, rückt die Maske zurecht und schwimmt dann auf die *Satori* zu. Das Wasser ist lauwarm – sie befinden sich im Golfstrom –, und die Seen sind so hoch, daß er den Eindruck hat, er schwimme einen Berg hinauf und wieder hinunter, anstatt über einzelne Wellen. Gelegentlich trägt der Sturm einen Kamm davon, und er muß unter der Kaskade weißen Wassers hindurchtauchen, bevor er wieder weiterschwimmen kann. Die *Satori* taucht hinter den Wellen auf und verschwindet wieder, und die H-3 donnert über seinem Kopf, und ihre Rotorblätter erzeugen einen Fleck glatten Wassers auf der Oberfläche der See. Vriesman, in der offenen Sprungtür, beobachtet ihn besorgt durch sein Fernglas und überlegt schon, wie er ihn am besten wieder an Bord bekommt. Als Flugingenieur ist es letztlich seine Entscheidung, den Rettungsschwimmer einzusetzen, sein Job, jeden wieder sicher in den Hubschrauber zu bekommen. Hätte er irgendwelche Zweifel gehabt, wäre Moore nicht gesprungen.

Moore schwimmt einige Minuten lang mit voller Kraft, sieht schließlich zu Vriesman hoch und schüttelt den Kopf. Das Boot macht zuviel Fahrt, als daß er es erreichen könnte, nicht bei diesem Seegang. Vriesman läßt den Korb hinunter, und Moore klettert hinein. Gerade als er das Zeichen zum Aufheißen geben will, schlägt die Welle zu.

Sie ist riesig, fünfzig bis sechzig Fuß hoch, und bildet einen Kamm. Sie schlägt wie eine Lawine über Moore zusammen und begräbt ihn und den Korb unter sich. Vriesman zählt bis zehn, bevor Moore schließlich in dem Schaum wieder auftaucht; er sitzt immer noch im Korb. Allerdings ist der nicht mehr mit der Heißleine verbunden, sondern hat sich vom Haken gelöst und treibt jetzt frei im Wasser. Moore kann so wenig sehen, daß er nicht gemerkt hat, wie der Korb sich gelöst hat; er hockt einfach da und wartet, daß man ihn hinaufzieht. Schließlich begreift er die Lage, schwimmt mit dem Korb zur Leine hinüber und hakt ihn fest. Er klettert hinein, und Vriesman hievt ihn nach oben.

Dieses Mal werden sie die Sache anders anpacken. Hessel geht in Schräglage bis auf fünfzig Fuß an die *Satori* heran und hält eine Tafel hoch, auf der in großen Kreidebuchstaben »Kanal 16« steht. Sue Bylander verschwindet sofort unter Deck, und nachdem Hessel Verbindung zu ihr aufgenommen hat, sagt er ihr, daß man sie aus dem Wasser auffischen wird. Sie sollen die Überlebensanzüge anlegen, das Ruder festzurren und dann ins Wasser springen. Im Wasser sollen sie als Gruppe zusammenbleiben und warten, bis Moore zu ihnen geschwommen kommt. Er wird ihnen dann helfen, in den Heißkorb zu klettern und sie, einen nach dem anderen, nach oben schicken.

Sue Bylander geht wieder an Deck und gibt die Anordnungen an die anderen weiter. Moore, der sie durch ein Glas beobachtet, sieht, wie sie ihre Anzüge anlegen und dann versuchen, genug Willenskraft aufzubringen, um über Bord zu springen. Zuerst schwingt einer sein Bein über die Reling, dann ein zweiter, und schließlich springen alle drei ins Wasser. Es dauert drei bis vier Minuten, bis sie sich überwunden haben. Leonard hat einen Sack in einer Hand, aber als er über Bord springt, löst sich sein Griff, und der Sack bleibt an Deck liegen. Er ist gefüllt mit persönlichen Dingen. Leonard bekommt das Boot noch einmal zu fassen, hangelt sich außen das ganze Deck entlang und schlägt sich schließlich mit der Faust an den Kopf, als er merkt, daß er den Sack doch nicht mehr wiederbekommen wird. Moore beobachtet das Ganze und fragt sich, ob Leonard im Wasser wohl zum Problemfall wird.

Weil das Wasser so warm ist, legt Moore die Kapuze und die Handschuhe ab und zieht die Maske über das Gesicht. Das ist jetzt der Moment der Wahrheit; wenn sie es jetzt nicht schaffen, werden sie es nie mehr schaffen. Hessel peilt durch den kleinen Rückspiegel, bringt die *Satori* in 6-Uhr-Position und geht dann im Schwebeflug nach unten. Die ganze Sache verlangt sehr viel

Fingerspitzengefühl. Schließlich gibt er Moore ein Zeichen, und Moore holt tief Luft und springt. »Sie ließen Moore herunterspringen, und er glitt förmlich über die Oberfläche des Wassers und flog auf uns zu«, erzählt Stimson. »Als er bei uns ist, sagt er: ›Hi, ich bin Dave Moore, euer Rettungsschwimmer, wie geht es?‹ Und Sue antwortet: ›Gut, wie geht es dir?‹ Es war alles sehr herzlich. Dann fragte er uns, wer zuerst hinaufwollte, und Sue sagte: ›Ich.‹ Und dann packte er sie hinten an ihrem Rettungsanzug und glitt mit ihr über das Wasser davon.«

Moore hilft Sue Bylander in den Heißkorb, und zwanzig Sekunden später ist sie im Hubschrauber. Vom Sprung ins Wasser bis zur Bergung dauert das fünf Minuten (der Avioniker Ayres hält das alles im Bergungstagebuch fest). Die nächste Bergung, Stimsons, dauert zwei Minuten und Leonards drei. Leonard ist so verzweifelt, daß er im Wasser nur totes Gewicht ist. Moore muß ihn unter Aufbietung aller Kräfte in den Korb hieven und schließlich noch die über den Rand baumelnden Beine hineinstopfen. Moore geht als letzter nach oben und kehrt um 14.29 Uhr wieder in den Hubschrauber zurück. Sie waren knapp zwei Stunden im Einsatzgebiet.

Moore beginnt seine Ausrüstung abzulegen und hat seinen Tauchanzug schon halb ausgezogen, als er merkt, daß der Hubschrauber noch immer an Ort und Stelle steht. Er ist im Schwebeflug ein Stückchen Backbord achteraus von der *Tamaroa.* Er setzt seinen Fliegerhelm wieder auf und hört, wie der Kommandant der *Tamaroa* mit Hessel redet und ihm sagt, sich bereitzuhalten, weil ja die Besatzung der Avon noch geborgen werden muß. Herrgott noch mal, denkt Moore. Er zieht seine Sachen wieder an und nimmt seine Position an der Sprungtür ein. Hesse hat sich erneut für eine Bergung aus dem Wasser entschieden, und Moore beobachtet, wie sich die drei Männer der Küstenwache an den Händen fassen und widerstrebend ihr Boot verlassen. Selbst aus der Entfernung sehen sie ziemlich nervös aus. Hessel kommt in geringer Höhe heran und bringt sie wieder in die 6-Uhr-Position; er hat Mühe, ein derartig kleines Ziel in seinem Rückspiegel zu finden. Moore bekommt das Zeichen und springt ein drittes Mal. Er weiß jetzt, wie es geht, und die gesamte Bergung dauert nur zehn Minuten. Jeder Mann der Küstenwache, der nach oben in den Hubschrauber kommt, macht Stimson ein Daumenzeichen. Moore kommt als letzter herauf – »am nackten Haken«, wie es im Bericht heißt –, und Vriesman zieht ihn durch die Tür herein. Die H-3 legt sich in die Kurve, nimmt die Nase nach unten und geht auf Heimatkurs.

»Ich weiß noch genau, wie ich oben im Hubschrauber ankam und alle mir und Sue ins Gesicht sahen, um sich zu vergewissern, daß wir auch okay waren«, sagt Stimson. »Ich spüre noch die Intensität, das hat wirklich Eindruck auf mich gemacht. Diese Jungs standen unter solchem Druck, aber sie waren so menschlich – das war wirkliche Menschlichkeit. Sie packten uns an den Schultern, sahen uns in die Augen und sagten: »Wir sind so froh, daß ihr am Leben seid, wir waren letzte Nacht in Gedanken bei euch, wir haben für euch gebetet. Wir haben uns große Sorgen um euch gemacht.« Wenn man zu den Rettern gehört, dann sind einem Leben und Tod sehr bewußt, aber wenn man zu den Geretteten gehört, ist das Bewußtsein irgendwie abgestumpft. Von einem gewissen Zeitpunkt an habe ich aufgehört, die Gefahr wirklich zu erkennen, und alles wurde zu einer Mischung aus Erfahrung und Beobachtung.«

Stimson ist jetzt seit 48 Stunden ohne Schlaf, viele davon hat sie an Deck verbracht. Sie beginnt zu phantasieren. Sie läßt sich achtern im Hubschrauber in einen aus Gurtbändern geflochtenen Sitz fallen und sieht hinaus auf den Ozean, der sie beinahe verschlungen hätte. »Ich sah die erstaunlichsten Dinge; ich sah Ägypten, und ich wußte genau, es war Ägypten«, sagte sie. »Und ich sah diese Tiere aus Ton, sie standen auf grünen Weiden, wie im Garten Eden. Ich konnte diese Tontiere sehen und auch herrliche lebendige Tiere, die Gras fraßen. Und ich sah immer wieder Städte, die ich genau als Städte des Mittleren Ostens erkannte.«

Während Stimson immer wieder Halluzinationen hat, fliegt die H-3 durch einen 70-Knoten-Gegenwind nach Hause. Sie brauchen eine Stunde und vierzig Minuten, bis sie wieder auf dem Stützpunkt sind. Drei Meilen vor Martha's Vineyard sieht die Besatzung, wie ein anderer Hubschrauber der Küstenwache gerade auf einem einsamen Stückchen Land niedergeht, das Noman's Island heißt. Ein Langleiner aus Florida, die *Michelle Lane,* war mit einer Ladung Schwertfisch auf Grund gelaufen, und die Mannschaft hatte die Nacht unter einem umgedrehten Rettungsfloß am Strand verbracht. Eine H-3 wurde vom Luftstützpunkt auf Cape Cod losgeschickt, um sie abzubergen, und Hessel kommt gerade in dem Augenblick vorbei, als sie zur Landung ansetzt.

Hessel landet um 16.40 Uhr auf dem Luftstützpunkt Cape Cod, und die andere H-3 kommt ein paar Minuten später. (Wie sie dann erfahren, wurde das Rettungsfloß durch den Rotorabwind bei der Landung des Hubschraubers umgeworfen und schlug dabei einen der Fischer bewußtlos. Er wurde in einer Stokes-Trage geborgen.) Es ist jetzt nahezu dunkel; der Regen peitscht schräg herunter auf die Flugplatz-Flutlichter und die Krüppelkiefern, die den Flugplatz einrahmen und sich dunkel bis zum Horizont hinziehen. Die sechs Überlebenden werden an Fernsehkameras vorbei in Umkleideräume gebracht, die sich oben im Gebäude befinden. Stimson und Sue Bylander ziehen die Überlebensanzüge aus, und Sue Bylander rollt sich auf einer Couch zusammen, während Stimson wieder nach unten geht. Die einfache Tatsache, daß sie noch am Leben ist, hat sie so aufgeputscht, daß sie kaum stillsitzen kann. Die Männer der Küstenwache haben sich mit den Reportern in einem kleinen Fernsehzimmer versammelt, und Stimson gesellt sich zu ihnen und findet dort auch Leonard, der niedergeschlagen auf dem Fußboden sitzt den Rücken gegen die Wand gelehnt. Er sagt kein einziges Wort.

Er habe das Boot nicht verlassen wollen, erklärt Stimson einem lokalen Reporter. Es war sein Heim, und alles was er besaß, befand sich an Bord.

Dave Coolidge, der Pilot der Falcon, die in der Nacht Verbindung mit ihnen gehalten hatte, kommt auf Stimson zu und schüttelt ihr die Hand. Blitzlichter zucken auf. Sind wir froh, sagt er, Sie beide hier zu sehen. Es war eine lange Nacht; ich hatte Angst, Sie würden es nicht schaffen. Dankbar erwidert Stimson: Als wir Sie über das Funkgerät hörten, sagten wir uns: Ja, wir werden es schaffen. Wir gehen hier nicht einfach zugrunde, ohne daß jemand davon erfährt.

Die Reporter verlassen allmählich den Raum, und auch Leonard zieht sich in ein Zimmer im Obergeschoß zurück. Stimson bleibt noch und beantwortet die Fragen der Retter, die erfahren möchten, was für eine Beziehung zwischen Leonard und den beiden Frauen besteht. Seine Reaktionen waren nicht so, wie wir es erwartet hatten, meint einer der Männer vorsichtig. Stimson erklärt, daß sie und Bylander Leonard durch ihren Chef kennengelernt haben und nicht viel von ihm wissen.

Sue und ich haben mehrere Monate ununterbrochen gearbeitet, sagt sie. Der Törn sollte unser Urlaub sein.*

Während sie noch reden, klingelt das Telefon. Einer der Falcon-Piloten nimmt den Hörer ab. Wann war das? fragt er, und die Gespräche im Raum verstummen. Wie viele waren es? Und wo.

Ohne ein weiteres Wort stehen die Männer der Küstenwache auf und gehen hinaus. Wenig später hört Stimson die Toilettenspülung rauschen. Als die Männer zurückkommen, fragt einer von ihnen den Falcon-Piloten, wo die anderen runtergegangen sind.

Südlich von Montauk, antwortet er.

Die Männer schließen die Reißverschlüsse ihrer Fliegerkombination und verlassen den Raum. Ein Rettungshubschrauber hat gerade fünfzig Meilen vor der Küste notgewassert, und fünf Männer der Nationalgarde sind im Wasser und schwimmen um ihr Leben.

---

* siehe Seite 349

In den Abgrund

Er neigte den Himmel und fuhr herab,
und Dunkel war unter seinen Füßen.
Da sah man das Bett, und des
Erdbodens Grund ward aufgedeckt.

2. Samuel, 22, 10 und 16

Ich wußte nichts von irgendwelchen Problemen, ich wußte nur, daß die *Andrea Gail* jetzt praktisch jeden Tag zurückerwartet wurde«, sagt Chris Cotter, Bobby Shatfords Freundin. »Ich ging zu Bett, und kurz vor Tagesanbruch hatte ich diesen Traum. Ich bin auf dem Boot, und das Wetter ist grau und scheußlich, und das Boot rollt und stampft, und ich schreie: BOBBY! BOBBY! Niemand antwortet, und so gehe ich auf dem Boot herum und dann in den Laderaum hinunter und fange an, dort herumzusuchen. Alles ist voll Schleim und Seetang und schmierigem Zeug, und ich bin hysterisch und wie verrückt und schreie nach Bobby, und schließlich bücke ich mich und sehe einen seiner Arme. Ich packe ihn und weiß, daß er nicht mehr lebt. Und dann wache ich auf.«

Es ist der Morgen des 30. Oktober; seit über 36 Stunden hat man von der *Andrea Gail* nichts mehr gehört. Das Sturmgebiet ist so begrenzt, daß nur wenige Leute in Gloucester – nur ein paar hundert Meilen vom Sturmzentrum entfernt – eine Vorstellung davon haben, was sich da draußen abspielt. Chris bleibt noch eine Zeitlang im Bett, versucht den Traum abzuschütteln und steht schließlich auf und schlurft in die Küche. Ihre Wohnung geht auf die Annisquam-Bucht hinaus, und Chris kann das Wasser sehen, selbst kalt und grau wie Granit, das gegen die Granitfelsen von Cape Ann anbrandet. Die Luft ist warm, aber da ist dieser unangenehme, rückdrehende Wind, der nichts Gutes verheißt, und Chris setzt sich an ihren Küchentisch und wartet auf das, was kommt. Niemand hat etwas von einem Sturm gesagt; in den Nachrichten war kein Wort davon zu hören. Chris raucht eine Zigarette nach der anderen und beobachtet das von See hereinkommende Wetter, und sie sitzt immer noch dort, als Susan Brown an die Tür klopft.

Susan ist die Frau von Bob Brown. Sie gibt die Lohnschecks für die Angehörigen der Seagale Corporation aus, wie Browns Firma heißt, und letzte Woche hat sie Chris versehentlich den verkehrten Scheck ausgehändigt. Sie hatte ihr Murphs gegeben, der höher war als Bobby Shatfords, und sie kommt jetzt, um die Sache in Ordnung zu bringen. Chris bittet sie, hereinzukommen, und spürt sofort, daß etwas nicht stimmt. Susan scheint sich sehr unbehaglich zu fühlen, läßt ihre Blicke durch das Zimmer wandern, sieht aber Chris nicht in die Augen.

Hör mal, Chris, sagt Susan schließlich, ich habe schlechte Nachrichten. Ich bin nicht sicher, wie ich das ausdrücken soll, aber anscheinend gelingt es uns nicht, Kontakt zur *Andrea Gail* aufzunehmen.

Chris sitzt da wie gelähmt. Sie ist immer noch in ihrem Traum gefangen – immer noch in dem dunklen, schleimigen Gestank des Laderaums –, und die Nachricht bestätigt nur, was sie bereits weiß: Er ist tot. Bobby Shatford ist tot.

Susan erzählt ihr, daß sie immer noch versuchen durchzukommen und daß das Schiff wahrscheinlich nur die Antennen verloren hat, aber Chris weiß es besser; sie fühlt es in ihrem Bauch, daß das nicht stimmen kann. Sobald Susan gegangen ist, ruft Chris die Schwester von Bobby, Mary Anne Shatford, an. Mary Anne sagt ihr, daß es wahr ist, sie bekommen keine Verbindung mit Bobbys Boot, und Chris setzt sich ins Auto, fährt zum »Nest« und stürmt durch die große, schwere Tür. Es ist erst zehn Uhr morgens, aber es stehen schon eine Menge Leute herum, ein Bier in der Hand, gerötete Augen und tief erschrocken. Ethel ist da und Bobbys andere Schwester, Susan, und seine Brüder Brian und Preston, und Dutzende von Fischern. Noch ist nichts sicher – das Boot kann immer noch flott sein, oder die Mannschaft kann in einem Rettungsfloß sitzen oder betrunken in irgendeiner Kneipe auf Neufundland –, aber die Leute hier nehmen stillschweigend das Schlimmste an.

Chris fängt sofort an zu trinken. »Die Leute wollten mir keine Einzelheiten erzählen, weil ich völlig durchgedreht war«, sagt sie. »Jeder war betrunken, so sind wir nun mal, aber die Situation machte alles noch schlimmer, wir tranken und tranken, und weinten, und tranken weiter, wir konnten uns einfach nicht vorstellen, daß sie nicht mehr da waren. Sie brachten es in der Zeitung und im Fernsehen, und es ist meine *Liebe,* mein *Freund,* mein *Mann,* mein *Saufkumpan,* es konnte einfach nicht sein. Ich stellte mir vor, was geschehen war, wie Bilder: Bobby und Sully und Murph mit stierem Blick, sie wissen, das ist ihr letzter Augenblick; sie sehen sich an, und die Schnapsflasche geht schnell von einem zum anderen, weil sie sich betäuben wollen, und dann reißt es Bobby weg, und Sully geht unter. Aber was war der letzte Augenblick? Was war der allerletzte Augenblick?«

Der einzige, der nicht in »Crow's Nest« auftaucht, ist Bob Brown. Als Eigner des Bootes mag er sich hier nicht willkommen fühlen, aber er hat auch etwas zu tun – er muß ein Boot finden. In seinem Schlafzimmer steht ein SSB-Gerät, und seit gestern früh versucht er immer wieder, seine Boote auf 2182 Kilohertz zu erreichen. Weder Billy Tyne noch Linda Greenlaw melden sich. Nicht gut, denkt er. Um 9.30 Uhr, nachdem er es erneut mehrere Male versucht hat, fährt Brown auf der Fernstraße 128 zwanzig Meilen durch das felsige Hochland nach Süden. Er parkt am »King's Grant Inn« in Danvers und geht in den Konferenzsaal, wo eine zweitägige Versammlung des New England Fisheries Management Council beginnt. Der Wind fegt jetzt kräftig durch die Baumkronen, häuft tote Blätter an einem Maschendrahtzaun auf und spuckt dicke Regentropfen aus einem stahlgrauen Himmel. Es ist noch kein Sturm, aber es ist auf dem besten Weg, einer zu werden.

Brown sucht sich einen Platz hinten im Raum und erduldet, sein Notizbuch in der Hand, eine lange, uninteressante Sitzung. Irgend jemand weist auf die Tatsache hin, daß die Sowjetunion jetzt ja in verschiedene unabhängige Länder zerfallen ist und die US-Fischfanggesetze demzufolge geändert werden müssen. Jemand anders zitiert einen Artikel aus dem *Boston Globe,* daß die Kabeljau-, Schellfisch- und Flunderpopulationen so sehr abgenommen haben, daß jegliche Verordnung nutzlos ist – die Arten können sowieso nicht mehr gerettet werden. Der National Marine Fisheries Service ist nicht die einzige Behörde, die wissenschaftliche Kenntnisse über den Fischbestand besitzt, erwidert ein Dritter. Nach einer Stunde wird die Sitzung schließlich vertagt, und Bob Brown erhebt sich, um mit Gail Johnson zu reden, deren Mann, Charlie, sich in diesem Augenblick auf den Grand Banks befindet. Charlie ist Eigner der *Seneca,* die vor ein paar Wochen mit einer gebrochenen Kurbelwelle Bay Bulls auf Neufundland anlaufen mußte.

Haben Sie etwas von Ihrem Mann gehört? fragt Brown. Ja, aber es war schwer, Verbindung mit ihm aufzunehmen. Er ist östlich der Banks, und das Wetter da draußen ist sehr schlecht.

Das weiß ich, sagt Brown. Das weiß ich sehr wohl.

Brown bittet sie, sofort anzurufen, wenn Charlie etwas über eins seiner Boote hört. Dann fährt er schnell wieder nach Hause. Dort geht er sofort ins Schlafzimmer und setzt sich an das Funkgerät, und dieses Mal – Gott sei Dank – gelingt es ihm, mit Linda Kontakt aufzunehmen. Allerdings kann er sie durch das atmosphärische Rauschen nur schwach hören.

Ich hab' Billy seit ein paar Tagen nicht mehr erreicht, schreit Linda. *Ich mach' mir Sorgen um sie.*

Ja, ich mir auch, sagt Brown. *Versuch es weiter. Ich melde mich wieder.*

Gegen 18 Uhr, die Zeit, zu der er sich gewöhnlich mit seinen Booten in Verbindung setzt, versucht Brown ein letztes Mal, mit der *Andrea Gail* Kontakt aufzunehmen. Keine Antwort. Linda Greenlaw ist es ebenfalls nicht gelungen, mit dem Schiff in Verbindung zu kommen, und auch sonst niemandem von der Flotte. Um 18.15 Uhr am 30. Oktober, genau zwei Tage nachdem Billy Tyne das letzte Lebenszeichen von sich gegeben hat, ruft Brown die Küstenwache in Boston an und meldet das Schiff als verschollen. Ich glaube, mein Boot ist in Schwierigkeiten, sagt er, und ich befürchte das Schlimmste. Er fügt hinzu, daß niemand einen Notruf aufgefangen hat und auch keine Signale von seinem EPIRB. Es ist spurlos verschwunden. In gewisser Hinsicht ist das auch wieder ein gutes Zeichen, weil es vielleicht nur die Antennen eingebüßt hat; ein Notruf oder ein Signal der Seenot-Funkboje wäre eine ganz andere Sache. Das würde ohne jeden Zweifel bedeuten, daß etwas schiefgegangen ist.

Inzwischen haben die Medien die Angelegenheit aufgegriffen. Gerüchte schwirren durch Gloucester, daß die *Allison* zusammen mit der *Andrea Gail* untergegangen sei, und daß auch die *Hannah Boden* in Schwierigkeiten stecken könnte. Ein Reporter von New Channel Five ruft Tommie Barries Frau, Kimberly, an und fragt sie nach der *Allison*. Kimberly sagt ihm, daß sie in der letzten Nacht über Funk miteinander gesprochen haben und daß er zwar kaum zu verstehen gewesen sei, es ihm aber gutzugehen schien. Channel Five bringt die Information in den Abendnachrichten, und plötzlich rufen die Frauen aller Fischer bei Kimberly an und fragen, ob sie irgendwelche Neuigkeiten über die Flotte hat. Sie kann nur wiederholen, daß sie am 29. mit ihrem Mann gesprochen habe und ihn kaum verstehen konnte. »Wenn die Stürme aufs Meer hinausziehen, hört der Wetterdienst auf, sie zu verfolgen«, sagt sie. »Die Fischerfrauen erfahren nicht mehr was los ist, und geraten in Panik. Die Frauen geraten immer in Panik.«

Tatsächlich geht es der weit im Osten stehenden Flotte relativ gut; die Schiffe liegen beigedreht bei starken Winden und langer Dünung und warten ab. Barrie überlegt sogar, ob er in der Nacht fischen soll, entschließt sich aber dagegen. Niemand weiß, welchen Weg der Sturm nehmen wird, und er will nicht mit dem Fanggerät im Wasser überrascht werden. In der ganzen Nacht des 28. Oktober und auch noch am folgenden Tag versucht Barrie alle paar Stunden, zu Billy Kontakt zu bekommen, am 30. Oktober kommt ihm der Gedanke, daß Billy vielleicht aus dem Empfangsbereich gedriftet ist. Er setzt sich mit Linda in Verbindung und sagt ihr, daß da irgendwas schiefgelaufen sein muß, und daß Bob Brown die Suche veranlassen soll. Linda stimmt ihm zu. In dieser Nacht, nachdem die Boote ihre Leinen ausgebracht haben, schalten sich die Kapitäne zu einer Konferenz auf Kanal 16 zusammen, um eine mögliche Driftroute der *Andrea Gail* auszuarbeiten. Sie halten ausgesprochen wenig von der Fähigkeit der Küstenwache, Meeresströmungen zu beurteilen, und tragen deshalb alle Informationen zusammen, wie bei der Verfolgung der Schwertfische, um herauszufinden, wohin ein antriebsloses Schiff oder ein Rettungsfloß getrieben sein könnte. »Das Wasser kommt um den ›Schwanz‹ der Banks herum und will dann weiter nach Norden«, sagte Barrie. »Wenn man mit Booten auf verschiedenen Positionen spricht und die Informationen dann zusammensetzt, bekommt man eine recht gute Vorstellung davon, was der Golfstrom macht.«

Spät in der Nacht des 30. Oktober ruft Bob Brown die kanadische Küstenwache in Halifax an und sagt, daß die *Andrea Gail* wahrscheinlich auf einer Route nach Hause läuft, die genau südlich an Sable Island vorbeiführt. Er fügt hinzu, daß sich Billy während der dreißigtägigen Reise gewöhnlich nicht meldet. Der kanadische Kutter *Edward Cornwallis* – der sich bereits auf See befindet, um der *Eishin Maru* zu helfen – beginnt, die *Andrea Gail* alle fünfzehn Minuten auf Kanal 16 zu rufen. Später am Morgen meldet das Boot, daß es keinen Kontakt mit der *Andrea Gail* herstellen konnte. Halifax setzt darüber hinaus eine Funksuche in Gang, und zwar auf jeder Frequenz im Ukw-Bereich, aber auch das bleibt ohne Erfolg. Das Fischerboot *Jennie and Doug* meldet, daß sie ein schwaches *»Andrea Gail«* auf 8294 Kilohertz empfangen, und Halifax versucht es in den nächsten zwölf Stunden auf dieser Frequenz, kann jedoch keine Verbindung herstellen. Judith Reeves auf der *Eishin Maru* glaubt, jemanden mit englischem Akzent zu hören, der der *Andrea Gail* funkt, daß er ihr zur Hilfe kommen will, aber sie kann den Namen des Schiffes nicht verstehen. Sie hört die Nachricht nicht noch einmal. Das Radar einer SpeedAir erfaßt ein Objekt, das möglicherweise die *Andrea Gail* sein könnte, und Halifax versucht, Funkkontakt herzustellen, ohne Erfolg. Mindestens ein halbes Dutzend Schiffe in der Nähe von Sable Island – die *Edward Cornwallis,* die *Lady Hammond,* die *Sambro,* die *Degero,* die *Yankee Clipper,* die *Melvin H. Baker* und die *Mary Hitchins* – suchen die Frequenzen ab, aber niemandem gelingt es, Verbindung aufzunehmen. Als wären sie über den Rand der Welt gestürzt.

Die SAR-Leitstelle in New York versucht mittlerweile immer noch herauszufinden, wer genau zur Besatzung gehört. Bob Brown weiß es nicht genau – Eigner wollen es manchmal auch nicht so genau wissen –, und selbst die verschiedenen Freunde und Familienangehörigen sind sich nicht völlig sicher. Schließlich erhält die Küstenwache einen Anruf von einem Fischer aus Florida namens Douglas Kosco, der ihnen mitteilt, daß er früher auf der *Andrea Gail* gefahren sei und die Besatzung kenne. Er nennt die Mitglieder der Besatzung, so wie er sie in Erinnerung hat: Kapitän Billy Tyne aus Gloucester. Bugsy Moran, ebenfalls aus Gloucester, aber jetzt in Florida ansässig. Dale Murphy aus Cortez, Florida. Alfred Pierre, der einzige Schwarze an Bord, der von den Jungferninseln stammt, dessen Familie jedoch in Portland lebt.

Kosco sagt dann, daß das fünfte Crewmitglied von der *Haddit* gekommen sei – Tynes vorherigem Boot – und daß man bei Merrit Seafoods in Pompano seinen Namen kenne. Ich sollte eigentlich auch bei dieser Fahrt dabei sein, aber ich bin im letzten Moment abgesprungen, sagt er. Ich weiß nicht, warum; ich bekam plötzlich so ein komisches Gefühl und bin von Bord gegangen.

Kosco gibt der Küstenwache eine Telefonnummer in Florida, unter der man ihm eine Nachricht hinterlassen kann. (Er ist so viel auf See, daß er kein eigenes Telefon besitzt.) Ich denke, daß sie vielleicht unterbemannt rausgegangen sind – das hoffe ich jedenfalls, sagt er. Ich glaube nicht, daß Billy noch jemanden auftreiben konnte …

Das ist reines Wunschdenken. Am Morgen, als Kosco ging, rief Billy bei Adam Randall an und fragte ihn, ob er einen Job wolle. Als Randall bejahte, sagte Billy ihm, er solle so schnell wie möglich nach Gloucester kommen. Randall kam mit seinem Schwiegervater, sah sich das Boot an und wurde, wie Kosco vor ihm, von einem unguten Gefühl befallen. Er fuhr wieder weg. Also rief Billy David Sullivan an, der auch zufällig zu Hause war. Sully erklärte sich nach einigem

Zögern bereit, für die Fahrt anzuheuern, und erschien eine Stunde später auf der staatlichen Fischpier mit einem Seesack über der Schulter. Die *Andrea Gail* ging mit der vollen Besatzung von sechs Mann in See. Kosco weiß das jedoch nicht; alles, was er weiß, ist, daß er einer Entscheidung, die er vor fünf Wochen in letzter Minute getroffen hat, wahrscheinlich sein Leben verdankt.

Zu ungefähr der gleichen Zeit, da Kosco der Küstenwache erzählt, was für ein Glück er gehabt hat, nimmt Adam Randall in seinem Haus in East Bridgewater, Massachusetts, auf dem Sofa Platz, um sich die Abendnachrichten anzusehen. Es ist ein verregneter Halloween-Abend, und Randall ist gerade erst mit seinen Kindern nach Hause gekommen, die nach altem Brauch verkleidet von Haus zu Haus gegangen sind. Seine Freundin, Christine Hansen, ist bei ihm. Sie ist eine schöne, gutgebaute Blondine, die einen Sportwagen fährt und für AT&T arbeitet. In den Lokalnachrichten meldet Channel Five, daß ein Boot namens *Andrea Gail* irgendwo östlich von Sable Island verschollen sei. Randall schreckt hoch. Das war mein Boot, Honey, sagt er.

Was?

Das ist das Boot, mit dem ich rausgehen sollte. Weißt du noch, wie ich nach Gloucester gefahren bin? Das ist das Boot. Die *Andrea Gail*.

Währenddessen hat sich vor der Küste die schlimmste Krise in der Geschichte der Air National Guard zusammengebraut. Um 14.45 Uhr nachmittags – die Rettung der *Satori* ist noch in vollem Gange – geht im D1 Comcen in Boston ein Notruf von einem japanischen Segler namens Mikado Tomizawa ein, dessen Boot 250 Meilen vor der Küste New Jerseys zu sinken beginnt. Die Küstenwache schickt eine C-130 los und alarmiert dann die Air National Guard, die auf dem Luftwaffenstützpunkt Suffolk in Westhampton Beach, Long Island, eine Seenotrettungsgruppe unterhält. Die Air Guard ist verantwortlich für alle Rettungsmaßnahmen, die nicht im küstennahen Bereich stattfinden, einem Bereich, der ungefähr durch die Reichweite einer H-3 der Küstenwache festgelegt wird. Jenseits dieser Grenze – und Tomizawa befand sich ein gutes Stück dahinter – muß man eine H-60 der Air Guard einsetzen, eine Maschine, die in der Luft aufgetankt werden kann. Die H-60 fliegt zusammen mit einem C-130-Tankerflugzeug, und alle paar Stunden setzt sich der Pilot der H-60 dicht hinter seinen »Tanker« und manövriert einen Ausleger in einen der Schläuche, die von jeder Tragfläche herabhängen. Bei schlechtem Wetter ist das ein unvorstellbar schwieriges Manöver, aber es erlaubt einer H-60, nahezu unbegrenzt in der Luft zu bleiben.

Wenige Minuten nach Empfang des Notrufsignals trommelt der Air-Guard-Einsatzleiter über die Leitstelle eine Rettungsmannschaft zusammen, die sich in der Einsatzzentrale versammeln soll. Dave Ruvola, der Hubschrauberpilot, trifft einen Kopiloten und den Piloten der C-130 in einem angrenzenden Raum und breitet eine Fliegerkarte der Ostküste auf dem Tisch aus. Sie studieren die Wettervorhersagen und beschließen, vier Betankungen in der Luft durchzuführen – eine gleich, nachdem sie die Küste hinter sich gelassen haben, eine unmittelbar vor dem Rettungsversuch und zwei während des Rückflugs. Während die Piloten ihre Betankungspunkte einzeichnen, laufen die Rettungsschwimmer John Spillane und Rick Smith den Gang hinunter zur Abteilung Rettungsausstattung, um dort ihre Ausrüstung abzuholen. Ein Materialverwalter mit Bürstenhaarschnitt händigt ihnen Mustang-Kälteschutzanzüge aus, Tauchanzüge, aufblasbare Schwimmwesten und Netzwesten. Diese Westen gehören zur Standardausrüstung amerikanischer Flieger auf der ganzen Welt und sind mit dem Minimum an Ausrüstungsgegenständen bestückt – Leuchtsignal, Funk, Messer, Taschenlampe, Streichhölzer, Kompaß –, die man braucht, um in jeder Umgebung überleben zu können. Sie verstauen das ganze Zeug in einem Seesack und verlassen das Gebäude durch einen Seiteneingang, wo die zwei Piloten in einem Lastwagen auf sie warten. Sie steigen ein, ziehen die Tür zu und rasen über den Stützpunkt.

Eine Wartungsmannschaft hat bereits einen Hubschrauber aus dem Hangar gezogen und aufgetankt, und der Bordingenieur Jim Mioli beeilt sich, die Unterlagen durchzusehen und die Maschine und die Drehflügel zu kontrollieren. Es ist ein warmer, windiger Tag; die Krüppelkiefern am Rande der Rollbahn biegen und drehen sich, und Seevögel ziehen ihre Bahn unter einem tiefhängenden Himmel. Die Fallschirmretter, PJs – *pararescue jumpers* – genannt, laden ihre Ausrüstung durch die Sprungtür und nehmen dann ihre Sitze hinten im Hubschrauber ein, direkt vor den Kraftstofftanks. Die Piloten klettern in ihre Sitze im Cockpit, gehen die Vorflug-Checkliste durch und starten dann die Maschine. Die Rotorblätter erwachen zum Leben, verlieren den durch ihr großes Gewicht verursachten Durchhang, und der Hubschrauber bewegt sich auf seinen Rädern, schwebt plötzlich in die Luft und fliegt, mit gesenkter Nase, über die Krüppelkiefern hinweg.

Ruvola dreht nach Südost ab und hat innerhalb weniger Minuten den Ozean erreicht. Die Besatzung, die aus den Beobachtungsfenstern hinunterschaut, kann erkennen, wie die Wellen gegen Long Island anbranden. Auf und ab entlang der Küste, soweit sie sehen kann, ist das Ufer von einem weißen Schaumstreifen gesäumt.

Der Versuch, Tomizawa zu retten, wurde in offizieller Terminologie als Einsatz mit »erhöhtem Risiko« eingestuft, was heißen sollte, daß die Wetterbedingungen außergewöhnlich waren und der Havarist sich in Lebensgefahr befand. Die Retter waren deshalb bereit, ein höheres Risiko zu akzeptieren, um ihn zu bergen. Von den Rettungsmannschaften selbst werden solche Einsätze als »sporty« bezeichnet (»Das war wirklich ›sporty‹ da draußen letzte Nacht«). Im allgemeinen ist so ein »sportlicher« Einsatz schon in Ordnung; darum geht es bei der Rettung schließlich. Ein Fallschirmretter der Air National Guard – das militärische Äquivalent eines Rettungsschwimmers der Küstenwache – nimmt während seiner aktiven Laufbahn vielleicht an einem halben Dutzend »sportlicher Einsätze« teil. Über diese Rettungseinsätze wird viel geredet, geforscht und diejenigen, die daran teilgenommen haben, werden noch nach Jahren beneidet.

Kriegszeiten sind natürlich so »sportlich« wie es überhaupt nur sein kann, aber seltene und schreckliche Zeiten, welche die meisten PJs gar nicht kennenlernen. (Die Air National Guard gilt als Staatsmiliz – das heißt, sie wird vom Staat unterhalten –, aber sie ist auch ein Zweig der Luftwaffe. Demzufolge sind Fallschirmretter der Guard und die der Luftwaffe austauschbar.) Wenn gerade kein Krieg ist, befaßt sich die Air National Guard damit, Zivilisten zu retten, die auf »hoher See« in Schwierigkeiten geraten sind, wobei mit hoher See alles das gemeint ist, was jenseits der Reichweite eines H-3-Hubschraubers der Küstenwache liegt. Je nach Wetterlage operieren die nur in einem Bereich bis zu zweihundert Meilen vor der Küste. Im Krieg besteht die Aufgabe der Air National Guard darin, »das Leben amerikanischer Soldaten zu retten«, was gewöhnlich bedeutet, daß sie hinter den feindlichen Linien abspringen, um die Piloten abgeschossener Flugzeuge herauszuholen. Wenn die Maschinen auf See herunterkommen, springen die PJs mit angelegtem Tauchgerät ins Wasser. Müssen sie auf einem Gletscher runtergehen, tragen die PJs Steigeisen und haben Eispickel mit. Für einen Einsatz im Dschungel haben sie eine zweihundert Fuß lange Leine dabei, mit deren Hilfe sie sich von den Bäumen abseilen können. Es gibt buchstäblich keinen Ort auf dieser Welt, wo ein PJ nicht hingehen könnte. »Mit der Ausrüstung in meinem Schrank könnte ich den Mount Everest besteigen«, sagte einmal einer von ihnen.

Alle Streitkräfte verfügen über irgendeine Variante des Fallschirmretters, aber die PJs der Air National Guard – und auch ihre Kameraden der Air Force im gleichen Metier – sind die einzigen, die einen permanenten Auftrag für Friedenszeiten haben. Jedesmal, wenn die Raumfähre abhebt, fliegt eine C-130 der Air Guard von Westhampton Beach nach Florida, um den Start zu überwachen. Eine Rettungsmannschaft der Air Force fliegt währenddessen nach Afrika, um die restliche Flugbahn der Raumfähre zu sichern. Wann immer ein Schiff – gleichgültig welcher Nationalität – vor der nordamerikanischen Küste in Schwierigkeiten gerät, kann die Air National Guard zu Hilfe gerufen werden. Nehmen wir an, ein griechischer Matrose auf einem unter liberianischer Flagge fahrenden Frachter, der sich siebenhundert Meilen vor der amerikanischen Küste befindet, wäre in einen Laderaum gestürzt; die Schiffsführung könnte dann ohne weiteres die Hilfe der Air Guard PJs in Anspruch nehmen. Ein Air-Guard-Stützpunkt in Alaska, der häufig Piloten in der Ausbildung zu Hilfe eilen muß, ist immer in Alarmbereitschaft – »Hahn gespannt und klar zum Schuß« –, und zwei andere Stützpunkte, in Kalifornien und auf Long Island, sind ebenfalls in Bereitschaft. Wenn sich vor der Küste eine Gefahrensituation entwickelt, wird aus dem Stützpunktpersonal und allen, die telefonisch zusammengetrommelt werden können, eine Mannschaft gebildet. Für gewöhnlich ist eine Hubschrauberbesatzung in weniger als einer Stunde in der Luft.

Um PJ zu werden, muß man ein achtzehnmonatiges Training hinter sich bringen, wonach man dem Staat vier Jahre aktiven Dienst schuldet, dessen Verlängerung einem dringlich nahegelegt wird. (Es gibt im ganzen Land etwa 350 PJs, aber ihre Ausbildung ist so ein langwieriger und kostspieliger Prozeß, daß die Regierung Schwierigkeiten hat, diejenigen zu ersetzen, die der Air National Guard jedes Jahr verlorengehen.) Während der ersten drei Ausbildungsmonate werden die Kandidaten durch rohe Torturen ausgesiebt. Oft brechen über neunzig Prozent die Ausbildung ab. Bei einer Übung schwimmt die Mannschaft erst einmal die üblichen 4000 Yards, die zum Konditionstraining gehören, und dann wirft der Ausbilder seine Signalpfeife in das Becken. Zehn Aspiranten kämpfen um diese Pfeife unter Wasser, und wem es gelingt, sie zu erbeuten, damit an die Oberfläche zu schwimmen und kräftig hineinzublasen, kann das Schwimmbecken verlassen. Für diesen Tag hat er es geschafft. Der Ausbilder wirft die Pfeife von neuem ins Wasser, und die restlichen neun Männer kämpfen darum. So geht es weiter, bis nur noch ein Mann übrig ist, und der muß die PJ-Schule verlassen. Bei einer Variante, »Wasserschikane« genannt, teilen sich zwei Männer einen Schnorchel, während einige Ausbilder nach Kräften bemüht sind, sie zu ertränken. Wer nach oben kommt, um Luft zu holen, fliegt von der Schule. »Es gab Zeiten, wo wir geheult haben«, gibt ein PJ zu. »Aber irgendwie müssen sie ja die Reihen lichten.«

Nach der Vorausbildung, wie sie genannt wird, beginnen die Übriggebliebenen einen Trainingsabschnitt, der die *pipeline* genannt wird – Tauchschule, Springerschule, Freifall-Schule, Schule für die Eintauchausbildung, Überlebenstraining. Die PJs lernen, mit dem Fallschirm abzuspringen, einen Berg zu besteigen, in Wüsten zu überleben, einer Befragung durch den Feind zu widerstehen, einer Verfolgung zu entgehen, nachts unter Wasser ein Ziel anzuschwimmen. Die Schulen sind rücksichtslos in ihrem Bestreben, das Personal auszusieben. Bei der Eintauchausbildung zum Beispiel werden die Kandidaten in einer Hubschrauberattrappe festgeschnallt und unter Wasser getaucht. Wenn sie es schaffen herauszukommen, werden sie mit dem Kopf nach unten unter Wasser gedrückt. Gelingt es ihnen dann immer noch, wieder herauszukommen, werden sie ein zweites Mal verkehrt herum eingetaucht, aber diesmal mit verbundenen Augen. Wer auch diese Situation meistert, wird Fallschirmretter.

Die anderen werden von Tauchern herausgezogen, die am Beckenrand warten.

Diese Schulen stehen allen Gattungen der Streitkräfte offen, und es ist sehr wohl möglich, daß PJ-Kandidaten während der Ausbildung plötzlich Angehörige anderer Eliteeinheiten wie »SEALS« (Kampfschwimmer) von der Marine oder »Green Berets« neben sich sehen, die einfach nur dabei sind, um ihrem Repertoire an Fähigkeiten beispielsweise das Überleben im Wasser hinzuzufügen. Wenn ein Marine-SEAL in einem der Kurse versagt, dann bleibt er immer noch ein Marine-SEAL. Wenn ein PJ versagt, fliegt er aus dem gesamten Programm. Drei oder vier Monate lang lebt ein PJ-Kandidat mit dem täglichen Risiko, die gesamte Ausbildung aufgeben zu müssen. Und wenn er es schafft, durch die *pipeline* zu kommen, hat er immer noch fast ein ganzes Ausbildungsjahr vor sich: medizinische Ausbildung, Arbeit in verschiedenen Krankenhausabteilungen, Bergsteigen, Überleben in der Wüste, Landung auf Bäumen, fortgeschrittene Tauchausbildung, taktische Manöver, Lufteinsätze. Und weil sie natürlich auch für Kriegseinsätze vorgesehen sind, machen die PJs militärische Übungen. Sie springen nachts mit aufblasbaren, schnellen Booten über dem Ozean ab. Sie springen nachts mit angelegter Tauchausrüstung in die See und tauchen sofort ab. Sie verlassen ein U-Boot durch eine Luftschleuse und schwimmen an die Küste. Sie üben mit Gewehren, Granatwerfern, M-16s und sechsläufigen *mini-guns.* (Diese *mini-guns* haben eine Feuergeschwindigkeit von 6000 Schuß pro Minute und können Bäume fällen.) Und schließlich – wenn sie jedes nur denkbare Gefechtsszenario gemeistert haben – lernen sie etwas, das *HALO jumping* genannt wird.

Das Akronym HALO setzt sich zusammen aus den Wörtern High, Altitude, Low und Opening und bedeutet, daß ein Fallschirmspringer aus sehr großer Höhe abspringt, seinen Schirm aber erst kurz vor der Landung öffnet. Diese Methode verwendet man, um PJs in umkämpften Gebieten abzusetzen, in denen eine gemächlichere Landung ihren Tod zur Folge hätte. Die Tatsache, wie man sich hier über die Beschränkungen der physischen Welt hinwegsetzt, macht das *HALO jumping* zu einem der bizarrsten Dinge, die menschliche Wesen je unternommen haben. Die PJs springen aus so großer Höhe ab – Höhen bis zu 40 000 Fuß –, daß sie zum Atmen Sauerstoffflaschen mitführen müssen. Sie verlassen das Flugzeug mit zwei seitlich befestigten Sauerstoffflaschen, einem Fallschirm auf dem Rücken, den Reservefallschirm auf der Brust, einer kompletten Sanitätsausrüstung, die auf den Oberschenkeln festgeschnallt ist, und einem M-16 an ihrem Gurtzeug. Sie befinden sich am oberen Ende der Troposphäre – die Schicht, in der sich das Wetter abspielt –, und alles, was sie hören können, ist das kreischende Pfeifen ihrer eigenen Geschwindigkeit. Sie sind so hoch oben, daß sie zwei oder drei Minuten lang im freien Fall herunterkommen, bevor sie in einer Höhe von 1000 Fuß oder weniger die Reißleine ziehen. Deshalb ist es fast unmöglich, sie zu töten.

Die H-60 fliegt während der ersten halben Stunde durch relativ ruhiges Wetter, und dann meldet Ruvola dem Tankflugzeug, daß er jetzt zur Betankung aufschließen wird. Ein Druck von hundertvierzig Pfund ist erforderlich, um den – »Fangtrichter« genannten – Kupplungsmechanismus im Versorgungsschlauch auszulösen; der Hubschrauber muß also mit ziemlich hoher Geschwindigkeit herankommen. Ruvola trifft den Fangtrichter gleich beim ersten Anflug, übernimmt fast 350 Liter Kraftstoff und fliegt dann auf Südostkurs weiter. Tief unter ihm werden die Wellen durch den Wind zu endlosen Reihen bogenförmiger weißer Kämme verwischt. Die Besatzung fliegt direkt in das schlimmste Wetter ihres Lebens hinein.

Die Vorschriften für die Einsätze der H-60 besagen, daß es »untersagt ist, in bekannte oder vorhergesagte heftige Turbulenzen vorsätzlich hineinzufliegen«. Der Wetterbericht, der früher am Tag vom McGuire-Luftwaffenstützpunkt herübergefaxt worden war, sprach von mäßigen bis heftigen Turbulenzen, was Ruvola gerade so viel semantische Rechtfertigung lieferte, daß er starten konnte. Sie waren ausgebildet worden, um Leben zu retten, und dies war so ein Tag, an dem das notwendig war. Nach einer Stunde Flugzeit kommt Ruvola zur zweiten Kraftstoffübernahme heran und kuppelt nach vier Versuchen in den Fangtrichter ein; diesmal übernimmt er ungefähr 450 Liter Kraftstoff. Die beiden Luftfahrzeuge trennen sich wieder und setzen ihren Flug in Richtung auf den Havaristen Tomizawa fort.

Zehn Minuten später erreichen sie das Einsatzgebiet; es ist inzwischen nahezu völlig dunkel. Spillane hat während des Fluges langsam seinen Tauchanzug angelegt, er versucht, nicht zuviel zu schwitzen, versucht, seinem Körper so wenig Wasser wie möglich zu entziehen. Jetzt sitzt er am Beobachtungsfenster und sieht in den Sturm hinaus. Eine C-130 der Küstenwache zieht in fünfhundert Fuß ihre Kreise, und einige hundert Fuß darüber kreist das Tankflugzeug. Ihre Lichter tasten sich schwach durch die herankriechende Dunkelheit. Achteraus vom Segelboot geht Ruvola in einen niedrigen Schwebeflug und schaltet die Suchscheinwerfer ein, die vom Bauch des Hubschraubers einen Lichtkegel auf das Wasser werfen. Spillane mag nicht glauben, was er sieht: mächtige schaumgekrönte Wellen, die im Lichtkreis in die Höhe steigen und wieder herabsinken; einige berühren fast den Bauch des Hubschraubers. Zweimal muß er nach mehr Höhe rufen, um zu verhindern, daß der Hubschrauber erfaßt und ins Meer gerissen wird.

Der Wind bläst so hart, daß der Rotorabstrom, der normalerweise senkrecht nach unten geht, vierzig Fuß achteraus abgelenkt wird; er bleibt so weit zurück, wie er das normalerweise tut, wenn der Hubschrauber mit achtzig Knoten geradeaus fliegt. Trotz der widrigen Umstände nimmt Spillane immer noch an, daß er und Rick Smith sich an einer zwei Zoll dicken »Festleine« in die See hinunterlassen können. Die Frage ist: Was dann? Das Boot scheint sich zu schnell zu bewegen, als daß ein Schwimmer es einholen könnte, und das heißt, Tomizawa muß, wie die Besatzung der *Satori,* aus dem Wasser geborgen werden. Aber das würde ihn einem ganz anderen Risiko aussetzen; es gibt einen Punkt, wo eine »sportliche« Bergung gefährlicher ist, als auf einem sinkenden Boot auszuharren. Während Spillane die Chancen von Tomizawa abwägt, meldet sich der Bordingenieur Jim Mioli über den Bordfunk und sagt, er habe seine Zweifel, ob es möglich sei, jemanden unter diesen Bedingungen aus dem Wasser zu holen. Die Wellen stiegen schneller, als man die Heißleine aufholen könne, so daß auf dem Wellenkamm zuviel Stahlseil lose um den Korb läge. Wenn der Mann sich in dem Stahlseil verfing und die Welle sackte unter ihm weg, wurde er womöglich in zwei Teile geschnitten.

Die nächsten zwanzig Minuten hält Ruvola den Hubschrauber im Schwebeflug über dem Segelboot, während die Mannschaft durch die Sprungtür hinausblickt und beratschlagt, was sie machen sollen. Schließlich kommt sie zu der Überzeugung, daß das Boot einen halbwegs guten Eindruck macht – es liegt hoch im Wasser und ist relativ stabil – und daß jede Art von Rettungsversuch Tomizawa nur in noch größere Gefahr bringen würde. Es war besser, wenn er im Boot blieb. *Die Sache ist eine Nummer zu groß für uns,* sagt Ruvola schließlich über den Bordfunk. *Wir lassen das bleiben.* Ruvola setzt sich mit dem Piloten der C-130 in Verbindung und teilt ihm ihre Entscheidung mit, und der Pilot der C-130 gibt sie an das Boot weiter. Tomizawa erwidert verzweifelt, daß sie ihre Schwimmer überhaupt nicht einzusetzen brauchten – sie sollen nur den Korb herunterlassen, und er wird sich selbst retten. *Nein, das ist nicht das Problem,* antwortet Buschor. *Es macht uns nichts aus, ins Wasser zu gehen; wir glauben einfach nicht, daß eine Rettung möglich ist.*

Ruvola geht ein Stück achteraus, und das Tankflugzeug wirft, nur für den Fall, daß Tomizawas Boot zu sinken beginnt, zwei Rettungsinseln ab, die durch eine 800 Fuß lange Leine verbunden sind; dann gehen die beiden Flugzeuge wieder auf Heimatkurs. (Tomizawa wurde schließlich von einem rumänischen Frachter an Bord genommen.) Zehn Minuten nach ihrem Entschluß, zurückzufliegen, tankt Ruvola zum dritten Mal in der Luft auf (schon beim ersten Anflug klappt es diesmal) und übernimmt gut 700 Liter Benzin. Um die Küste zu erreichen, werden sie ihren Kraftstoff noch einmal ergänzen müssen. Spillane setzt sich in den Beobachtersitz an Backbordseite und starrt hinunter auf den Ozean, tausend Fuß unter seinen Füßen. Wenn Mioli nicht ein Machtwort gesprochen hätte, würden er und Rick Smith vielleicht dort unten herumschwimmen und versuchen, wieder in den Rettungskorb hineinzukommen. Mit ziemlicher Sicherheit wäre das ihr Ende gewesen. In einem Wetter wie diesem ist so viel Wasser in der Luft, daß Schwimmer ertrinken, nur weil sie zu atmen versuchen.

Monate später, nachdem die Air National Guard alle Stücke des Puzzles zusammengesetzt hat, wird sie feststellen, daß sich im Netz der Hilfsmittel, die vorgesehen waren, um einen mit erhöhtem Risiko verbundenen Einsatz über Wasser zu unterstützen, Lücken aufgetan haben. Zu jedem denkbaren Zeitpunkt besaß *irgend jemand* die notwendigen Informationen, um Ruvolas Hubschrauber in der Luft zu halten, aber diese Information wurde während der letzten Stunde von Ruvolas Flug nicht korrekt weitergegeben. Mehrmals täglich, ob nun ein Einsatz stattfindet oder nicht, faxt der McGuire-Luftwaffenstützpunkt in New Jersey Wettermeldungen zur Routenplanung an den Luftstützpunkt in Suffolk. Wenn Suffolk einen gefährlichen Einsatz plant, rufen sie auch schon mal McGuire an, um den letzten Stand der Flugrouten, Satelliten-Informationen usw. zu erfahren. Sobald der Einsatz läuft, ist eine Person – gewöhnlich der Pilot des Tankflugzeugs – für die Beschaffung der Wetterinformationen und ihre Weitergabe an alle beteiligten Piloten verantwortlich. Benötigt er weitere Informationen, ruft er Suffolk an und bittet darum, ihm diese zu besorgen; ohne einen derartigen Anruf geht Suffolk, von sich aus, Wetterinformationen nicht weiter nach. Sie sind, in den Worten der Unfallforscher, in Erfüllung ihrer Pflichten eher »reaktiv« als »proaktiv«.

Im Falle Ruvola ist der McGuire-Luftwaffenstützpunkt im Besitz von Echtzeit-Satelliteninformation, nach der sich zwischen 19.30 und 20.00 Uhr – gerade als Ruvola sich auf den Rückweg nach Suffolk macht – vor Long Island ein massives Regenband entwickelt. Zu keiner Zeit erkundigt sich Suffolk jedoch beim Stützpunkt nach dem letzten Stand der Dinge, weil der Pilot des Tankflugzeugs nicht darum gebeten hat; und McGuire gibt die Information nicht von sich aus weiter, weil sie gar nicht wissen, daß dort draußen ein Hubschrauber der Air Guard im Einsatz ist. Würde Suffolk jedoch den Stützpunkt anrufen und um eine Aktualisierung bitten, müßten sie hören, daß Ruvolas Route durch extrem schlechtes Wetter blockiert ist, daß er dem Wetter jedoch ausweichen kann, wenn er fünfzehn Minuten lang auf Westkurs geht. So ruft der Pilot des Tankflugzeugs Suffolk an, fragt nach der aktuellen Wetterlage und hört: Wolkenhöhe 8000 Fuß, Sicht fünfzehn Meilen und Bodenwindscherung. Er gibt diese Information an Ruvola weiter, der – nachdem er das Schlimmste des Sturms hinter sich hat – mit einer gewissen Berechtigung vermutet, daß sich die Bedingungen weiter verbessern werden, wenn er in westlicher Richtung fliegt. Er muß nur noch einmal Kraftstoff übernehmen, bevor er auf die Windscherung trifft, die für die Umgebung des Flugplatzes gemeldet ist. Ruvola irrt sich – sie alle irren sich.

Das Regenband ist ein Wolkenstreifen von fünfzig Meilen Breite, achtzig Meilen Länge und 10 000 Fuß

Dicke. Es wird über den nordwestlichen Quadranten des Sturms in das Tief hineingezogen; die Winde haben eine Geschwindigkeit von 75 Knoten, und es herrschen schlechteste Sichtbedingungen. Satellitenbilder zeigen, wie sich das Regenband wie eine zufallende Tür vor Ruvolas Hubschrauber legt. Um 19.55 Uhr setzt sich Ruvola mit dem Piloten des Tankflugzeugs in Verbindung, um die vierte Kraftstoffübernahme zu vereinbaren. Sie soll fünf Minuten später, genau um 20.00 Uhr stattfinden. Um 19.56 Uhr nehmen die Turbulenzen zu und erreichen um 19.58 eine mittlere Stärke. *Bringen wir die Sache hinter uns,* gibt Ruvola dem »Tanker«-Piloten durch. Um 19.59 löst er die Sperre des Tankauslegers, fährt ihn aus und manövriert sich in Kontaktposition. Und dann drischt es plötzlich auf ihn ein.

Der Gegenwind an der Vorderflanke des Regenbandes ist so stark, daß man das Gefühl hat, der Hubschrauber wäre zum Stehen gebracht worden. Ruvola hat keine Ahnung, wo er da hineingeraten ist; er weiß nur, daß er kaum noch Kontrolle über den Hubschrauber hat. Das Fliegen ist jetzt in gleichem Maße eine Frage der Kraft wie des Könnens. Er packt die Höhensteuerung mit der einen Hand, den Steuerknüppel mit der anderen und beugt sich nach vorn, um etwas durch den Regen, der gegen die Windschutzscheibe prasselt, erkennen zu können. Flughandbücher segeln im Cockpit herum, und der neben ihm sitzende Kopilot muß sich übergeben. Ruvola steuert das Tankflugzeug an und versucht den Fangtrichter zu treffen, aber beide Luftfahrzeuge vollführen so wilde Bewegungen, daß er genausogut versuchen könnte, Wurfpfeile in eine Pistolenmündung hineinzuwerfen; das Ziel zu treffen ist reine Glückssache. Technisch gesprochen, macht Ruvolas Hubschrauber alle möglichen Dinge »ohne Einwirkung der Bedienelemente«; menschlich gesprochen, er wird in der Luft herumgeprügelt. Ruvola geht herunter und versucht es in einer Höhe von 300 Fuß – »entlang der ausgefransten Ränder der Wolken«, wie er sagt – und auch auf 4500 Fuß, aber er findet keine klare Luft. Die Sicht ist so schlecht, daß er selbst mit Hilfe der Nachtsichtbrille kaum die Flügelscheinwerfer des Tankflugzeugs vor ihm erkennen kann. Und dann steht er plötzlich *genau* über dem Flugzeug, genau darüber; mehrere Male schießen sie über den Fangtrichter hinaus und Spillane fürchtet schon, daß sie das Seitenruder des Flugzeugs mitnehmen könnten.

Ruvola hat bereits zwanzig oder dreißig Anflüge auf den Fangtrichter gemacht – eine ungeheure Konzentrationsleistung –, als ihm der Tankerpilot mitteilt, daß er sein Triebwerk Nr. 1 abschalten muß. Der Öldruckmesser schwankt wie wild, und es besteht das Risiko, daß er Feuer fängt. Der Pilot leitet den Abschaltvorgang ein, und plötzlich wird der linke Betankungsschlauch eingefahren; durch das Abschalten des Triebwerks ist die Luftströmung um die Tragfläche unterbrochen worden, und der Einfahrmechanismus hat das irrtümlicherweise als zuviel Schlauchlänge interpretiert. Er hat ein automatisches Einfahren veranlaßt. Der Pilot beendet den Abschaltvorgang des Triebwerks, läßt Ruvola erneut anfliegen und fährt dann den Betankungsschlauch wieder aus. Ruvola fliegt darauf zu und bemerkt sofort, daß etwas nicht stimmt. Der Fangtrichter ist geformt wie ein kleiner Fallschirm, und gewöhnlich füllt er sich mit Luft und hält den Schlauch ruhig in der Luft; jetzt wedelt er nur noch hinter dem Tankflugzeug hin und her. Fünfundvierzig Minuten verzweifelter Tankversuche haben ihn völlig deformiert.

Ruvola informiert den Piloten, daß der linke Fangtrichter nicht mehr zu gebrauchen ist und daß sie auf die rechte Seite hinüberwechseln müssen. Unter diesen Bedingungen Kraftstoff über den rechten Fangtrichter übernehmen zu müssen ist ein alptraumhaftes, haarsträubendes Unterfangen, weil der Betankungsausleger am Hubschrauber sich ebenfalls an der rechten Seite des Cockpits befindet, so daß der Pilot noch näher an den Rumpf des Flugzeugs herangehen muß, um die Verbindung herstellen zu können. Ruvola fliegt auf den rechten Fangtrichter zu, verfehlt ihn, kommt erneut heran und verfehlt ihn ein zweites Mal. Die übliche Technik besteht darin, die Flügelklappen zu beobachten und gewissermaßen vorauszuahnen, in welche Richtung sich der Fangtrichter bewegen wird, aber die Sicht ist so schlecht, daß Ruvola nicht so weit sehen kann; er kann kaum weiter sehen, als sich die Nase seines Hubschraubers in diese Suppe erstreckt. Ruvola macht noch zwei weitere Anflüge, kommt bei seinem letzten Versuch zu schnell heran, schießt über die Tragfläche hinaus, und als er sich wieder ausgerichtet hat, ist das Tankflugzeug verschwunden. Sie haben die C-130 in den Wolken verloren. Sie befinden sich auf 4000 Fuß, können kaum die Hand vor den Augen sehen und haben vielleicht noch für zwanzig Minuten Benzin; wenn das verbraucht ist, fallen sie wie ein Stein vom Himmel. Ruvola kann entweder noch einmal versuchen, in den Fangtrichter einzukuppeln (falls er das Flugzeug wiederfindet), oder er kann versuchen, auf Meereshöhe hinunterzugehen, solange sie noch Benzin haben.

Wir müssen uns auf eine Notwasserung vorbereiten, sagt er der Besatzung. *Wir werden notwassern, solange wir das noch können.* Und dann senkt Dave Ruvola die Nase seines Hubschraubers und stößt, im Wettstreit mit dem Kraftstoffanzeiger, zur See hinunter.

John Spillane, er sitzt schweigend auf dem Platz des Beobachters, ist überzeugt, gerade sein Todesurteil gehört zu haben. »Während meiner ganzen Berufslaufbahn hatte ich es immer geschafft – wenn auch nur mit Mühe –, alles unter Kontrolle zu halten«, sagt Spillane. »Aber jetzt, plötzlich, war das Risiko überhaupt nicht mehr zu kontrollieren. Wir können keinen Kraftstoff mehr übernehmen, wir werden in diesem brüllenden Ozean enden, und wir werden nicht mehr Herr der Lage sein. Und ich weiß, daß die Chancen, gerettet zu werden, praktisch gleich null sind. Ich bin bei vielen Rettungsaktionen dabeigewesen, und ich weiß, daß sie unter diesen Bedingungen kaum imstande sind, einen Verunglückten überhaupt zu finden, geschweige denn, ihn zu retten. Wir gehören zu den Besten in diesem Geschäft – wir sind am besten ausgerüstet, am besten ausgebildet. Auch wir waren kurz vorher nicht in der Lage, eine Bergung durchzuführen, und jetzt stecken wir selbst in der Klemme. Es sah wirklich düster aus.«

Während Ruvola blind durch die Wolken fliegt, schickt Kopilot Buschor über die Air-National-Guard-Notfrequenz ein Mayday hinaus und setzt sich anschließend mit der *Tamaroa* in Verbindung, die fünfzehn Meilen entfernt im Nordosten steht. Er informiert sie, daß sie keinen Kraftstoff mehr haben und sich auf eine Notwasserung vorbereiten. Kapitän Brudnicki gibt sofort den Befehl, die Suchscheinwerfer der *Tamaroa* in den Himmel zu richten, um ihnen eine Orientierungshilfe zu geben, aber Buschor sagt, er könne nicht das geringste sehen. *Okay, fliegt einfach auf uns* zu, sagt der Funker der *Tamaroa. Wir haben keine Zeit, wir müssen jetzt runter,* erwidert Buschor.

Jim McDougal, der die Funkzentrale in Suffolk leitet, empfängt – zur gleichen Zeit – den Notwasserungsalarm und einen Telefonanruf von Spillanes Frau, die wissen möchte, wo ihr Mann steckt. Sie hatte keine Ahnung, daß sich da inzwischen ein Problem ergeben hatte, und rief nur zufällig im falschen Moment an; McDougal bringt dieses zeitliche Zusammentreffen so durcheinander, daß er den Hörer einfach auflegt. Um 21.08 Uhr bekommt ein Einsatzleiter im Hauptquartier der Küstenwache in Boston einen Anruf, daß ein Hubschrauber der Air National Guard zur Notwasserung gezwungen ist und kritzelt hastig in das Logbuch: *Helo (Helikopter) & 130 enroute Suffolk. Wegen schlechter Sicht keine Betankung möglich. Müssen wahrscheinlich notwassern. Wie lange noch in der Luft? 2O–25 Min. START!* Er benachrichtigt sofort den Luftwaffenstützpunkt auf Cape Cod, wo Karen Stimson sich mit einem ihrer Retter unterhält. Ohne ein Wort zu sagen, stehen die fünf Flieger auf, gehen zur Toilette und melden sich dann zum Einsatz auf dem Rollfeld.

Um 21.28 Uhr durchbricht Ruvola schließlich die Wolkendecke, gerade noch zweihundert Fuß über dem Ozean. Er geht in den Schwebeflug und schreit dann nach der Notwasserungs-Checkliste, die dazu dient, die Männer auf das Verlassen des Hubschraubers vorzubereiten. Während der Ausbildung haben sie das Dutzende von Malen geübt, aber jetzt geht alles so schnell, daß der routinemäßige Ablauf durcheinander gerät. Jim Mioli hat Schwierigkeiten, in dem schwachen Kabinenlicht, das bei Verwendung eines Nachtsichtgerätes eingeschaltet wird, etwas zu erkennen, und kann daher den Handgriff des Neun-Mann-Rettungsfloßes nicht finden. Als er ihn schließlich entdeckt hat, hat er keine Zeit mehr, seinen Mustang-Überlebensanzug anzulegen. Ruvola ruft dreimal nach Mioli, damit der ihm die Checkliste vorliest, aber Mioli ist zu beschäftigt, um ihm zu antworten, und so muß Ruvola die Liste nach dem Gedächtnis durchgehen. Eins der wichtigsten Dinge auf der Liste betrifft das Abwerfen der Pilotentür, wozu sich der Pilot hinunterbücken müßte, aber Ruvola kann sich nicht erlauben, die Hände vom Steuer zu nehmen. Er ist jetzt so sehr von seiner Aufgabe erfüllt, daß die eigene Sicherheit zweitrangig wird. Die Tür bleibt dran.

Während Ruvola versucht, den Hubschrauber im Schwebeflug zu halten, sind die PJs damit beschäftigt, die Überlebensausrüstung zusammenzustellen. Spillane hängt sich eine Feldflasche um und befestigt ein Ein-Mann-Rettungsfloß am Schulterriemen. Jim Mioli, der es endlich geschafft hat, das Neun-Mann-Rettungsfloß hervorzuzerren, schiebt es an den Rand der Sprungtür und wartet auf den Befehl, abzuspringen. Rick Smith, der seinen Überlebensanzug trägt, hockt am Rand der anderen Sprungtür und schaut hinab. Dort unten ist ein Ozean, der vom Wind so aufgewühlt ist, daß sie nicht einmal Wellenberge und Wellentäler unterscheiden können; so wie es ihnen vorkommt, könnte es da dreihundert Fuß in die Tiefe gehen. So schrecklich, wie diese Vorstellung auch ist, der Gedanke zu bleiben, wo sie sind, ist noch schlimmer. Der Hubschrauber wird jeden Moment in den

Ozean hinabstürzen und von der Besatzung möchte keiner in der Nähe sein, wenn es soweit ist.

Nur Dave Ruvola wird an Bord bleiben. Als Pilot ist es seine Aufgabe, dafür zu sorgen, daß der Hubschrauber der Mannschaft nicht auf den Kopf fällt. Die Chancen, anschließend noch heil herauszukommen, zumal die Tür ja noch an Ort und Stelle ist, sind äußerst gering, aber darum geht es jetzt nicht. Die Checkliste für die Notwasserung verlangt ein bestimmtes Vorgehen, das das Überleben möglichst vieler Besatzungsmitglieder sicherstellt. Daß Mioli es verabsäumt, seinen Rettungsanzug anzulegen, ist ebenfalls, in gewisser Hinsicht, selbstmörderisch, aber er hat keine Wahl. Seine Pflicht ist es, dafür zu sorgen, daß alle sicher von Bord kommen, und wenn er sich die Zeit nimmt, seinen Überlebensanzug anzulegen, wird das Rettungsfloß nicht klar zum Abwurf sein. Also wird er ohne Anzug springen.

Um 21.30 Uhr verabschiedet sich der erste Motor. Spillane hört, wie die Turbinendrehzahl heruntergeht. Seit weniger als einer Minute befinden sie sich in niedrigem Schwebeflug. Ruvola ruft über die Bordsprechanlage: *Nummer eins ist aus! Abspringen! Abspringen!* Der zweite Motor wird nur noch durch Benzindämpfe am Laufen gehalten; theoretisch müßten beide gleichzeitig ausfallen. Es ist soweit. Sie stürzen ab.

Mioli schiebt das Rettungsfloß zur rechten Tür hinaus und sieht es »in den Abgrund fallen«, wie er es ausdrückt. Sie sind noch in so großer Höhe, daß er nicht einmal sieht wie es ins Wasser fällt, und er bringt es nicht über sich, ihm nachzuspringen. Ohne irgend jemand davon zu erzählen, beschließt er, im Hubschrauber zu bleiben und es darauf ankommen zu lassen. Das Notwasserungsprotokoll schreibt vor, daß auch der Kopilot Buschor an Bord bleiben muß, aber Ruvola befiehlt ihm, abzuspringen, weil er glaubt, daß Buschor dann größere Überlebenschancen hat. Buschor zieht an dem Türhebel, aber die Tür löst sich nicht vom Rumpf, und so hält er sie nur mit einer Hand auf und tritt hinaus auf die Fußraste. Er wirft einen Blick zurück auf den Radarhöhenmesser, der zwischen zehn und achtzig Fuß pendelt, und ihm wird klar, daß der Zeitpunkt seines Sprungs über Leben und Tod entscheiden kann. Ruvola wiederholt den Befehl, auszusteigen, Buschor zieht die Kabel des Bordfunks aus seinem Helm und klappt die Nachtsichtbrille herunter. Im schwach grünen Licht der Sichtverstärkung kann er jetzt die Wellen unter sich entlangrollen sehen. Er entdeckt einen großen Wellenberg, holt tief Luft und springt.

Mittlerweile steckt Spillane in letzter Sekunde noch einige Dinge ein, die ihm wichtig erscheinen. »Ich war nicht in Panik«, sagt er, »ich hatte Angst. Vierzig Minuten zuvor, als ich über die verschiedenen Möglichkeiten nachdachte, hatte ich noch größere Angst gehabt, aber schließlich war ich vollkommen konzentriert. Der Pilot hatte sich für eine Notwasserung entschieden, und das war eine gute Entscheidung. Wie viele andere Piloten hätten den letzten Kraftstoff bei dem Versuch vergeudet, doch noch an den Fangtrichter anzukuppeln? Dann fallen sie runter, und keiner überlebt.«

Ohne das Geräusch des ersten Motors ist es im Hubschrauber seltsam ruhig. Nach den Worten eines anderen Piloten sieht der Ozean unter ihnen aus wie eine Mondlandschaft, voller Krater und vom Wind ausgehöhlt und deformiert. Spillane sieht Rick Smith sprungbereit an der Steuerbordtür und geht zu ihm hinüber. »Ich war sicher, er taxiert die Höhe der Wellen«, sagt Spillane. »Ich wollte unbedingt in seiner Nähe bleiben. Ich hatte nur noch Zeit, mich hinzuhocken und den Arm um seine Schulter zu legen, und da sprang er auch schon. Wir hatten keine Zeit mehr, irgend etwas zu sagen – man möchte sich voneinander verabschieden, man möchte eine Menge Dinge tun, aber man hat keine Zeit dafür. Rick sprang, und gleich darauf sprang ich auch.«

Nach den Aussagen von Menschen, die schon einen tiefen Sturz überlebt haben, ist die Gravitationsbeschleunigung so atemberaubend groß, daß man das Gefühl hat, man würde aus einer Kanone senkrecht nach unten geschossen. Jede Sekunde, die er durch die Luft fällt, erfährt der Körper eine Beschleunigung von rund zwanzig Meilen pro Stunde. Nach einer Sekunde fällt er also mit einer Geschwindigkeit von zwanzig Meilen pro Stunde; nach zwei Sekunden mit vierzig Meilen pro Stunde, und so weiter, bis zu einem Grenzwert von hundertdreißig Meilen. An diesem Punkt ist der Luftwiderstand gleich der Schwerkraft, und der Körper hat seine Endgeschwindigkeit erreicht. Spillane fällt wahrscheinlich sechzig oder siebzig Fuß in die Tiefe – eine Beschleunigung von zweieinhalb Sekunden. Er stürzt durch die Dunkelheit, ohne zu wissen, wie hoch das Wasser geht und wann er aufschlagen wird. Er erinnert sich noch dunkel, daß er das Ein-Mann-Rettungsfloß losläßt und daß sein Körper sich zu drehen beginnt, und er denkt noch: Mein Gott, was für ein langer Weg nach unten. Und dann weiß er von nichts mehr.

John Spillane hat die Art gutgeschnittenes, regelmäßiges Gesicht, wie man es bei einem Hollywood-Schauspieler erwarten würde, der einen Fallschirmretter spielt – eben jemand wie John Spillane. Seine Augen sind kobaltblau, ohne eine Spur von Härte oder Gleichgültigkeit, sein Haar ist kurzgeschnitten und beginnt hier und da etwas grau zu werden. Er gilt als freundlich, offen und selbstsicher. Er lächelt gern und hat so eine lässige Art zu reden, die mühelos von einem Detail zum nächsten und von einem Gesichtspunkt zum anderen fortschreitet, bis es über den Gesprächsgegenstand nichts mehr zu sagen gibt. Sein Humor äußert sich eher beiläufig, beinahe wie ein nachträglicher Einfall, und scheint auch ihn selbst manchmal zu überraschen. Er ist von durchschnittlicher Größe und durchschnittlichem Körperbau, und einmal lief er eine Strecke von vierzig Meilen – nur so zum Spaß. Er scheint ein Mann zu sein, der schon seit langem kein Bedürfnis mehr spürt, irgend jemand irgend etwas beweisen zu müssen.

Spillane wuchs in New York City auf und ging mit siebzehn zur Luftwaffe. Er wurde zum Kampftaucher ausgebildet – unter anderem mit der Aufgabe, in feindliche Stellungen einzudringen, Strände zu sichern, andere Kampftaucher zu retten – und quittierte dann mit einundzwanzig den Dienst, um bei der Air National Guard zu dienen. Ein Jahr lang zog er als Angehöriger dieser Organisation durch die Welt, ging dann während der Sommermonate als Rettungsschwimmer an die Rockaway Beach und schrieb sich dann an der PJ-Schule ein. Nach mehreren Jahren Dienst hörte er auf, absolvierte die Polizeiakademie und wurde Taucher bei der Polizei von New York City. Drei Jahre lang zog er Leichen aus untergegangenen Autos und schlammbedeckte Handfeuerwaffen aus dem East River und faßte schließlich den Entschluß, noch einmal zur Schule zu gehen, bevor ihm die Privilegien des US-Soldatengesetzes verlorengingen. Er begann im Hauptfach Geologie zu studieren – »Eine Zeitlang wollte ich auf Bergen herumklettern« –, aber statt dessen verliebte er sich, was dazu führte, daß er nach Suffolk zog und hauptberuflich für die Air National Guard arbeitete. Das war im Jahr 1989. Er war 32 Jahre alt, einer der erfahrensten PJs im ganzen Land.

Als John Spillane auf der Oberfläche des Atlantischen Ozeans aufschlägt, hat er eine Geschwindigkeit von rund fünfzig Meilen pro Stunde. Wasser ist das einzige Element, dessen Widerstand um so größer ist, je härter der Aufschlag ist, und bei einer Geschwindigkeit von fünfzig Meilen könnte es sich genausogut um Beton handeln. Spillane bricht sich drei Knochen in seinem rechten Arm, einen Knochen in seinem linken Bein, vier Rippen, erleidet einen Nierenriß und eine Quetschung der Bauchspeicheldrüse. Die Schwimmflossen, das Ein-Mann-Rettungsfloß und die Feldflasche werden ihm vom Leib gerissen. Nur die Maske, die er nach hinten gedreht hatte, den Halteriemen im Mund, bleibt ihm. Spillane kann sich an den Moment des Aufschlags nicht erinnern und auch nicht an den Augenblick, in dem ihm klar wurde, daß er im Wasser ist. Seine Erinnerung geht vom Fallen direkt ins Schwimmen über; dazwischen ist nichts. Als ihm bewußt wird, daß er schwimmt, ist das auch alles – er weiß nicht mehr, wer er ist, warum er sich hier im Wasser befindet oder wie er hierherkam. Er hat keine Geschichte und keine Zukunft; er ist nur ein Bewußtsein in der Nacht, mitten in der See.

Wenn Spillane auf See mit verletzten Seeleuten zu tun hat, ist eins der ersten Dinge, die er herauszubekommen sucht, wie weit sie sich ihrer selbst und ihrer Umwelt noch bewußt sind. Die höchste Stufe, bezeichnet als »aufmerksam und fähig, sich zurechtzufinden, Stufe 4«, beschreibt den Durchschnittsmenschen in einer alltäglichen Situation. Einen Menschen, der weiß, wer er ist, wo er sich befindet, wie spät es ist und was gerade passiert. Wenn jemand einen Schlag auf den Kopf bekommt, verliert er als erstes sein Kurzzeitgedächtnis – »aufmerksam und fähig, sich zurechtzufinden, Stufe 3« – und als letztes seine Identität. Eine Person, die alle vier Ebenen des Bewußtseins verloren hat, bis hinunter zum Verlust ihrer Identität, beschreibt man als »aufmerksam und fähig, sich zurechtzufinden, Stufe Null«. Als John Spillane im Wasser zu sich kommt, ist er auf der Stufe: aufmerksam und fähig, sich zurechtzufinden, Stufe Null. Sein Verständnis der Welt ist reduziert auf die Tatsache, daß er existiert, nichts weiter. Nahezu gleichzeitig wird ihm bewußt, daß er qualvolle Schmerzen hat. Eine lange Zeit ist das alles, was er weiß. Bis er das Rettungsfloß sieht.

Spillane ist vielleicht »aufmerksam und fähig, sich zu orientieren, Stufe Null«, aber er ist imstande, auf ein Rettungsfloß zuzuschwimmen, wenn er eines sieht. Es ist von Jim Mioli, dem Bordingenieur, abgeworfen worden und hat sich automatisch aufgeblasen, als es auf das Wasser auftraf. Jetzt treibt es über die Wellenberge, wobei der Seeanker es bei dem 70-Knoten-Wind kaum auf dem Wasser halten kann. »Ich schnitt ihm den Weg ab, bekam es zu fassen und hielt mich an seiner Seite fest«, sagt Spillane. »Ich wußte jetzt, daß ich im Ozean lag und mich in einer verzweifelten Situation befand, und ich war verletzt. Mehr wußte ich nicht. Erst als ich am Rettungsfloß hing, kehrte mein Gedächtnis zurück. Wir waren auf einem Einsatz. Wir hatten keinen Sprit mehr, ich bin rausgesprungen. Ich bin nicht allein.«

Während Spillane am Rettungsfloß hängt, wird es von einer Bö gepackt und herumgeworfen. Eben noch war Spillane im Wasser und versuchte herauszukommen, wer er ist, im nächsten Moment findet er sich hoch und trocken auf einer Plattform wieder. Sofort fühlt er sich besser. Er liegt auf dem schwankenden Nylonboden und spürt dem stechenden Schmerz in seiner Brust nach – vielleicht eine Lungenverletzung durch eine gebrochene Rippe –, als er in der Ferne Menschen rufen hört. Er kniet sich hin und hält seine Taucherlampe in ihre Richtung, und gerade als er überlegt, wie er ihnen helfen könnte – wer sie auch sein mögen –, schleudern die Sturmgötter sein Floß erneut herum. Spillane wird wieder in die See geworfen. Er hält sich an der Sicherheitsleine fest, keuchend und Wasser herauswürgend, und gleich darauf dreht der Wind das Floß ein drittes Mal. Spillane hat jetzt anderthalb Umdrehungen mitgemacht. Er liegt wieder im Floß, mit ausgestreckten Armen und Beinen, als das Floß ein viertes und letztes Mal umgeworfen wird. Spillane stürzt wieder ins Wasser, wobei er sich diesmal an einem gummierten Nylonsack festhält, der, wie sich später herausstellt, ein halbes Dutzend Wolldecken enthält. Er schwimmt, und Spillane hält sich an ihm fest und sieht zu, wie das Floß, sich mehrmals überschlagend, über die Wellen davontreibt. Er bleibt allein im Meer zurück, dem Tode nahe.

»Nachdem ich das Floß verloren hatte, war ich ganz allein, und mir wurde klar, daß meine *einzige* Überlebenschance darin bestand, auszuhalten, bis der Sturm sich legte«, sagt er. »Es gab keine Möglichkeit, uns aus dem Bach zu holen; ich hatte gerade einen tadellos funktionierenden Hubschrauber verlassen, und ich wußte, unsere Leute würden uns rausholen, wenn sie könnten, aber das ging nicht. Sie konnten in diesem Wetter nicht in der Luft nachtanken. Ich denke also darüber nach und weiß, daß ich es nicht bis zum Ende des Sturms schaffen kann. Vielleicht haben sie ja bei Tagesanbruch jemand im Suchgebiet, aber ich werde es nicht so lange schaffen. Ich habe das Sterben schon in mir.«

Zum ersten Mal seit Beginn dieses Martyriums hat Spillane Zeit, an seinen eigenen Tod zu denken. Der Gedanke versetzt ihn nicht so sehr in Panik, sondern macht ihn eher traurig. Seine Frau ist im fünften Monat mit ihrem ersten Kind schwanger, und er ist in letzter Zeit nur wenig zu Hause gewesen – er war auf der Sanitätsakademie und trainierte außerdem noch für den New-York-City-Marathon. Er wünscht, daß er mehr Zeit zu Hause verbracht hätte. Er wünscht – so unglaublich es auch klingt –, daß er den Rasen noch einmal gemäht hätte, bevor der Winter kommt. Er wünscht, es wäre jemand da, der seiner Frau und seiner Familie erzählen könnte, was zum Schluß mit ihnen passiert ist. Es macht ihm zu schaffen, daß Dave Ruvola beim Versuch, den Hubschrauber runterzubringen, wahrscheinlich den Tod gefunden hat. Es beschäftigt ihn auch, daß sie alle sterben müssen, nur weil ihnen 250 Liter Kerosin fehlten. Eine wahre Schande ist das, denkt er; wir haben diesen 8-Millionen-Dollar-Hubschrauber, mit dem nichts verkehrt ist, niemand schießt auf uns, und dann geht uns das Kerosin aus.

Spillane ist jetzt wieder hellwach, und die Umstände, in denen er sich befindet, sind ein unbeschreiblicher Alptraum. Es ist so dunkel, daß er nicht die Hand vor Augen sehen kann, die Wellen stürzen wie aus dem Nichts auf ihn herab und begraben ihn gut eine Minute lang unter sich. Der Wind ist so stark, daß er das Wasser nicht wegbläst, sondern wegschleudert; er muß es immer wieder schlucken. Alle paar Minuten würgt er es wieder heraus. Spillane hat sein Ein-Mann-Rettungsfloß verloren, seine Rippen sind gebrochen, und bei jedem Atemzug scheint ihm jemand ein glühendes Schüreisen durch die Brust zu rammen. Er schreit auf vor Schmerzen, es sind noch acht Stunden bis zur Morgendämmerung.

Nachdem er eine Stunde lang von der Welt Abschied genommen hat und dabei versucht hat, möglichst wenig Wasser zu schlucken, entdeckt Spillane in einiger Entfernung zwei Lichtbündel. Die Mustang-Überlebensanzüge sind alle mit Blinklichtern ausgestattet, und das ist der erste richtige Beweis, daß noch jemand anders die Notwasserung überlebt hat. Zuerst will Spillane sofort zu den Lichtern hin schwimmen, aber dann entscheidet er sich anders. Er sieht keine Chance, die Nacht zu überleben, also kann er genausogut allein sterben. Auf diese Weise würde er sein Leiden nicht noch jemand anders aufbürden. »Ich wollte nicht, daß sie mit ansehen müssen, wie ich hinübergehe«, sagt er. »Ich wollte nicht, daß sie mich leiden sehen. Das ist genauso wie beim Marathon – rede nicht mit mir, laß mich das allein durchleiden. Was mich schließlich doch zu ihnen hinübertrieb, war das Überlebenstraining. Immer wird dabei mit Nachdruck darauf hingewiesen, daß die Widerstandskraft mit der Zahl der Beteiligten wächst, und ich weiß, wenn ich mit ihnen zusammen bin, werde ich mich mehr anstrengen durchzuhalten. Aber ich konnte ihnen nicht zumuten, mich leiden zu sehen, sagte ich mir. Aber im Stich lassen konnte ich sie auch nicht.«

Da er glaubt, daß ihre Chancen in der Gruppe vielleicht eine Spur größer sind, bewegt Spillane sich langsam auf die Lichter zu. Er wird von seiner Schwimmweste und dem Tauchanzug getragen und schwimmt, den gebrochenen Arm ausgestreckt, in der Hand den Sack mit den Decken. Es dauert eine lange Zeit, und die Anstrengung erschöpft ihn, aber er sieht, wie die Lichter allmählich näher kommen. Sie verschwinden in den Wellentälern, tauchen auf den Wellenbergen wieder auf und verschwinden erneut. Schließlich, nach zwei Stunden, kommt er nahe genug heran, um sich durch Rufen bemerkbar zu machen und ihre Gesichter zu erkennen. Es sind Dave Ruvola und Jim Mioli, die sich mit Fallschirmleinen aneinandergebunden haben. Ruvola scheint in guter Verfassung, aber Mioli ist so unterkühlt, daß er kaum noch zusammenhängend reden kann. Er hat nur seine Nomex-Fliegerkombination an, und die Chancen, daß er bis zum Morgen durchhält, sind noch geringer als die von Spillane.

Ruvola ist unversehrt aus dem Hubschrauber herausgekommen, wenn auch nur mit knapper Not. Er wußte, daß die Drehflügel ihn und den Hubschrauber zerreißen würden, wenn sie mit voller Geschwindigkeit auf das Wasser aufträfen; also entfernte er sich ein Stück von seinen Männern, wartete, bis der zweite Motor abstarb, und vollführte dann etwas, das Autorotation genannt wird. Als der Hubschrauber nach unten fiel, begannen die antriebslosen Rotorblätter sich zu drehen, und diese Energie nutzte Ruvola, um den Fall des Hubschraubers zu verlangsamen. So wie man ein Auto auf einer abschüssigen Straße in einen niedrigeren Gang schaltet, bietet der Autorotationsflug die Möglichkeit, der Schwerkraft entgegenzuwirken. Als der Hubschrauber auf das Wasser aufschlug, war sein Fall spürbar abgebremst und das ganze Drehmoment war aus den Rotorblättern geschwunden; sie klatschten nur auf eine herankommende Welle auf und standen still.

Ruvola fand sich in einer klassischen Ausbildungssituation, nur daß jetzt alles rauhe Wirklichkeit war: Er mußte in völliger Dunkelheit aus einem Hubschrauber entkommen, der sich inzwischen auf den Kopf gedreht hatte. Er war jedoch früher selbst bei den Fallschirmrettern gewesen und außerdem ein Marathonschwimmer, weshalb es ihn nicht erschreckte, unter Wasser zu sein. Das erste, was er tat, war, nach der HEEDS-Flasche zu greifen, die einen Luftvorrat von drei Minuten enthielt und an seinem linken Bein festgeschnallt war, aber sie hatte sich bei der Notwasserung losgerissen; er mußte sich mit der Luft in seinen Lungen begnügen. Er griff nach oben, zog den Schnellauslöser seines Sicherheitsgurts und merkte in diesem Augenblick, daß er seine Notausstiegstür nicht abgeworfen hatte. Er hätte es tun sollen, damit sie sich beim Aufprall nicht verklemmt und ihn in der Kabine einschließt. Er fand den Türgriff, drehte ihn und drückte.

Zu seiner Überraschung ging die Tür auf; Ruvola schwamm unter dem Rumpf hervor, öffnete die CO_2-Patrone an seiner Rettungsweste und schoß zehn, fünfzehn Fuß zur Wasseroberfläche hinauf. Er tauchte auf in eine Welt von heulender Finsternis und heranrollenden Wasserbergen. Einmal drückte ihn der Kamm einer Welle so weit unter die Oberfläche, daß die plötzliche Druckänderung sein Innenohr verletzte. Ruvola begann nach den anderen Besatzungsmitgliedern zu rufen, und ein paar Minuten später hörte er aus dem Dunkel die Stimme von Mioli, dem es ebenfalls gelungen war, aus dem sinkenden Hubschrauber zu entkommen. Sie schwammen aufeinander zu, und nach fünf bis zehn Minuten war Ruvola nahe genug herangekommen, um Mioli an seiner Rettungsweste zu packen. Er nahm die Kapuze von seinem Überlebensanzug ab und setzte sie Mioli auf und knotete sich dann mit einem Stück Fallschirmleine an Mioli fest.

Sie sind ungefähr zwei Stunden im Wasser, als es Spillane schließlich gelingt, sich zu ihnen heranzuarbeiten. Sein Gesicht ist vor Schmerz wie versteinert. Das erste, was Ruvola sieht, ist der Lichtschimmer auf einer Gesichtsmaske, und er denkt, daß es vielleicht ein Kampfschwimmer der Navy ist, ausgeschleust aus einem U-Boot der US-Marine, der kommt, um sie zu retten. Ist es nicht. Spillane schwimmt heran, packt einen Gurt an Ruvolas Rettungsweste und preßt seinen anderen Arm um den Sack mit den Decken. Was ist das? schreit Ruvola. Weiß nicht, ich mach ihn morgen auf! schreit Spillane zurück. Mach ihn gleich auf! schreit Ruvola. Spillane hat zu große Schmerzen, um sich auf einen Streit einzulassen, also öffnet er den Sack und sieht, wie mehrere dunkle Formen – die Decken – vom Wind davongetragen werden.

Er läßt den Sack los und richtet sich darauf ein, die nächsten Stunden, so gut es geht, zu überstehen.

Im Tagebuch des Distriktkommandos Eins kann man schon an der Handschrift erkennen, daß der Funkleiter – in diesem Fall ein Küstenwachmann namens Gill – nicht ganz zu glauben vermag, was er da hinschreibt. Die Wörter sind groß und nachlässig geschrieben und mit Ausrufezeichen gespickt. Einmal schreibt er, einfach nur so: *»Sie sind nicht allein da draußen«*, als wollte er sich einreden, daß alles gut würde. Dieser Eintrag wird um 21.30 Uhr vorgenommen, Sekunden nachdem Buschor den Ausfall des ersten Motors gemeldet hat. Fünf Minuten später schreibt Gill: *»39° 51′ Nord, 72° 00′ West, Notwasserung hier, 5 POB (people on board).«* Weitere sieben Minuten später meldet das Tankflugzeug – das in dem Gebiet kreisen wird, bis sein Treibstoff knapp wird –, es habe fünfzehn Sekunden lang ein EPIRB-Signal gehört, aber dann nichts mehr. Aus Gills Notizen:

21.30 Tamaroa im Suchgebiet, H-65 gestartet
21.48 Cape Cod 60!
21.53 CAA/(Commander of Atlantic Area)/unterrichtet – ALLES WAS SIE BRAUCHEN – SCHIFF DER MARINE WÄRE GROSSARTIG – WERDE SEHEN.

Innerhalb von Minuten nach der Notwasserung werden alle zur Verfügung stehenden Rettungseinheiten zwischen Florida und Massachusetts zum Einsatz klar gemacht. Die Resonanz ist groß und erfolgt unverzüglich. Um 21.48 Uhr, dreizehn Minuten nach dem Alarm, schickt der Luftstützpunkt auf Cape Cod eine Falcon und einen H-3-Hubschrauber los. Eine halbe Stunde später wird beim Marinefliegerstützpunkt in Brunswick eine P-3 der Marine angefordert und startklar gemacht. Die P-3 ist mit einem Infrarotsichtgerät ausgerüstet und kann wärmeabstrahlende Objekte aufspüren, wie zum Beispiel Menschen. Die *Tamaroa* hat ihren Kurs bereits geändert, als der Hubschrauber noch in der Luft war. Um 22.23 Uhr fordert Boston einen zweiten Kutter der Küstenwache an, die *Spencer.* Man überlegt sogar, einen Flugzeugträger in das Gebiet umzuleiten.

Die Überlebenden treiben schnell in der gewaltigen See, und die Chancen, sie zu entdecken, sind äußerst gering. Hubschrauber werden sich nur kurze Zeit im Suchgebiet aufhalten können, weil sie nicht nachtanken können; es ist unwahrscheinlich, daß unter diesen Bedingungen eine Bergung aus der Luft durchgeführt werden kann, und es gibt keine Möglichkeit festzustellen, ob die Notfunksender überhaupt arbeiten. Also muß die *Tamaroa* die Rettung übernehmen, aber sie konnte ja nicht einmal die Besatzung der *Satori* unter weniger schwierigen Bedingungen bergen. Der Sturm zieht tobend nach Westen, genau auf die Position der Notwasserung zu, und die Wellenhöhen übersteigen alles, was in diesem Seegebiet jemals gemessen wurde.

Wenn die Sache für Ruvola und seine Besatzung schlecht aussieht, für die Leute, die sie retten wollen, sieht sie nicht viel besser aus. Es ist nicht ausgeschlossen, daß ein weiterer Hubschrauber im Verlauf der Rettungsaktion zur Notwasserung gezwungen sein könnte oder daß ein Mann der Küstenwache vom Deck der *Tamaroa* gespült wird. (Und überhaupt ist auch die *Tamaroa* selbst, mit ihrer Länge von 205 Fuß, nicht unbedingt immun gegen eine Katastrophe. Eine Riesenwelle könnte sie kentern lassen und achtzig Mann ins Meer stürzen.) Ein halbes Dutzend Flugzeuge, zwei Schiffe, und zweihundert Mann Rettungspersonal sind auf dem Weg nach 39° Nord, 72° West; je mehr Leute sich da draußen versammeln, desto größer ist auch das Risiko, daß jemand von ihnen in Schwierigkeiten gerät. Eine Folge von Unglücksfällen könnte schließlich die gesamte Rettungskapazität der US-Ostküste in Anspruch nehmen.

Ein Falcon-Jet vom Stützpunkt auf Cape Cod ist das erste Flugzeug am Einsatzort. Es trifft neunzig Minuten nach der Notwasserung ein, und der Pilot beginnt sofort mit einer Labyrinthsuche. Er begibt sich ein Stück leewärts der letzten bekannten Position – dem Aufschlagpunkt – und beginnt immer größer werdende Vierecke abzufliegen, bis er eine Fläche von zehn Meilen im Durchmesser abgesucht hat. Er fliegt in einer Höhe von zweihundert Fuß, gerade unterhalb der Wolkendecke, und schätzt, daß die Wahrscheinlichkeit, die Überlebenden zu entdecken, eins zu drei beträgt. Er entdeckt jedoch nichts. Gegen 23.30 Uhr erweitert er seine Suche auf ein 20-Meilen-Quadrat und beginnt von neuem, wobei er sich langsam nach Südwesten, der Driftrichtung, vorarbeitet. Die mit Infrarotsensor ausgestattete P-3 wird jeden Moment in Brunswick starten, und ein Hubschrauber der Küstenwache kommt von Cape Cod herüber.

Und dann, zehn Minuten nachdem er begonnen hat, das zweite Suchquadrat abzufliegen, fängt er ein Signal auf, ein schwaches Signal auf 243 Megahertz. Das ist die Notfrequenz, auf der die Geräte der Air National Guard arbeiten. Das bedeutet, daß zumindest einer der Männer noch am Leben ist.

Der Pilot der Falcon peilt sich auf das Signal ein und verfolgt es zu einer Position, die ungefähr zwanzig Meilen leewärts des Aufschlagpunktes liegt. Um wen es sich auch handelt, sie treiben schnell. Der Pilot kommt in geringer Höhe heran, während er die Meeresoberfläche durch seine Nachtsichtbrille absucht, und entdeckt schließlich ein einsames Blinklicht, das unten im Dunkeln aufleuchtet. Durch die riesigen Wellen wird es immer wieder verdeckt. Wenig später sieht er die Blitze von drei weiteren Notlampen. Bis auf einen hat er jetzt alle Mitglieder der Hubschrauberbesatzung gefunden. Der Pilot kreist über den Verunglückten, gibt mit seinen Lichtern ein Blinkzeichen und übermittelt dann die genaue Position an Distrikt Eins. Ein H-3-Hubschrauber, der mit einer Heißvorrichtung ausgerüstet ist und einen Bergungsschwimmer an Bord hat, ist nur noch zwanzig Flugminuten entfernt. In weniger als einer Stunde könnte die ganze Tortur ein Ende haben.

Die Falcon kreist über den Blinkleuchten, bis die H-3 eintrifft, und fliegt dann mit ihren letzten Treibstoffreserven zum Stützpunkt zurück. Die H-3 ist eine riesige Maschine, ähnlich den Kampfhubschraubern, die in Vietnam zum Einsatz kamen, und hat zusätzliche Tanks in der Kabine eingebaut. Sie kann zwar nicht in der Luft auftanken, aber sie kann vier bis fünf Stunden in der Luft bleiben. Der Pilot, Ed DeWitt, versucht, in einer Höhe von vierzig Fuß in den Schwebeflug zu gehen, aber durch die Windscherung wird er immer wieder nach unten gedrückt. Der Ozean nimmt sich im Licht seiner Suchscheinwerfer wie eine zerklüftete weiße Fläche aus, und es gibt keine Bezugspunkte, an die er sich halten könnte. Einmal gerät er vor den Wind und wird fast in die See gedrückt.

DeWitt bringt seinen Hubschrauber vorsichtig bis auf hundert Yards an die drei Männer heran und sagt dem Bordingenieur, daß er den Rettungskorb hinunterlassen soll. Auf keinen Fall will er seinen Bergungsschwimmer einsetzen, aber bei den Männern handelt es sich schließlich um erfahrene Fallschirmretter, die sich vielleicht selber zu helfen wissen. Entweder geht es so, oder sie müssen warten, bis der Sturm abflaut. Der Bordingenieur fiert das Seil weg und beobachtet erschrocken, wie der Korb vom Sturm sofort in Richtung auf die Heckrotoren getrieben wird. Schließlich erreicht der Korb aber doch das Wasser, das Seil in einem 45°-Winkel am Heck, und DeWitt versucht lange genug im Schwebeflug zu bleiben, damit die Schwimmer den Korb erreichen können. Er versucht es fast eine Stunde lang, aber die Wellen sind so hoch daß der Korb nicht länger als ein paar Sekunden auf jedem Wellenkamm schwimmt, bevor er wieder bis ans Ende des Seils herabfällt. Selbst wenn es den Männern gelingt, in den Korb hineinzukommen, ein Scherstift in der Heißvorrichtung ist so ausgelegt, daß er bei Gewichten über 600 Pfund bricht und drei Männer in wasserdurchtränkter Kleidung würden diese Grenze sicherlich überschreiten. Die gesamte Zugvorrichtung – Seil, Korb, einfach alles – würde in die See stürzen.

DeWitt gibt seinen Rettungsversuch schließlich auf, steigt auf zweihundert Fuß und geht wieder in den Schwebeflug. In der Ferne kann er die *Tamaroa* erkennen, Suchscheinwerfer senkrecht nach oben gerichtet, die sich mühsam durch die Wellen kämpft. Er führt sie durch Kursanweisungen zu dem einsamen Blinklicht in der Ferne – Graham Buschor –, wirft dann bei den anderen eine Signalfackel ab und tritt den Rückflug nach Suffolk an. Nur noch Minuten trennen ihn von *bingo*, dem Zeitpunkt, an dem ein Flugzeug nicht mehr genug Treibstoff hat, um die Küste zu erreichen.

Zweihundert Fuß darunter sieht John Spillane seine letzte Hoffnung nach Norden davonfliegen. Er hatte nicht erwartet, gerettet zu werden, aber es ist dennoch schwer, das mit anzusehen. Das einzig Gute daran ist, daß seine Familie jetzt mit Sicherheit wissen wird, daß er nicht mehr lebt. Das kann ihnen Wochen falscher Hoffnung ersparen. In der Ferne sieht Spillane auf und ab tanzende Lichter. Er glaubt, daß es die Falcon sei, die nach weiteren Überlebenden sucht, aber die Lichter bewegen sich seltsam; nicht wie bei einem Flugzeug. Sie bewegen sich wie bei einem Schiff.

Die *Tamaroa* hat vier Stunden gebraucht, um die fünfzehn Meilen bis zur Stelle der Notwasserung zurückzulegen; nach der Drehzahl der Maschine des Schiffs müßte es zwölf Knoten laufen, es macht aber nur drei. Commander Brudnicki weiß nicht, wie stark der Wind ist, weil der Windmesser vom Mast gerissen wurde, aber der Pilot DeWitt meldet, daß sein Windgeschwindigkeitsmesser 87 Knoten anzeigte – das sind hundert Meilen pro Stunde –, als er sich im Schwebeflug befand. Der Kurs zu den im Wasser schwimmenden Fliegern bringt die *Tamaroa* in eine Dwarssee, die das Schiff 110 Grad hin und her rollt; bei der Schräglage ist es einfacher, auf den Wänden entlangzugehen als auf dem Boden. Im Ruderhaus stellt Commander Brudnicki mit einiger Überraschung fest, daß er zu den Wellenkämmen hinaufsehen muß, und wenn er Hartruderlage und volle Kraft befiehlt, dauert es dreißig bis vierzig Sekunden, bevor sich überhaupt eine Wirkung zeigt. Als er später von Bord geht, sagt er: »Ich hoffe, daß dies der Höhepunkt meiner Karriere war.«

Der erste Flieger, den sie entdecken, ist Graham

Buschor, der eine halbe Meile von den anderen entfernt im Wasser schwimmt. Er steckt in einem Mustang-Überlebensanzug, hat einen Signalstift dabei und die einzige funktionsfähige Notfunkboje der ganzen Crew. Brudnicki befiehlt Leutnant Kristopher Furtney, die *Tamaroa* in Luv von Buschor zu bringen und das Schiff dann auf ihn zutreiben zu lassen. Große Objekte treiben schneller als kleine, und wenn sich das Schiff in Luv von Buschor befindet, werden ihn die Wellen nicht gegen die Bordwand schmettern. Der Artilleriemaat beginnt aus Kanonen auf dem Peildeck Leuchtkörper abzufeuern und ein Trupp Seeleute hockt mit Wurfleinen im Bug und wartet auf seine Chance. Sie können sich im Sturm kaum auf den Beinen halten.

Die Maschinen gehen auf Stopp, die *Tamaroa* rollt in den bereits herankommenden riesigen Seen. Es ist eine gefährliche Situation; bei einer Krängung von 72 Grad verliert die *Tamaroa* ihren aufrichtenden Hebelarm, und sie legt sich bereits 55 Grad auf die Seite. Breitseits auf einen Schwimmer zuzutreiben ist ein übliches Rettungsverfahren, aber die Wellen sind so gewaltig, daß Buschor immer wieder außer Reichweite getragen wird. Manchmal befindet er sich dreißig Fuß über den Männern, die ihn zu retten versuchen. Den Leuten im Bug gelingt es nicht, eine Wurfleine auch nur in seine Nähe zu bringen, und Brudnicki mag auch seinen Bergungsschwimmer nicht einsetzen, weil er befürchtet, daß er auch ihn nicht wieder an Bord bekommt. Den Männern an Deck wird schließlich klar: Wenn das Schiff es nicht schafft, zu Buschor zu kommen, muß Buschor zum Schiff kommen. SCHWIMM! brüllen sie über die Reling. SCHWIMM! Buschor reißt sich die Handschuhe herunter und die Kapuze vom Kopf und beginnt um sein Leben zu schwimmen.

Er schwimmt mit aller Kraft, die er aufbringen kann; er schwimmt, bis ihm die Arme erlahmen. Er arbeitet sich bis zum Schiff vor, wird um den Bug getrieben, kämpft sich wieder zurück und bekommt endlich ein Ladenetz zu fassen, das man über die Seite geworfen hat. Das Netz sieht aus wie eine riesige Strickleiter und wird von sechs oder sieben an der Reling stehenden Leuten festgehalten. Buschor krallt sich im Netz fest und wird langsam die Bordwand emporgeholt. Eine große Welle im falschen Augenblick könnte sie jetzt allesamt ins Meer spülen. Die Decksmannschaft hievt Buschor wie einen großen Fisch an Bord und trägt ihn in das Deckshaus. Er versucht das verschluckte Seewasser herauszuwürgen und kann sich nur mit Mühe auf den Beinen halten; seine Körpertemperatur ist auf 34,4° Celsius abgesunken. Er war vier Stunden und fünfundzwanzig Minuten im Wasser. Noch ein paar Stunden, und er hätte sich vielleicht nicht mehr im Netz halten können.

Es hat eine halbe Stunde gedauert, um einen Mann an Bord zu holen, und vier weitere sind noch im Wasser, von denen einer noch nicht einmal gesichtet worden ist. Es sieht nicht gut aus. Außerdem bekommt Brudnicki allmählich Angst, seine Männer noch an Deck zu lassen. Die größeren Wellen überspülen den Bug und begraben die dort postierten Leute unter sich; sie müssen hinterher jedesmal durchzählen, um sich zu vergewissern, daß niemand über Bord gegangen ist. »Es war die schwerste Entscheidung, die ich jemals treffen mußte: Meine Leute an Deck zu schicken und die Hubschrauberbesatzung zu retten«, sagt Brudnicki.

»Weil ich wußte, daß ich dabei einige meiner Männer verlieren konnte. Wenn ich mich entschlossen hätte, den Rettungsversuch abzubrechen, wäre darüber zu Hause kein Wort verloren worden – jeder wußte, daß es eine nahezu unmögliche Aufgabe war. Aber kann man sich wirklich in vollem Bewußtsein überwinden zu sagen: ›Ich werde einfach mit ansehen, wie diese Leute im Wasser sterben‹?«

Brudnicki beschließt, die Bergung fortzusetzen; zwanzig Minuten später liegt die *Tamaroa* hundert Yards in Luv der drei Air-Guard-Männer in einer Dwarssee. Einige Besatzungsmitglieder zünden Signalfackeln an und richten Suchscheinwerfer auf die Schwimmer, und der Steuermann steht auf dem Peildeck und gibt Furtney über Sprechfunk die notwendigen Maschinenkommandos durch. Sie müssen ja nicht nur den Leeweg kontrollieren, sondern auch das Rollen des Schiffes so abstimmen, daß das Schandeck sich zum Wasser herabneigt, während die Schwimmer nach dem Netz greifen. Die Schandecks gehen sowieso bei fast jeder Welle wie ein Expreßfahrstuhl von der Wasseroberfläche aus zwanzig Fuß in die Höhe. Spillane ist verletzt, Mioli kaum noch ansprechbar, und Ruvola tut, was er kann, um ihnen zu helfen. Es ist ganz unmöglich, daß sie, wie Buschor, das Schiff aus eigener Kraft erreichen könnten.

Spillane starrt auf das in der brechenden See schwer überholende Schiff und kann sich beim besten Willen nicht vorstellen, wie sie da hinaufkommen sollen. Am wahrscheinlichsten ist es, seiner Ansicht nach, daß sie alle drei in Sichtweite des Schiffes ertrinken, weil eine Bergung unmöglich ist. »Meine Muskeln wurden steif, ich hatte große Schmerzen«, sagt er. »Die *Tam* kam vor uns zum Stopp und legte sich breitseits vor die Wellen; ich konnte nicht glauben, daß sie so etwas machten – sie brachten sich damit in große Gefahr. Wir konnten sie alle an Deck schreien hören und sahen dann Signalfackeln mit den Leinen daran auf uns zutreiben.«

Die Leinen sind schwer zu erwischen, weshalb die Decksmannschaft das Ladenetz über die Reling wirft. Leutnant Furtney versucht noch einmal, das Schiff in die Nähe der Schwimmer zu bringen, aber das Schiff hat 1600 Tonnen und läßt sich kaum manövrieren. Schließlich, beim dritten Versuch, bekommen die Männer das Netz zu fassen. Ihre Muskeln sind durch die Kälte verkrampft, und Jim Mioli ist dabei, endgültig ein Opfer der Unterkühlung zu werden. Die Männer an Deck hieven mit aller Kraft – schließlich holen sie 600 Pfund totes Gewicht herauf –, und zur gleichen Zeit sackt eine große Welle unter den Schwimmern weg. Sie sind erschöpft und verzweifelt, und das Netz wird ihnen aus den Händen gerissen.

Spillane weiß nur noch, daß er unter Wasser ist. Er kämpft sich zurück an die Oberfläche, gerade als das Schiff nach innen, auf sie zurollt, und er bekommt das Netz noch einmal zu fassen. Das ist der Moment; wenn er es jetzt nicht schafft, stirbt er. Die Decksmannschaft hievt das Netz ein, und Spillane fühlt, wie er die Bordwand hinaufgezogen wird. Er klettert ein Stück höher, merkt, wie Hände ihn packen, und das nächste, was er weiß, ist, daß man ihn über den Bordrand an Deck zieht. Er hat solche Schmerzen, daß er nicht stehen kann. Die Männer lehnen ihn gegen eine Wand, schneiden ihm den Überlebensanzug vom Leib und tragen ihn unter Deck, wobei sie das schwere Rollen des Schiffes hin und her taumeln läßt. Von Ruvola und Mioli sieht Spillane nichts. Sie haben es noch nicht wieder bis zum Netz geschafft.

Die Wellen spülen die beiden Männer am Rumpf entlang bis zum Heck, wo der zwölf Fuß große Propeller gleichsam einen Riesenkessel kochenden Wassers aufrührt. Furtney schaltet die Maschine ab, und die beiden Männer treiben um das Heck herum und dann auf der Backbordseite wieder nach vorn. Ruvola gelingt es, das Netz ein zweites Mal zu ergreifen und eine Hand in die Maschen zu schieben. Mit der anderen packt er Mioli und schreit ihm ins Gesicht: Du mußt es schaffen, Jim! Im Leben gibt es nicht oft eine zweite Chance! Gib alles, was du hast!

Mioli nickt und krallt seine Hände in die Maschen. Ruvola stemmt sich auch noch mit den Füßen ins Netz und klammert sich dann mit der ganzen Kraft fest, die seine verkrampften Muskeln noch hergeben. Die beiden Männer werden nach oben gezogen, wobei sie mit dem Rollen des Schiffes wie ein Pendel nach außen und wieder bordeinwärts schwingen, bis die Decksmannschaft an der Reling sie erreichen kann. Sie packen Ruvola und Mioli an den Haaren, dem Mustang-Rettungsanzug, der Kampfweste, kurz an allem, was sie nur fassen können, und ziehen sie über die Stahlreling. Wie Spillane würgen die beiden Seewasser heraus und können sich kaum auf den Beinen halten. Über fünf Stunden hat Jim Mioli im Wasser gelegen, dessen Temperatur zwischen 15° und 16° Celsius beträgt; er leidet an schwerer Unterkühlung. Seine Körpertemperatur beträgt 32,4° Celsius, das sind fast fünf Grad unter Normaltemperatur; noch zwei Stunden länger im Wasser, und er wäre tot gewesen.

Die beiden Flieger werden unter Deck gebracht, wo

man ihnen die Anzüge vom Leib schneidet und sie in eine Koje legt. Spillane wird in die Kammer des Ersten Offiziers getragen, wo er, nach einer Untersuchung durch den Bordarzt, eine Infusion bekommt und ihm ein Katheter gelegt wird. Sein Blutdruck ist 140 zu 90, er hat einen Puls von hundert und leichtes Fieber. *Augentrübung, Unterleib und Brustkorb druckempfindlich, Schmerzen im Quadriceps,* teilt der Arzt der SAR-Einsatzleitung in Boston mit. *Bruch des Handgelenks, wahrscheinlich Rippenbruch, Verdacht auf innere Verletzungen. Bekommt Tylenol-3 und Pflaster gegen Seekrankheit.* Boston gibt die Information an einen Fliegerarzt der Air National Guard weiter, der sagt, daß er innere Blutungen befürchtet und ihnen rät, den Unterleib sorgfältig zu beobachten. Wenn er immer druckempfindlicher wird, hat er innere Blutungen und sollte mit dem Hubschrauber ausgeflogen werden. Spillane stellt sich vor, wie er in einer Rettungsbahre über dem Ozean hin und her schaukelt und sagt, daß er lieber darauf verzichtet. Bei Tagesanbruch kommt der Erste Offizier herein, um sich zu rasieren und seine Kleidung zu wechseln, und Spillane entschuldigt sich, daß er seine Koje mit Blut und Erbrochenem besudelt hat. Halb so wild, sagt der Offizier, wenn's nur der Gesundheit dienlich ist. Er öffnet die Bullaugenklappe, und Spillane sieht hinaus auf den brüllenden grauen Himmel und die aufgewühlte See. Ach, sagt er, könnten Sie das wohl wieder zumachen? Ich kann den Anblick nicht ertragen.

Die Mannschaften, unrasiert und erschöpft nach 36 Stunden an Deck, taumeln wie betrunken im Schiff herum. Und der Einsatz ist noch nicht vorbei. Rick Smith ist immer noch da draußen. Er ist einer der am besten ausgebildeten PJs im ganzen Land, und niemand zweifelt daran, daß er noch am Leben ist. Sie müssen ihn nur finden. *PJ, bekleidet mit schwarzem* $^{1}/_{4}$*-Zoll-Naßtauchanzug, sprang ab mit Ein-Mann-Rettungsfloß und Spritzwasserplane, zwei kleinen Büchsen mit Trinkwasser, einem Spiegel, einem Notsignalgeber, einem Granola-Riegel und einer Signalpfeife,* notiert der Funkleiter der Coast Guard in Boston. *Der Mann ist in sehr guter körperlicher Verfassung – kann eine ganze Weile durchhalten, fünf bis sieben Tage.*

Insgesamt sind neun Flugzeuge für die Suche vorgesehen, einschließlich eines E-2-Überwachungsflugzeugs, das den Luftverkehr im Einsatzgebiet koordinieren soll. Jim Dougherty, ein PJ, der zusammen mit Smith und Spillane ausgebildet wurde, wirft noch eine Büchse Skoal-Kautabak in sein Gepäck, den er Smith geben will, wenn sie ihn gefunden haben. Dieser Bursche ist ein solches As, sagen die Kameraden, daß er wahrscheinlich einfach in den Luftstützpunkt in Suffolk rein marschiert kommt und sich fragt, wo zum Teufel wir alle bloß waren.

Die Träume der Toten

Dann sank alles zusammen, und das große Bahrtuch der See flutete weiter, wie seit fünftausend Jahren.

HERMAN MELVILLE, Moby Dick, 1851

Bis es sich in Gloucester herumgesprochen hat, daß die Flotte in Schwierigkeiten steckt, ist der Sturm wieder bis auf 350 Meilen an Cape Cod herangekommen und hat so ein steiles Druckgefälle entwickelt, daß sich ein Auge zu bilden beginnt. Satellitenfotos zeigen einen zyklonischen Wirbel vor der Ostküste, der einen Durchmesser von zweitausend Meilen hat; der südliche Rand berührt Jamaika und der nördliche die Küste von Labrador. Insgesamt herrschen auf einer Meeresfläche von einer dreiviertel Million Quadratmeilen Sturmbedingungen, und eine drei bis vier Mal so große Fläche ist indirekt von dem Sturm betroffen. Die feuchte Luft, die in das Tief hineinfließt, sieht auf den Satellitenfotos aus wie ein Sahnestrudel in einer Tasse mit schwarzem Kaffee. Dicke weiße Wolkenstränge und dunkle arktische Luft kreisen eineinhalbmal um das Tief, bevor sie es schaffen, das Zentrum zu erreichen. Das Tief rückt stetig gegen die Küste vor, wobei es sich verstärkt, und als der Morgen des 31. Oktober anbricht, ist es zweihundert Meilen südlich von Montauk, Long Island, steckengeblieben. Die schlimmsten Winde, im Nordostquadranten, werden genau über den Hafen von Gloucester und die Massachusetts Bay hinwegziehen.

So plötzlich und heftig sind die ersten Liebkosungen des Sturmes, daß in den lokalen Wetterberichten ein Hauch von Hysterie zu spüren ist: UNBESTÄTIGTE BERICHTE, DASS ZWEI HÄUSER EINGESTÜRZT SIND, WURDEN AUS DER UMGEBUNG VON GLOUCESTER ÜBERMITTELT ... ANDERE ORTE IN MASSACHUSETTS BEDROHT ... SEEN VON 25 BIS 45 FUSS WURDEN HEUTE VON ÖSTLICH DER GEORGES BANK GEMELDET ... DER GEFÄHRLICHE STURM MIT HOHEM SEEGANG ZIEHT IN RICHTUNG SÜDOST WEITER AUF NEUENGLAND ZU.

Die ersten Hochwasserwarnungen für die Küste werden am 29. Oktober um 3.15 Uhr herausgegeben, hauptsächlich auf der Grundlage von Berichten aus Nantucket über anhaltende Winde bis zu 45 Knoten. Die Vorhersagen der Wetterdienstcomputer gehen systematisch über nahezu alle atmosphärischen Rechenmodelle für dieses Gebiet hinaus, und die Tidenhochwasser liegen nach den Berechnungen zwei bis drei Fuß über normal. (Wie sich herausstellt, sind diese Vorhersagen bei weitem zu niedrig.) Die Warnungen werden über eine Satellitenverbindung und das NOAA-Wetternetz an lokale Medien und Notdienste weitergeleitet. Bei Tagesanbruch wird die Öffentlichkeit durch Rundfunk- und Fernsehmeldungen über den heranziehenden Sturm informiert, und die staatliche Notfall-Zentrale EMA (Emergency Management Agency) setzt sich mit örtlichen Dienststellen längs der Küste in Verbindung, um sicherzustellen, daß die notwendigen Maßnahmen getroffen werden. Die EMA hat ihren Sitz in Framingham, Massachusetts, außerhalb von Boston, und unterhält Direktleitungen zum Büro von Gouverneur Weld, der Nationalgarde, der Staatspolizei und dem Nationalen Wetterdienst. Jede Meldung über eine Bedrohung der öffentlichen Gesundheit nimmt ihren Weg durch die EMA. Wenn die Gemeinden nicht imstande sind, mit dem Problem fertig zu werden, greifen staatliche Stellen ein; schaffen es auch die staatlichen Stellen nicht, wird die Bundesregierung zu Hilfe gerufen. Die EMA ist so organisiert, daß sie sich aller möglichen Notfälle annehmen kann, von starken Gewittern bis zum Atomkrieg.

Der 31. Oktober ist trügerisch warm und mild, jedenfalls an der Küste; Eichenblätter tanzen vor dem Wind durch die Straßen, und die Mittagssonne verbreitet eine leichte Wärme, wie sie die Einwohner bis zum Frühling nicht mehr erleben werden. Das einzige Zeichen, daß irgend etwas nicht in Ordnung ist, findet sich an der Küste, wo riesige, graue Dünungswellen heranzurollen beginnen, deren Donner man noch meilenweit im Binnenland hören kann. Dünungswellen sind die Vorboten des Wetters auf See, und wenn sie an Größe zunehmen, kommt das Wetter näher. Die Polizeibehörde in Gloucester sperrt den Zugang zur Küste, aber die Leute fahren natürlich trotzdem hin, parken ihre Wagen eine Meile landeinwärts und steigen in dem immer stärker werdenden Wind und dem Regen auf die Gipfel der Anhöhen, von wo aus sie auf die See hinausblicken können. Der Ozean vor ihnen ist völlig verwandelt. In großen, gleichmäßigen Streifen marschiert die Dünung vom Horizont heran, während ihre weißen Kämme seitlich im Wind davontreiben und sich ihre Ränge beim Ansturm auf Cape Ann gelegentlich öffnen, wieder schließen und erneut öffnen. Im Flachwasser richten sie sich auf, zögern ein wenig und implodieren dann an den Felsen mit einer Kraft, die

die gesamte Halbinsel zu erschüttern scheint. Luft, die in diesen grauen Walzen eingeschlossen ist, wird an ihrer Rückseite in riesigen Geysiren herausgeschleudert, die höher sind als die Wellen selbst. Dreißig Fuß hohe Seen rollen vom Nordatlantik heran und greifen mit kalter, schwerer Wut nach der Stadt Gloucester.

Am Nachmittag erreicht der Wind Hurrikanstärke, und die Menschen können sich kaum noch auf den Beinen halten oder sich verständlich machen. Die elektrischen Leitungen geben stöhnende Laute von sich, wie sie sonst nur die Hochseefischer bei Sturm auf ihren Booten zu hören bekommen. Wellen überschwemmen den Good Harbor Beach und den Parkplatz vor dem Stop-n-Shop. Sie reißen ganze Abschnitte aus dem Ocean Drive. Sie setzen ein fünfzehn Fuß hohes Durcheinander von Hummerkörben und allem möglichen Treibgut, das die See so mitschleppt, am Ende der Grapevine Lane ab. Sie füllen den Swimmingpool einer Villa mit Steingeröll. Am Strand saugen die Wellenfronten Kiesel und Steine an und speien sie ins Binnenland, zerschmettern dabei Fenster und kartätschen die Rasen. Sie überfluten den Seedeich am Brace Cove, fließen in den Niles Pond und verlieren sich in den dahinter liegenden Wäldern. Eine kurze Zeit lang ist es möglich, auf den Rasenflächen vor den Häusern der Leute zu surfen. Der Niles Pond nimmt so viel Salzwasser auf, daß er überläuft und Eastern Point in zwei Hälften teilt. Eastern Point ist da, wo die reichen Leute wohnen, und als es Abend wird, steht der Ozean zwei Fuß hoch in einigen der schönsten Wohnzimmer im ganzen Staat. An mehreren Stellen im Staat lösen sich Häuser von ihren Fundamenten und treiben auf die See hinaus. Wellen durchbrechen eine dreißig Fuß hohe

Düne am Ballston Beach in Truro und überschwemmen den Oberlauf des Pamet River. Im Hafen von Chatham werden Schiffsmurings von sechstausend Pfund aus ihrer Verankerung gerissen. Das Pilgrim-Atomkraftwerk in New Hampshire wird abgeschaltet, weil die Kühlwasser-Ansaugstutzen von Seetang blockiert werden. Ein Pilot der Delta Airlines in Logan bemerkt überrascht, daß die Gischt der brechenden Wellen über die zweihundert Fuß hohen Kräne auf Deer Island hinwegfegt; noch während seine Maschine auf der Rollbahn steht, registriert der Windmesser eine Geschwindigkeit von achtzig Meilen pro Stunde. Häuser in Gloucester, Swampscott und auf Cape Cod werden auf die See hinausgeschwemmt. Steigende Fluten setzen die halbe Stadt Nantucket unter Wasser. Ein Mann wird von den Felsen auf Point Judith, Rhode Island, heruntergerissen und nie mehr gesehen, und ein Surfer stirbt bei dem Versuch, auf zwanzig Fuß hohen Brechern in Massachusetts zu reiten. Plum Island wird von den Wellen mittendurch geteilt, genauso wie Haugh's Neck und Squantum, in Quincy. Über zweihundert Häuser fallen dem Sturm in der Stadt Situate zum Opfer, die Nationalgarde muß den Einwohnern bei der Evakuierung helfen. Eine ältere Frau wird mit einem Tieflöffelbagger aus ihrem Haus gerettet, während anbrandende Wellen die Eingangstür einschlagen.

Die Winde haben so viel Wasser in Bewegung gesetzt, daß der Ozean gegen das Festland geschoben wird und dort die Flüsse zu blockieren beginnt. Der Hudson wird hundert Meilen bis Albany zurückgestaut und verursacht Überschwemmungen, und das gleiche geschieht mit dem Potomac. Im Hafen von Boston liegt die Höhe der Gezeiten fünf Fuß über dem

Normalstand, nur noch einen Zoll vom höchsten jemals verzeichneten Stand entfernt. Wäre der Sturm eine Woche früher gekommen, in der Zeit der höchsten Tiden des Monats, wäre der Wasserstand noch eineinhalb Fuß höher gewesen, und die Fluten hätten die Innenstadt von Boston überschwemmt. Sturmflutwellen löschen die Feuer der Leuchttürme auf der Isle of Shoals und auf Boone's Island, vor der Küste von Maine. Einige Angehörige der Demokratischen Partei nehmen mit einer gewissen Schadenfreude zur Kenntnis, daß die Vorderseite des Sommerhauses von Präsident Bush in Kennebunkport durch den anbrandenden Ozean zerstört wird. Der Schaden längs der Ostküste übersteigt eineinhalb Milliarden Dollar, eingeschlossen die Millionenverluste an Hummerfallen und anderen festen Fischereieinrichtungen.

»Um die Schwere des Sturms zu kennzeichnen, kann ich nur sagen, daß wir bis dahin niemals – zu irgendeinem Zeitpunkt – erlebt hatten, daß eine Hummerfalle vor der Küste ihren Standort veränderte«, sagt Bob Brown. »Einige wurden dreizehn Meilen nach Westen versetzt. Es war der schlimmste Sturm, von dem ich jemals gehört oder den ich jemals erlebt habe.«

Am Abend des 31. Oktober – als die Wellenhöhen ihr Maximum erreicht haben und die Ostküste der vollen Gewalt des Sturms ausgesetzt ist – laufen bei der Küstenwache zwei größere SAR-Einsätze. In Boston beginnt ein Mann der Küstenwache damit, jeden Hafenmeister in Neuengland anzurufen und sich zu erkundigen, ob die *Andrea Gail* eingelaufen sei. Ist der Ort zu klein, um sich einen Hafenmeister zu leisten, bittet er einen Angehörigen des Stadtrats, zum Hafen zu gehen und nachzusehen. Kutter der Küstenwache suchen gleichzeitig die ganze Küste ab und kontrollieren jeden Hafen und jede Bucht, die einem Boot als Zuflucht dienen könnte. In Maine, um das Gebiet von Jonesport herum, kontrolliert ein Kutter Sawyers Cove, Roque Harbor, Black Cove, Moose Peak Light, Chandler and Englishman Bay, Little Machias Bay, Machias Bay East Side, Machias Bay West Side und Mistaken Harbor, alles ohne Erfolg. Die gesamte Küste von Lubec, Maine, bis zum Osten von Long Island wird genau abgesucht, ohne das geringste Anzeichen der *Andrea Gail* zu entdecken.

Die Suche nach Rick Smith ist in gewisser Hinsicht einfacher als die nach der *Andrea Gail,* weil die Piloten ja genau wissen, wo er abgesprungen ist, aber ein einzelner Mensch – selbst mit einer Notleuchte ausgerüstet – ist unter solchen Bedingungen äußerst schwierig zu entdecken. (Ein Pilot übersah einen 500-Fuß-Frachter, weil er auf einem Streckenabschnitt des Suchlabyrinths völlig von Wellen verdeckt war.) Aus diesem Grunde werden alle geeigneten Einheiten von einem halben Dutzend Luftstützpunkten an der Ostküste an der Suche beteiligt. Smith hat eine Frau und drei Töchter zu Hause und kennt eine Menge der an der Suche beteiligten Männer persönlich. Er ist einer der am besten ausgebildeten Bergungsschwimmer der Welt, und wenn er lebend das Wasser erreicht, dann bleibt er auch am Leben. Es ist möglich, daß er am Ende verdurstet, aber er wird nicht ertrinken.

Als erstes wirft die Küstenwache eine Markierungsboje dort ab, wo man die anderen Männer der Hubschrauberbesatzung aus dem Meer gefischt hat. Die Boje treibt so schnell wie ein Mensch, und das Suchgebiet verschiebt sich kontinuierlich in Richtung Südwest. Flugzeuge, in einer Höhe von 500 Fuß über dem Wasser, suchen auf eine Entfernung von dreißig Meilen in Richtung der vermutlichen Abtrift die Oberfläche ab, aber unter diesen Bedingungen stehen die Chancen, einen einzelnen Menschen zu entdecken, nur eins zu drei, weswegen einige Streifen mehrmals abgeflogen werden. Es sind so viele Flugzeuge in der Luft und das Suchgebiet ist so begrenzt, daß sie ziemlich sicher sind, ihn zu finden. Und tatsächlich finden sie nahezu alles. Sie finden das Neun-Mann-Rettungsfloß, das Jim Mioli aus dem Hubschrauber geworfen hat. Ein Taucher der Coast Guard springt aus einem der Hubschrauber ab, um es aufzuschlitzen, damit andere Sucheinheiten nicht abgelenkt werden. Sie finden das Avon-Floß das von der *Tamaroa* aufgegeben wurde, sowie Rettungsflöße anderer Schiffe, von denen sie bisher noch gar nichts wußten. Und dann, kurz bevor am 31. Oktober die Dämmerung einsetzt, entdeckt ein Pilot der Coast Guard einen grünen Day-Glo-Farbfleck im Wasser.

Man weiß, daß PJs einen derartigen Farbstoff für eben solche Notfälle dabei haben, und dieser hier stammt zweifellos von Rick Smith. Der Pilot kreist und geht tiefer und entdeckt einen dunklen Fleck in der Mitte des Farbflecks – wahrscheinlich Rick Smith selbst. Die Besatzung des Suchflugzeugs wirft eine Funkbake und ein Rettungsfloß mit einem Leuchtsignalbehälter ab, und der Pilot gibt die Koordinaten nach Boston durch. Ein Hubschrauber wird zur vermeintlichen Fundstelle geleitet, und der Kutter *Tamaroa,* zweieinhalb Stunden entfernt, ändert seinen Kurs und läuft ebenfalls auf den Ort zu. Eine H-60, begleitet von einem Tankflugzeug, startet von Elizabeth City aus, und ein Marineflugzeug, ausgerüstet mit einem Infrarotgerät, wird startklar gemacht. Wenn die Retter Smith nicht mit dem Hubschrauber herausholen können, werden sie ihn mit dem Schiff retten; wenn sie ihn nicht mit dem Schiff retten können, werden sie ein Rettungsfloß abwerfen; wenn er zu schwach ist, in das Floß zu klettern, werden sie einen Bergungsschwimmer absetzen. Smith ist einer von ihnen, und sie werden ihn herausholen, so oder so.

Es ist noch vollkommen dunkel, als der erste Hubschrauber, geleitet durch die Funkbake, eintrifft. Von Smith ist nichts zu sehen. Der Pilot der Küstenwache, der ihn entdeckte und im Stützpunkt seinen Bericht abgab, sagt, daß der Farbstoff frisch war, und daß er »überzeugt« gewesen wäre, daß sich in der Mitte des Flecks ein Mann befunden hätte. Die See wäre jedoch zu rauh gewesen, um zu erkennen, ob er zu dem Rettungsfloß hinübergeschwommen sei, das für ihn abgeworfen worden war. Drei Stunden später gibt einer der Hubschrauberpiloten durch, daß sie Smith in der Nähe der Funkbake gefunden hätten. Eine weitere H-60 und ein Tankflugzeug machen sich in Suffolk zum Start bereit, aber kaum sind die betreffenden Befehle erteilt, als sich der Pilot im Einsatzgebiet auch schon korrigiert: Er hat keine Person, er hat ein Rettungsfloß entdeckt. Es handelt sich wahrscheinlich um das Rettungsfloß, das die Küstenwache vor einigen Stunden abgeworfen hatte. Der Startbefehl für die Flugzeuge im Stützpunkt Suffolk wird zurückgenommen.

Die ganze Nacht hindurch zieht der Sturm die Küste entlang nach Süden, kehrt dann jedoch plötzlich um und nimmt Kurs auf Neuschottland, wobei er stündlich an Kraft verliert. Der Konvektionsmotor des Sturms, der Warmluft von der Oberfläche des Ozeans ansaugt, beginnt in den kalten, nördlichen Gewässern endlich an Kraft zu verlieren. Am Morgen des 1. November sind die Wetterbedingungen stabil genug, um John Spillane abtransportieren zu können; er wird auf einer Rettungstrage festgeschnallt und auf das Achterdeck der *Tamaroa* getragen. Dann wird er in den Bauch einer H-3 gehievt und nach Atlantic City geflogen, wo man ihn sofort in die Intensivstation des Krankenhauses fährt und ihm zwei Einheiten Blut infundiert. Ein paar Stunden später macht ein Mann der Küstenwache einen Piloten ausfindig, der ihm erzählt, er habe grünen Farbstoff ins Wasser geworfen, um eine Leine zu markieren, die er gesehen habe. Das erklärt den Farbstoff, aber nicht, was mit der Person ist, die angeblich darin gesichtet wurde. Ein Überlebensspezialist der Küstenwache namens Mike Hyde erklärt, daß Smith seine Körpertemperatur in einem ein Viertel Zoll dicken Tauchanzug praktisch eine Ewigkeit aufrechterhalten, aber durch das Einatmen von Wasser ertrinken könnte. Es gibt keine Tabellen für die Überlebenszeit unter Bedingungen, mit denen er zu kämpfen hatte, sagt Hyde.

Wenn es Smith jedoch geschafft hat, den Sturm zu überleben, dann könnte er auch noch die nächsten vier Tage durchstehen, glaubt Hyde. Am Ende wird er jedoch an Dehydration sterben. Die See ist jetzt viel ruhiger, aber die Suche läuft jetzt ohne Unterbrechung 72 Stunden, und es ist keine Spur von ihm entdeckt worden. Die Chancen, daß Smith noch am Leben ist, sind praktisch gleich Null. Am Morgen des 2. November – der Sturm befindet sich jetzt über Prince Edward

Island und verliert schnell an Stärke – läuft der Kutter *Tamaroa* Shinnecock Inlet, Long Island, an, und Ruvola, Buschor und Mioli werden mit der Barkasse an Land gebracht. Auch die Frau von Rick Smith, Marianne, ist zum Empfang auf dem Luftstützpunkt in Suffolk, und mehrere Leute äußern sich besorgt darüber, daß sie das Wiedersehen der anderen Flieger mit ihren Familien mit ansehen muß.

Was denken die sich bloß, fragt sie sich, glauben die wirklich, ich möchte, daß diese Frauen *ihre* Männer ebenfalls verlieren? Sie nimmt John Brehm, den leitenden PJ, beiseite und sagt, hör mal, John, wenn sie Rick bis jetzt nicht gefunden haben, dann werden sie ihn auch nicht mehr finden. Was mich betrifft, so betrachte ich mich als Witwe, aber ich muß jetzt wissen, was passiert.

Brehm gibt seiner Hoffnung Ausdruck, daß sie ihn schon noch finden werden, aber Marianne schüttelt nur den Kopf. Wenn er am Leben wäre, würde er sich durch ein Notsignal bemerkbar machen, sagt sie. Er lebt nicht mehr.

Marianne Smith, die ein drei Wochen altes Baby stillt, hat seit der Notwasserung praktisch nicht mehr geschlafen. Sie erfuhr davon spät in der ersten Nacht, als sie jemand vom Stützpunkt anrief und sie aus einem Erschöpfungsschlaf riß. Sie brauchte eine volle Minute, um überhaupt zu begreifen, was der Mensch sagte, und als sie es schließlich verstand, versicherte er ihr, daß es eine kontrollierte Notwasserung gewesen sei und daß alles klargehen würde. Es ging jedoch nicht alles klar. Zuerst wollten sie ihr nicht sagen, welche vier Besatzungsmitglieder von der *Tamaroa* aufgefischt worden waren (verständlicherweise vermutete sie, daß einer von ihnen ihr Mann sein würde), dann sagten sie, daß sie ihn in der Mitte eines grünen Farbflecks entdeckt hätten, und dann hörte sie, daß sie ihn wieder verloren hatten. Jetzt befindet sie sich gewissermaßen zwischen den Welten; von allen Leuten auf dem Stützpunkt als Witwe angesehen, eine Witwe, der man dennoch immer wieder versichert, daß ihr Mann sicher noch lebend geborgen werden wird. Niemand kann sich anscheinend offen mit der Tatsache abfinden, daß Rick Smith tot ist. Die Flugzeuge gehen hinaus, das Gitternetz über dem Suchgebiet wird abgeflogen.

Nachdem man die Flüge neun Tage lang rund um die Uhr erfolglos fortgesetzt hat, wird die Suche nach Rick Smith schließlich eingestellt. Nach der Meinung aller Beteiligten muß er so hart auf das Wasser aufgeschlagen sein, daß er das Bewußtsein verlor und ertrank. Eine weitere Möglichkeit ist, daß er von Spillane getroffen wurde, als der auf das Wasser aufschlug, oder daß ihn das Rettungsfloß traf oder daß er den Fanggurt vor dem Sprung nicht gelöst hat. Dieser Fanggurt soll verhindern, daß Besatzungsmitglieder aus dem Hubschrauber fallen, und wenn Smith gesprungen ist, ohne ihn vorher zu lösen, dann hat er unter dem Hubschrauber gebaumelt, bis Ruvola ihn aufs Wasser setzte.

John Spillane möchte lieber glauben, daß Smith beim Aufprall auf das Wasser bewußtlos wurde. Er trug viele Ausrüstungsgegenstände am Leib und mußte sich während des Falls gedreht haben und flach auf das Wasser aufgeschlagen sein. Spillanes einzige Erinnerung an den Fall ist auch genau die: Wie er anfing, sich zu drehen, mit den Armen ruderte und dachte,

»Mein Gott, was für ein langer Weg nach unten.« Diese Worte, oder etwas sehr Ähnliches, beschreiben wahrscheinlich den letzten Gedanken, der Rick Smith durch den Kopf ging.

Während Flugzeuge über den Küstengewässern von Maryland ihre Suchstreifen abfliegen, wird die Suche nach der *Andrea Gail* in noch größerem Maßstab fortgesetzt. Fünfzehn Flugzeuge, einschließlich einer P-3 der Marine, die von der Smith-Suche abgezogen worden ist, fliegen das Seegebiet südwestlich von Sable Island ab, wohin ein Rettungsfloß wahrscheinlich abgetrieben wäre. Ein Gerücht verbreitet sich in Gloucester, Billy Tyne habe in der Nacht des 29. Oktober jemand über Satellit angerufen, aber Bob Brown geht diesem Gerücht nach und informiert die Küstenwache, daß da nichts dran ist. Die Hälfte aller Boote der Schwertfischfängerflotte – die *Laurie Dawn 8,* die *Mr. Simon* und die *Eishin Maru* – trägt erhebliche Schäden davon und kehrt früher nach Hause zurück als geplant. Die am weitesten im Osten stehenden Boote entgehen der vollen Gewalt des Sturms (»Wir hatten nur 70-Knoten-Winde«, erinnert sich Linda Greenlaw), aber derart extremes Wetter wirkt sich tagelang nachteilig auf die Fischerei aus, und deshalb kommen die meisten dieser Boote ebenfalls früher zurück.

Von der *Andrea Gail* sieht und hört man nichts bis zum 1. November, als Albert Johnston auf der Heimfahrt geradewegs durch eine Ansammlung blauer Dieselfässer läuft. Sie schwimmen hundert Meilen südwestlich von Sable Island, und an ihren Seiten sind die Buchstaben AG aufschabloniert. »Die Fässer passierten uns auf beiden Seiten, ich mußte nicht einmal meinen Kurs ändern«, sagt Johnston. »Es war richtig unheimlich. Stellen Sie sich vor, nur ein paar Kraftstoffässer, das war alles, was von ihnen noch übrig war.«

Eine Stunde später trifft Johnston auf eine weitere Ansammlung von Fässern, dann noch auf eine dritte, und gibt deren Position an die Küstenwache durch. Die Fässer allein bedeuten noch nicht, daß die *Andrea Gail* gesunken ist – sie hätten ja genausogut über Bord gespült worden sein können –, aber ein gutes Zeichen ist das nicht. Die kanadische und die amerikanische Küstenwache weiten ihre Suche aus, ohne etwas zu finden; schließlich, am 4. November, tauchen weitere Beweisstücke auf. Bei einer Routinesuche am Strand von Sable Island findet ein Mann der Küstenwache einen Propangastank und eine Funkbake mit dem aufgemalten Namen *Andrea Gail.* Die Funkbake dient zum Auffinden von Fischgerät und ist eingeschaltet, vielleicht in dem verzweifelten Versuch, das schwer geprüfte Boot mit so vielen elektronischen Signalgebern zu umgeben wie möglich. Normalerweise werden sie in »Aus«-Position verstaut.

Und dann, am Nachmittag des 5. November, wird eine Seenotfunkbake (EPIRB) auf Sable Island angespült. Es ist ein orangefarbenes 406-Megahertz-Modell, das von einer amerikanischen Firma namens Koden hergestellt wurde, und der Ringschalter ist ausgeschaltet. Das bedeutet, daß die Funkbake kein Signal abgeben kann, selbst wenn sie mit Wasser in Berührung kommt. Die Seriennummer lautet 986. Sie stammt von der *Andrea Gail.*

Wie bei der vor einem Jahrhundert vom Schoner *Falcon* über Bord geworfenen Flaschenpost sind die Chancen, daß ein so kleiner Gegenstand wie eine Seenotfunkbake in menschliche Hände fällt, äußerst gering.

Und noch geringer sind die Chancen, daß Billy Tyne seine EPIRB abschaltet – dafür gibt es keinen Grund, es würde auch nicht einmal die Batterien schonen. Bob Brown, Linda Greenlaw, Charlie Reed, niemand, der Billy kennt, kann sich das erklären. Im vierzehnseitigen Tagebuch der kanadischen Küstenwache ist zwar die Entdeckung des Propangastanks und der Funkbake verzeichnet, nicht aber die der EPIRB. Tatsächlich fehlt die ganze Seite für den Tag – den 5. November 1991 –, an dem die EPIRB gefunden wurde. In Gloucester beginnt sich das Gerücht zu verbreiten, daß die Küstenwache in Wahrheit doch ein EPIRB-Signal aufgefangen habe, als sich die *Andrea Gail* in Seenot befand, daß die Wetterbedingungen jedoch so schlimm waren, daß sie nicht auslaufen konnte. Und als, entgegen aller Erwartung, die EPIRB auf Sable Island angespült wird, habe die Küstenwache das Gerät abgeschaltet, um sich keiner Kritik auszusetzen.

Ob diese Gerüchte nun der Wahrheit entsprechen oder nicht, auf jeden Fall sind sie in mancher Hinsicht unerheblich. Wetterbedingungen, die so schlecht sind, daß sie selbst die Küstenwache schrecken, sind auch schlecht genug, um eine Rettung zu verhindern, und als die Seenotrettungsbake zu senden begann – wenn sie es denn je tat –, war die Mannschaft der *Andrea Gail* wahrscheinlich schon verloren. Nach den Rettungsversuchen vor Long Island zu urteilen, wäre selbst ein direkt über der Mannschaft der *Andrea Gail* schwebender Hubschrauber außerstande gewesen, ihnen zu helfen. Trotzdem wird die EPIRB ordnungsgemäß zur Untersuchung durch die Federal Communications Commission abtransportiert.

Am 6. November entdeckt ein kanadischer Pilot ein

luftleeres Rettungsfloß vor der Küste von Neuschottland, aber es ist niemand darin, und er verliert es aus den Augen, bevor es geborgen werden kann. Zwei Tage später sieht die *Hannah Boden*, die nach drei Wochen auf See in den Heimathafen zurückkehrt, noch einmal eine Ansammlung von Dieselfässern, die an der Seite mit *AG* markiert sind, aber von dem Schiff gibt es nach wie vor keine Spur. Schließlich, am 8. November, eine halbe Stunde vor Mitternacht, wird die Suche nach der *Andrea Gail* endgültig eingestellt. Sie ist jetzt seit fast zwei Wochen verschollen, und Flugzeuge haben 116 000 Quadratmeilen des Ozeans abgesucht, ohne einen einzigen Überlebenden zu entdecken. Alles, was sie finden konnten, waren ein paar Teile ihrer Decksausrüstung.

»Nachdem die Suche abgebrochen worden war, bin ich oft zur Fischpier runtergegangen«, sagt Chris Cotter. »Ich bin oft da hingegangen; ich war allein und ließ mir alle diese Dinge durch den Kopf gehen – stellte mir vor, was mit ihren Körpern passiert war, und diese ganzen schrecklichen Sachen, du weißt schon. Sobald mich solche Gedanken überfielen, verdrängte ich sie aus meinem Kopf und meiner Seele, und dann erinnerte ich mich an die guten Dinge, er war wieder bei mir, und alles war okay. Ich vermisse ihn wahnsinnig, wenn ich auch die ganze Zeit dagegen ankämpfe. Später, sag ich mir. Ich werde ihn später wiedersehen.«

Der Trauergottesdienst wird einige Tage später in der St. Ann's Church abgehalten, die auf einer Anhöhe hinter dem »Crow's Nest Inn« liegt. Seit dreizehn Jahren ist das der erste Gottesdienst für auf See gebliebene

Fischer aus Gloucester, und es erscheinen selbst Leute, die die Verstorbenen nicht einmal gekannt haben. Die See war ihr Reich, sie kannten es gut, sagt Pfarrer Casey ruhig zu den rund tausend Menschen, die sich in der Kirche versammelt haben. Ich möchte Sie bitten, nicht nur um diese drei Männer zu trauern, sondern auch um alle die anderen tapferen Menschen, die ihr Leben für Gloucester und seine Fischindustrie gegeben haben.

Mary Anne und Rusty Shatford lesen ein Gedicht über den Fischfang vor, und Sullys Bruder spricht ein paar Worte und auch einige von der Tyne-Familie. Bob und Susan Brown nehmen ebenfalls am Gottesdienst teil, aber sie sagen nur wenig und verschwinden sofort, nachdem er zu Ende ist. Dies ist das dritte Mal, daß Männer auf einem von Bob Browns Schiffen den Tod gefunden haben, und die Menschen in der Stadt vergessen so etwas nicht, gleichgültig, wessen Schuld es auch gewesen sein mag. Nach dem Gottesdienst fahren und gehen die Trauernden den steilen Hügel zur Rogers Street hinunter und versammeln sich im »Crow's Nest Inn« und im »Irish Mariner«, wo in den nächsten beiden Tagen eine Totenwache abgehalten wird. Essen wird herangeschleppt, und die Leute gehen in die Wohnung von Sullys Bruder, dann zurück zum »Crow's Nest«, dann hinüber zu den Tynes und wieder zum »Nest« zurück, endlos, das ganze Wochenende lang.

Wären die Männer auf der *Andrea Gail* einfach gestorben und ihre Leichen wären irgendwo aufgebahrt, könnten ihre Angehörigen von ihnen Abschied nehmen und ihr Leben fortsetzen. Aber sie waren nicht gestorben, sie waren einfach vom Antlitz dieser Erde verschwunden, und es ist strenggenommen nur eine Frage des Glaubens, daß diese Männer niemals zurückkehren werden. So ein Glaube verlangt Arbeit, bedarf einer willentlichen Anstrengung. Die Menschen von Gloucester müssen diese Männer ganz bewußt aus ihrem Leben streichen und sie in eine andere Welt verbannen.

»In der Nacht, bevor ich das mit dem Boot erfuhr, hatte ich diesen Traum«, sagt Debra Murphy; Murphs Exfrau. »Murph sollte eigentlich zu meinem Geburtstag kommen, und in meinem Traum sagt er: ›Es tut mir leid, aber ich schaffe es diesmal nicht.‹ Dann wache ich auf und bekomme diesen Anruf. Es ist Billys neue Freundin, die mir erzählt, daß da draußen ein Riesensturm tobt, und daß man schon zwei Tage lang nichts mehr von der *Andrea Gail* gehört habe.«

Debra fährt sofort zu Murphs Eltern hinüber, um ihnen die schlechte Nachricht zu überbringen. Sie haben nie viel von der Fischerei gehalten – der Vater ist Immobilienmakler, und die Familie hat ein ruhiges Leben in der Vorstadt –, und sie sitzen schockiert vor ihr, als Debra ihnen berichtet, daß das Boot verschollen ist. Sie weiß nicht viel mehr als diese eine Tatsache, und als sie Bob Brown anruft, kann er ihr auch nur sagen, daß sich das Boot zuletzt am 28. Oktober gemeldet hat und daß eine Suche eingeleitet worden ist. Später reagiert Brown auf ihre Anrufe nicht mehr, weshalb sie sich täglich mit der Küstenwache in Verbindung setzt und fragt, wie viele Suchflugzeuge ausgeschickt wurden, ob sie etwas gesehen haben, was sie als nächstes vorhaben. Schließlich, nach zehn Tagen der Hölle, setzt Debra ihren dreijährigen Sohn, Dale junior, vor sich auf einen Sessel und sagt ihm, daß sein Vater nicht mehr zurückkommen wird. Ihr Sohn versteht das nicht und will wissen, wo er denn ist.

Er ist beim Fischen, mein Schätzchen, antwortet sie. Er fischt jetzt im Himmel.

Dale weiß, daß sein Vater an vielen Plätzen fischt – Hawaii, Puerto Rico, Massachusetts. Der Himmel ist sicher nur eine andere Stelle, wo sein Vater fischt. Und wann kommt er denn vom Fischen im Himmel zurück? fragt er.

Ein paar Monate später kommt sein Vater tatsächlich vom Fischen im Himmel zurück, zumindest soweit es Dale junior betrifft. Dale wacht schreiend mitten in der Nacht auf, und Debra stürzt, von panischem Schrecken ergriffen, in sein Zimmer. Was ist los, mein Schatz, was fehlt dir? ruft sie.

Daddy ist im Zimmer, antwortet Dale. Daddy war eben hier.

Was soll das heißen, Daddy war eben hier? fragt Debra.

Der dreijährige Dale, der noch sehr mit der Sprache zu kämpfen hat, wiederholt, was ihm sein Daddy erzählt hat. Das Boot kenterte, und sein Vater blieb dabei an einem Haken hängen (einem der Haken, mit denen man größere Fische an Bord hievt). Der Haken verfing sich in seinem Hemd und Murph gelang es nicht, sich rechtzeitig zu befreien, er wurde unter Wasser gezogen, und das war das Ende.

»Durch den Verlust seines Vaters hat mein Sohn viel Zorn in sich aufgespeichert«, sagt Debra. »Es gibt Tage, an denen er vollkommen niedergeschlagen ist, und ich sage dann zu ihm, ›Was ist los, Dale?‹ Und er sagt, ›Nichts, Mom, ich denke nur an meinen Dad.‹ O Gott, er sieht mich mit diesen großen braunen Augen an, die

Tränen laufen ihm die Wangen herunter, und es bringt mich fast um, weil es nichts gibt, was ich tun kann. Nicht das geringste.«

Auch andere werden von Erscheinungen heimgesucht. Murphs Mutter schaut eines Tages aus dem Schlafzimmerfenster und sieht Murph in seinen großen Seestiefeln die Straße herunterkommen. Jemand anders sieht ihn mitten im Verkehr in der Innenstadt von Bradenton. Von Zeit zu Zeit träumt Debra, daß sie ihn irgendwo sieht, zu ihm hinläuft und fragt, »Dale, wo bist du gewesen?« Aber er antwortet nicht, und sie wacht schweißgebadet auf, und die Wahrheit überfällt sie.

Chris Cotter in Gloucester hat einen ähnlichen Traum.

Bobby, über das ganze Gesicht strahlend, steht plötzlich vor ihr, und sie sagt zu ihm, »Hey, Bobby, wo bist du gewesen?« Er erzählt es ihr nicht, lächelt nur die ganze Zeit und sagt dann, »Denk daran, Christina, ich werde dich immer lieben«, und verschwindet dann wieder. »Er ist immer glücklich, wenn er geht, und daher weiß ich, daß es ihm gutgeht«, sagt Chris. »Es geht ihm wirklich gut.«

Chris selbst geht es jedoch gar nicht gut. In manchen Nächten findet sie sich unten an der staatlichen Fischpier und wartet darauf, daß die *Andrea Gail* einläuft; manchmal erzählt sie ihren Freunden: »Bobby kommt heute nach Hause, ich weiß es.« Sie geht mit anderen Männern aus, sie lebt ihr Leben, so gut es geht, aber sie kann nicht akzeptieren, daß er nicht mehr da ist. Sie haben nie eine Leiche gefunden, nie ein Stück vom Boot entdeckt, und sie klammert sich daran als eine Art Beweis, daß die ganze Mannschaft vielleicht sicher auf irgendeiner Insel sitzt, Margaritas trinkt und den Sonnenuntergang beobachtet. Einmal träumt Chris, daß Bobby mit einer schönen blonden Frau im Meer lebt. Die Frau ist eine Meerjungfrau, und mit ihr ist Bobby jetzt zusammen. Chris wacht auf, geht wieder ins »Crow's Nest Inn«.

Einige Wochen nach der Tragödie bekommen die Familien der Toten einen Brief von Bob Brown, in dem er sie ersucht, ihn von aller Verantwortung zu entbinden. Der Brief ist höflich, hält sich an die Tatsachen und betont, daß die *Andrea Gail* »dicht und solide, voll bemannt, ausgerüstet und versorgt und in jeder Hinsicht seetüchtig und für die Aufgaben geeignet gewesen sei, für die sie eingesetzt wurde«. Unglücklicherweise wurde sie auch vom Meer verschlungen. Für einige der Hinterbliebenen – Jodi Tyne, Debra Murphy – ist dies der einzige Brief, den sie von Bob Brown erhalten. Er schreibt keinen Beileidsbrief, er bietet keine finanzielle Hilfe an; er schickt nur diesen Brief, der ihn vor künftigen Rechtsansprüchen schützen soll. Möglicherweise ist er zu reserviert, und es ist ihm peinlich, sich persönlich mit den Hinterbliebenen auseinanderzusetzen, aber die sehen die Sache etwas anders. Sie sehen Bob »Selbstmord« Brown als einen Geschäftsmann, der durch ihre Männer Hunderttausende von Dollar verdient hat. Alle Frauen beschließen, ihn zu verklagen.

Der Tod der sechs Besatzungsmitglieder der *Andrea Gail* fällt unter den »Death on the High Seas Act«. Es wurde in den frühen siebziger Jahren vom Kongreß verabschiedet, und dann 1990 vom Obersten Bundesgericht ergänzt. Eine Klage gegen jemanden, der schuldhaft den Tod eines anderen auf hoher See verursacht, ist auf den »geldwerten« Verlust beschränkt, worunter die Geldsumme verstanden wird, die der Verstorbene für seine Familie verdiente. Bobby Shatford, zum Beispiel, zahlte jeden Monat 325 Dollar Unterhalt für sein Kind. Nach dem Gesetz könnte seine Exfrau Bob Brown auf Zahlung dieser Summe verklagen – und das tut sie auch –, aber Ethel Shatford kann das nicht. Sie hat einen Sohn verloren, keinen gesetzlichen Ernährer, und hat deshalb keinen geldwerten Verlust erlitten.

Dieses Gesetz ist ein Überbleibsel der von hartem Realismus geprägten englischen Rechtsprechung, die den Tod auf See als einen Akt Gottes ansah, für den die Schiffseigner keinesfalls haftbar gemacht werden könnten. Wo würde das auch hinführen? Wie wären sie denn noch imstande, Geschäfte zu machen? Wären diese Männer, sagen wir mal, bei einem Unfall in der Holzfällerei gestorben, könnten die Familienangehörigen den Arbeitgeber wegen des Verlusts eines ihrer Lieben verklagen. Für die hohe See gilt das jedoch nicht. Auf hoher See – die eine *marine league,* oder drei Seemeilen, vor der Küste beginnt – ist alles möglich. Die einzige Chance, wie Ethel Shatford für den Verlust ihres Sohnes entschädigt werden könnte, ist der Nachweis, daß Bobbys Tod außergewöhnlich qualvoll gewesen ist oder daß Bob Brown sein Boot schlampig gewartet hat. Bei einem spurlos verschwundenen Boot läßt sich natürlich nicht nachweisen, wie die Besatzungsmitglieder gestorben sind, aber Fahrlässigkeit sehr wohl. Fahrlässigkeit läßt sich beweisen durch Reparaturbelege sowie durch die Aussagen von Fachleuten und früheren Besatzungsmitgliedern.

Einige Wochen nach dem Verlust der *Andrea Gail* erklärt sich ein Anwalt aus Boston namens David Ansell bereit, die Hinterbliebenen von Murphy, Moran und Pierre wegen fahrlässig verursachten Todes zu vertreten. Die anderen Fälle – wozu auch eine Klage Ethel Shatfords gehört – werden von einem Bostoner Anwalt übernommen, der sich dazu noch auf Seerecht spezialisiert hat. Browns Name ist Ansell bereits bekannt: Vor zehn Jahren vertrat Ansells Büro die Witwe des Mannes, der auf der Georges Bank vom Deck der Brown gehörenden *Sea Fever* gespült wurde. Jetzt muß Ansell Bob Brown erneut Fahrlässigkeit nachweisen. Die Tatsache, daß Brown genauso handelte wie jeder andere Bootseigner in der Flotte der Schwertfischfänger – bauliche Veränderungen nach Augenmaß, Überladen des Walrückendecks, keine Stabilitätsprüfungen –, reicht nicht unbedingt aus, um den Fall zu entscheiden. Ansell packt seine Koffer und fährt nach St. Augustine, Florida, wo Bob Brown fünf Jahre zuvor die Rumpflinie der *Andrea Gail* veränderte.

Die Werft, St. Augustine Trawlers, ist von der Steuerbehörde geschlossen und verkauft worden, aber Ansell treibt einen früheren Manager namens Don Capo auf und bittet ihn, eine eidesstattliche Erklärung abzugeben. Capo erklärt sich dazu bereit. In Gegenwart eines Notars und Bob Browns Anwalt befragt David Ansell Capo über die baulichen Veränderungen an der *Andrea Gail.*

Befand sich, Ihres Wissens, Sir, ein von Mr. Brown angestellter Schiffbauingenieur an Bord des Schiffs?

Ich kann mich an niemand erinnern.

Wurden irgendwelche Messungen oder Versuche oder Bewertungen vorgenommen, um das dem Schiff hinzugefügte Gewicht zu bestimmen?

Nein Sir.

Wurde die Stabilität anhand von Krängungsversuchen geprüft?

Nein, Sir.

Soweit war Capos Aussage vernichtend. Brown veränderte das Boot, ohne einen Schiffbauingenieur hinzuzuziehen, und brachte es dann wieder zu Wasser, ohne eine einzige Stabilitätsprüfung durchzuführen. Für alle, außer einem Schwertfischfänger oder einem Schiffsschweißer, wäre dies ein ungewöhnliches – in der Tat sogar fahrlässiges – Verhalten, aber das ist es nicht. In der Fischerei ist das so selbstverständlich wie Betrunkene in einer Kneipe.

Wie würden Sie die *Andrea Gail* im Vergleich zu anderen Schiffen beurteilen? fragt Ansell schließlich, in der Hoffnung, jetzt den letzten Nagel zu Browns Sarg einschlagen zu können. Capo zögert nicht einen einzigen Moment.

Oh, absolute Spitze.

Ansells Angriffstaktik ist gescheitert, aber er hat noch andere Möglichkeiten. Zunächst einmal kann er mit Doug Kosco reden, der sechs Stunden vor dem Auslaufen von Bord ging, weil er ein sonderbares Gefühl hatte. Was wußte Kosco? War auf der vorangegangenen Reise irgend etwas passiert? Kosco arbeitet für die A. P. Bell Fish Company in Florida, und wenn er nicht auf See ist, kriecht er gewöhnlich in der Wohnung von einem Freund unter. Er ist schwer zu finden. »Das ist – wie soll ich sagen – ein nomadenhaftes Leben«, meint Ansell. »Diese Burschen kommen nicht pünktlich zum Essen nach Hause; sie sind drei oder vier Monate unterwegs.«

Ansell stöbert Kosco schließlich im Haus seiner Eltern in Bradenton auf, aber Kosco ist so wenig entgegenkommend, daß es schon an Aggressivität grenzt. Er sagt, daß er in eine dreimonatige Depression verfallen ist, die ihn seinen Job kostete und ihn fast ins Krankenhaus brachte, als er das mit der *Andrea Gail* erfuhr. Einmal luden ihn die Eltern von Dale Murphy zum Essen ein, aber er fühlte sich der Sache nicht gewachsen und ging nicht hin. Er hatte Murphy gekannt, genauso wie Bugsy und Billy, und war nur noch von diesem einen Gedanken erfüllt: Eigentlich hätte mich das treffen sollen. Wenn Kosco an Bord gewesen wäre, hätte er vielleicht seine letzten Augenblicke damit verbracht, um sein Leben zu flehen – für dieses Leben, das er jetzt führt. Sein Wunsch wurde in gewisser Weise erfüllt, und das bringt ihn um.

Ansells Fall beginnt sich in Wohlgefallen aufzulösen. Koscos Aussage kann er nicht gebrauchen, weil der Mann ein psychisches Wrack ist; die Küstenwache sagt, daß die Seenotfunkbake einwandfrei funktionierte – obwohl sie den Bericht nicht herausrücken will –, und es gibt keinen endgültigen Beweis, daß die *Andrea Gail* eine schlechte Stabilität hatte. Nach den Richtlinien des Schiffbaus war sie ein seetüchtiges, für ihre Aufgabe geeignetes Boot und sank eher aufgrund höherer Gewalt als durch Bob Browns Fahrlässigkeit. Die Veränderungen am Bootsrumpf können vielleicht zu ihrer Kenterung beigetragen haben, aber sie haben sie nicht verursacht. Sie kenterte, weil sie sich mitten in dem Jahrhundertsturm befand, und kein Richter würde das anders sehen. Ansells Klienten wissen das auch und beschließen, sich außergerichtlich zu vergleichen. Viel werden sie wahrscheinlich nicht bekommen – achtzig- oder neunzigtausend –, aber sie wollen nicht das Risiko eingehen, daß Bob Brown von jeder Schuld freigesprochen wird.

Ansell beginnt über eine Abfindung zu verhandeln, und auch die anderen Klagesachen werden außergerichtlich geregelt. Die möglichen Stabilitätsprobleme der *Andrea Gail* kommen also vor Gericht nie zur Sprache.

Ungefähr ein Jahr, nachdem das Boot untergegangen ist, kommt ein Mann, der genauso aussieht wie Bobby Shatford, ins »Crow's Nest Inn« und bestellt ein Bier. Die ganze Reihe der an der Bar hockenden Stammkunden dreht sich um und starrt ihn an. Einer der Barkeeper ist so schockiert, daß er kein Wort herausbringt. Ethel, die gerade abgelöst worden ist, hat den Mann schon vorher einmal in der Stadt gesehen und erklärt ihm, warum ihn alle anstarren. Sie sehen aus wie mein Sohn, der letztes Jahr auf See geblieben ist, sagt sie. Dort an der Wand hängt ein Foto von ihm.

Der Mann geht hinüber und sieht es sich an. Das Foto zeigt Bobby in T-Shirt, Hut und Sonnenbrille auf der Fischerpier. Er hat die Arme über der Brust verschränkt, neigt sich etwas zur Seite und lächelt in die Kamera. Es wurde an einem Tag aufgenommen, als er mit Chris durch die Stadt spazierte, und er sieht sehr glücklich aus. Drei Monate später war er tot.

Herrgott, wenn ich dieses Foto meiner Mutter schicke, würde sie glauben, daß ich es sei, sagt der Mann. Sie würde nicht einmal auf die Idee kommen, daß es jemand anders sein könnte.

Glücklicherweise ist der Mann kein Fischer, sondern Zimmermann. Wenn er ein Fischer wäre, würde er sein Bier austrinken, sich auf einen Barstuhl setzen und über einiges nachdenken. Männer, die auf Schiffen arbeiten, werden die Idee, daß einige unter ihnen gezeichnet sind und eines Tages von der See zurückgefordert werden, nie los. Das Ebenbild eines Mannes, der gerade ertrunken ist, wäre dafür ein guter Kandidat; und das gälte auch für alle seine Bordkameraden. Der Jonas aus der Bibel war natürlich ein Gezeichneter, und seine Schiffsgenossen wußten das. Murph war gezeichnet, das hat er auch seiner Mutter gesagt. Adam Randall war gezeichnet, aber er wußte es nicht; nach ihm war er eben ein paarmal knapp davongekommen. Nach dem Untergang der *Andrea Gail* erzählte er seiner Freundin Chris Hansen, daß er einen kalten Hauch auf seiner Haut verspürt hätte, als er an Deck damals herumging und ihm plötzlich bewußt wurde, daß keiner von der Besatzung zurückkommen würde. Er hat ihnen jedoch nichts davon gesagt, weil man so etwas an der Küste nicht macht – man erzählt sechs Männern nicht einfach, daß man glaubt, sie würden auf See bleiben. Jeder versucht sein Glück, und entweder man geht unter, oder man schwimmt oben.

Und dann sind da noch die Beinahe-Toten. Kosco, Hazard, Reeves – diese Männer leben ein Leben, das eigentlich schon zu Ende sein müßte, wenn die Umstände nicht eingegriffen hätten. Jeder, der einen schweren Sturm auf See erlebt hat, ist, so oder so, fast einmal gestorben, und diese Tatsache verändert ihn noch lange, nachdem der Wind aufgehört hat zu wehen oder die Wellen zur Ruhe gekommen sind. Wie bei einem Krieg oder einem großen Feuer pflanzen sich die Auswirkungen eines Sturms noch jahrelang, ja oft über Generationen, durch eine Kette von Schicksalen fort. Er bricht ein in den Verlauf eines Menschenlebens, so wie er Breschen schlägt in den Verlauf einer Küste, und nichts ist je wieder so, wie es vorher war.

»Mein Boß brachte mich in einem Hotel unter, und das erste was ich tat, war, daß ich mir drei Gläser Wodka genehmigte«, sagt Judith Reeves, nachdem sie am 31. Oktober in Halifax von Bord der *Eishin Maru 78* gegangen war. (Der Maschinist hatte im Laderaum einige Trossen geriggt, mit deren Hilfe das Ruder manuell bedient werden konnte. Der Kapitän brüllte ihm von der Brücke aus Kommandos zu, und er zog entsprechend an den Trossen; so gelang es ihnen, den Sturm abzuwettern.) »Ich rief meine Mutter an und dann meine Zimmergenossin, und ich machte die ganze Nacht kein Auge zu, weil das Hotelzimmer stillstand und nicht hin und her schaukelte. Am nächsten Morgen war ich zu einem Interview bei der CBS, und dann ging ich zu einem weiteren Interview in die CBC-Studios, und da bekam ich zum ersten Mal Angst. Ich begann zu rauchen und zu trinken, und als ich schließlich zum dritten Interview gehen sollte, war ich ziemlich betrunken. Sie wollten ein Live-Interview mit mir machen, und ich sagte: »Wollen Sie das wirklich?« Zwei oder drei Wochen lang waren die Medien wie verrückt nach mir, es war ja so, daß das ganze Land für mich gebetet hatte, und ich hatte so eine Art Hochgefühl. Aber dann fuhr ich im Dezember nach Hause, um meine Eltern zu besuchen, und kaum war ich dort, überfiel mich eine Depression. Ich verlor eine Menge Gewicht und mußte immer wieder lange Zeit weinen. So ein Hochgefühl kann man nur eine gewisse Zeit durchhalten, und dann bricht man zusammen; endlich wird man dann wieder zu einem ganz gewöhnlichen Menschen.«

Judith Reeves arbeitet weiterhin als Beobachterin in der Fischerei, macht nach einiger Zeit die Bekanntschaft eines russischen Fischers, der auf einem ihrer Boote arbeitet, und heiratet ihn. Karen Stimson, die während des Sturms mehrere Tage lang glaubte, sie würde auf See bleiben, bricht schneller zusammen als Reeves, aber es nimmt sie nicht ganz so schlimm mit. Nach der Rettung bleibt sie erst einmal in der Wohnung einer Freundin in Boston und hält sich von Reportern fern; am nächsten Tag beschließt sie, rauszugehen und einen Cappuccino zu trinken. Sie geht in ein Café um die Ecke, gibt ihre Bestellung auf und zieht dann eine Rolle Geldscheine aus der Tasche, um zu zahlen. Die Scheine sind von Seewasser durchtränkt.

Der Mann an der Kasse sieht ihr ins Gesicht, dann auf die feuchten Scheine und wieder in ihr Gesicht und sagt: Ich kenne Sie, Sie sind die Frau, die man von dem Boot gerettet hat!

Stimson ist entsetzt; sie schiebt ihm das Geld hinüber, aber er winkt nur ab. Nein, nein, das geht aufs Haus. Danken Sie Gott, daß Sie noch am Leben sind.

Danken Sie Gott, daß Sie noch leben … So hatte sie es nie gesehen, aber es stimmte schon, sie könnte jetzt sehr wohl in den kalten schwarzen Tiefen vor der Georges Bank im Ozean treiben. Sie greift nach ihrem Kaffee und läuft schluchzend aus der Tür.

Zwei Wochen nachdem die Suche nach Rick Smith eingestellt worden ist, bekommt Marianne einen Telefonanruf von einem Mann namens John Monte aus Westhampton Beach, Long Island, der ihr erzählt, er sei Hellseher und Rick Smith sei noch am Leben. Er sagt ihr, daß er mit den Leuten auf dem Luftstützpunkt in

Suffolk gesprochen habe und daß sie die Suche wiederaufnehmen wollen.

Marianne wird das Herz schwer. Sie hat zwei Wochen gebraucht, um die Tatsache zu akzeptieren, daß ihr Mann tot ist, und jetzt soll sie wieder von neuem anfangen zu hoffen. Rick kann nicht mehr am Leben sein, aber sie hat Angst, die Leute könnten schlecht von ihr denken, wenn sie von der Suche abrät, und so gibt sie ihre Zustimmung. Die PJs auf dem Stützpunkt sind wegen der gleichen Sache beunruhigt – was wird Marianne denken –, also stimmen auch sie zu. Monte gelingt es, einen örtlichen Anwalt, John Jiraz, für den Fall zu interessieren, und der setzt ein Schreiben an George Hochbrueckner, den Abgeordneten des Staates New York, auf und verlangt, daß die Suche wiederaufgenommen wird. Hochbrueckner leitet das Schreiben an Admiral Bill Kime weiter, den Kommandeur der US-Küstenwache, und der Fall wandert auf dem Dienstweg zurück zu D1 Comcen in Boston. In ihrem Antwortschreiben erläutert die Befehlszentrale, wie gründlich die Suche war und wie unwahrscheinlich es wäre, daß ein Mann sechsundzwanzig Tage im Meer überlebt; der Brief geht auf dem Dienstweg zurück zu Kime. Währenddessen bekommt Marianne von Monte eine Liste mit Pressekontakten, die sie anrufen soll, um den Fall – und natürlich auch ihn selbst – publik zu machen. »Das war das einzige Mal in meinem Leben, wo ich dachte, ich werde verrückt«, sagt sie. »Schließlich habe ich ihm gesagt, er soll verschwinden. Ich konnte es einfach nicht mehr ertragen.«

Nach fast einem Monat ist Marianne Smith allmählich imstande, den Verlust ihres Mannes zu akzeptieren. Solange die Flugzeuge noch hinausgehen, um nach ihm zu suchen, besteht für sie noch ein Fünkchen Hoffnung, und diese Tatsache hält sie wie in einer gräßlichen Vorhölle gefangen. Einige Wochen nach Ricks Tod träumt sie, daß er sich ihr mit traurigem Gesicht nähert und sagt, es tut mir leid, und dann umarmt er sie. Das ist das einzige Mal, daß sie von ihm geträumt hat, und es ist für sie eine Art Abschied. Marianne nimmt ihre Kinder zu einem Trauergottesdienst in Ricks Heimatstadt in Pennsylvania mit, aber nicht zu dem auf Long Island, weil sie weiß, daß dort viele Fernsehkameras die Zeremonie verfolgen. (»Vor einer großen Menge trauern Kinder nicht – sie trauern, wenn sie im Bett liegen und sagen dann vielleicht, ›Ich möchte, daß Daddy mir eine Geschichte vorliest‹«, sagt sie.) Von George Bush erhält sie ein Beileidsschreiben, und auch von Gouverneur Mario Cuomo. Seit sie Witwe ist, entdeckt Marianne, daß viele Menschen sich in ihrer Gegenwart äußerst unbehaglich fühlen; entweder meiden sie sie, oder sie behandeln sie wie eine Art Krüppel. Marianne Smith, die ihren beruflichen Werdegang bei einem F-16-Geschwader begonnen hat, beschließt, sich mit ihrem Witwenstand abzufinden, indem sie sich an der juristischen Fakultät einschreibt und Anwältin wird.

Zusätzlich zu seinen Aufgaben als Fallschirmretter übernimmt John Spillane noch einen Job als Feuerwehrmann in New York City. Eines Nachts, als Alarm gegeben wird, geht aus irgendeinem Grund das Licht nicht an. Er hat schreckliche Angst. Dann findet er sich an der Gleitstange wieder und denkt, »Es ist alles okay, so etwas hast du schon einmal durchgemacht, dreh nicht durch.« Er weiß nur, es ist dunkel, er hat nicht viel Zeit, und er muß schnell nach unten – genau die gleiche Situation wie im Hubschrauber. Als ihm schließlich bewußt wird, wo er ist, stellt er fest, daß er inzwischen seine gesamte Brandschutzkleidung angezogen hat. Er ist hellwach und einsatzbereit.

Der Sturm ist mit den Menschen jedoch noch nicht fertig, hallt noch immer in ihrem Leben wider. Achtzehn Monate nach der Notwasserung zieht ein Nordoststurm brüllend die Küste herauf, den die Meteorologen als »die Mutter aller Stürme« bezeichnen, noch ehe er sich voll entwickelt hat. Er hat ein deutliches Auge, wie ein Hurrikan, und einen unglaublich niedrigen zentralen Luftdruck. Ein Schiff, das seinen Weg kreuzt, beobachtet, wie die Wellenhöhen *in weniger als zwei Stunden* von drei Fuß auf zwanzig Fuß steigen. Der Sturm lädt fünfzig Zoll Schnee auf den Bergen von North Carolina ab und ist verantwortlich für die extremsten barometrischen Werte, die jemals zwischen Delaware und Boston gemessen wurden. Im Golf von Mexiko erreicht der Wind Geschwindigkeiten von 110 Meilen pro Stunde, und die Küstenwache rettet allein in den ersten beiden Tagen 235 Menschen aus Seenot. An großen Teilen der Ostküste gehen die Wellenhöhen über sechzig Fuß hinaus, und erreichen vor der Küste von Neuschottland nahezu hundert Fuß. Die von den Datenbojen aufgezeichneten signifikanten Wellenhöhen – der Durchschnittswert der höchsten dritten Welle – liegen nur wenige Fuß unter denen des Sturms, der die *Andrea Gail* versenkt hat. Nur mit einem ganz knappen Vorsprung behält der »Halloween-Sturm«, wie er seither genannt wird, den Rekord als stärkster *nor'easter* des Jahrhunderts.

Am schlimmsten trifft es die 584 Fuß lange *Gold Bond Conveyor,* den Frachter, der zwei Jahre zuvor den Notruf der *Satori* nach Boston weitergab. Die *Gold Bond Conveyor* pendelt regelmäßig mit Ladungen von Gipsstein zwischen Halifax und Tampa hin und her, und am 14. März, ungefähr hundert Meilen südöstlich von der Stelle, wo Billy Tyne unterging, trifft sie auf »die Mutter aller Stürme«. Sie ist das einzige Schiff überhaupt, das beide Stürme auf ihrem Höhepunkt erlebte, und zufällig sind es zwei der stärksten des Jahrhunderts. Man könnte sehr wohl sagen, daß dieses Schiff gezeichnet war. Am Abend meldet der Kapitän Halifax über Funk, daß Wellen über ihre Oberdecks brechen, und kurz nach Mitternacht meldet er sich noch einmal und sagt, daß sie alle von Bord gehen und das Schiff aufgeben. Die Seen sind hundert Fuß hoch, und der Schnee fegt im Dunkel horizontal heran. Dreiunddreißig Mann gehen über Bord und werden nie mehr gesehen.

Aber es ist immer noch nicht vorüber; einem muß der »Halloween-Sturm« noch auf die Schulter klopfen. Adam Randall hat die ganze Zeit auf der *Mary T.* gearbeitet, aber im Februar läßt Albert Johnston sie zur Überholung aus dem Wasser holen, und Randall muß sich einen anderen Job suchen. Er findet einen auf der *Terri Lei,* einem Thunfisch-Langleiner aus Georgetown, South Carolina. Die *Terri Lei* ist ein großes, schwergebautes Schiff mit einer sehr erfahrenen Mannschaft, sie soll gegen Ende März auslaufen. Chris Hansen, Randalls Freundin, fährt ihn für den Flug nach Süden zum Logan Airport, aber alle Flugzeuge bleiben wegen des Blizzards – der Mutter aller Stürme – am Boden. Er bekommt einen Flug für den nächsten Tag, aber als er dann aus South Carolina mit Chris Hansen telefoniert, sagt sie ihm, daß sie sich Sorgen um ihn macht. Bist du okay? Seine Stimme klingt so merkwürdig.

Ja, mir geht es gut, sagt er. Eigentlich habe ich keine Lust, auf diese Fahrt zu gehen. Aber es wird schon gut werden – vielleicht mache ich ja ein paar Scheine.

Am Abend, bevor sie auslaufen wollen, geht die Besatzung der *Terri Lei* in eine Kneipe und bekommt Streit mit der Besatzung eines anderen Schiffs. Mehrere Männer müssen im Krankenhaus versorgt werden, aber am nächsten Tag, grün und blau geschlagen und mit schmerzenden Gliedern, werfen sie auf der *Terri Lei* die Leinen los und gehen in See. Sie wollen in den tiefen Gewässern gerade außerhalb des Kontinentalsockels fischen, genau östlich von Charleston. Es ist Frühling, die Fische ziehen den Golfstrom hinauf, und mit etwas Glück werden sie die Fahrt nach zehn-, zwölfmaligem Ausbringen der Leine beenden können. In der Nacht zum 6. April, als sie ihr Funkgerät ausgebracht haben, ruft Randall Chris Hansen über den Seefunk an. Sie reden eine halbe Stunde miteinander – das ist nicht billig, Randalls Telefonrechnung beträgt regelmäßig so um die 500 Dollar –, und er erzählt Chris, daß sie etwas schlechtes Wetter hatten, das aber abgezogen sei, und sie ihr ganzes Gerät ausgebracht hätten. Er sagt, er würde sie bald wieder anrufen.

Randall ist schwierig einzuordnen. Er ist ein erfahrener Fischer und Schiffsschweißer, hat aber auch, zu verschiedenen Zeiten, Friseur oder Krankenpfleger werden wollen. Auf einen Arm hat er sich einen Klipper, auf den anderen einen Anker tätowieren lassen, und auf einer Hand hat er eine Narbe von einer Wunde, die er selbst mit Nadel und Faden zusammengenäht hat. Er hat diese langen blonden Haare, bei denen man unwillkürlich an englische Rockstars denkt, hat aber auch den muskulösen Körper eines

Mannes, der hart körperlich arbeitet. (»Man kann mit dem Hammer auf ihn einschlagen, und er kriegt nicht einmal einen blauen Fleck«, sagt Chris Hansen.) Randall sagt, daß er manchmal fühlt, wie Geister um das Boot streichen, die Geister von Männern, die auf See geblieben sind. Sie haben keinen Frieden gefunden. Sie wollen wieder an Bord.

Am nächsten Morgen holt die Mannschaft der *Terri Lei* bei kabbeliger See und böigen Winden die Leine ein. Sie stehen 135 Meilen vor der Küste, und es befinden sich eine Menge Boote in diesem Seegebiet, einschließlich eines Frachters, der von Südamerika nach Delaware unterwegs ist. Um 8.45 Uhr fängt die Küstenwache in Charleston ein Signal von einer Seenotfunkbake auf und schickt umgehend zwei Flugzeuge und einen Kutter hinaus, um die Sache zu untersuchen. Es könnte sich um einen falschen Alarm handeln – die See ist nur mäßig bewegt, und kein anderes Schiff hat Probleme gemeldet –, aber sie müssen trotzdem reagieren. Sie peilen das Funksignal des EPIRB an und entdecken es inmitten herumtreibender Decksausrüstung. Nicht weit davon entfernt schwimmt ein Rettungsfloß mit aufgespanntem Schutzdach, auf dessen Seite der Name *Terri Lei* geschrieben steht.

Vom Boot selbst ist keine Spur zu finden, und auch vom Rettungsfloß gibt niemand ein Signal. Es wird ein Schwimmer abgesetzt, um die Sache zu untersuchen. Er schwimmt zum Floß hinüber, zieht sich an der Sicherheitsleine hoch und sieht hinein. Das Floß ist leer. Niemand hat die *Terri Lei* lebend verlassen.

Maßeinheiten

Faden: Maßangabe für die Wassertiefe. 1 Faden = 1,829 m

Fuß: Längenmaß. 1 Fuß = 30,48 cm

Gallone: Hohlmaß für Flüssigkeiten. 1 Gallone (in den USA gültiger Einheitenwert) = 3,78 l

Knoten: In Knoten wird die Geschwindigkeit eines Schiffes angegeben. 1 Knoten = 1 Seemeile pro Stunde

Meile: Längenmaß. 1 Landmeile = 1,609 km; 1 Seemeile (auch nautische Meile) = 1,852 km

Windstärke nach der Beaufortskala (angegeben in Metern pro Sekunde). Geht von Windstärke 0 (Windstille) bis Windstärke 12 (Orkan; 28,5 bis 32,6 m/s)

Nachtrag zu Seite 257

Ray Leonard war für die Medien nach dem Jahrhundertsturm nicht zu sprechen und auch nicht für den Autor, bis zum Erscheinen dieses Buches. Seither jedoch bestreitet er, daß die Fahrt der *Satori* richtig wiedergegeben ist. Ausdrücklich beharrt er darauf, daß sich seine Crew zu keiner Zeit während des Sturms in Gefahr befunden habe und daß die Küstenwache sie nicht hätte zwingen sollen, das Boot zu verlassen. Zur Untermauerung dessen beruft er sich auf seine eigene langjährige Erfahrung als Segler, die extrem feste Konstruktion des Bootes und auf die Tatsache, daß das Boot den Sturm intakt überstanden hat und schließlich vor der Küste von New Jersey abgeborgen werden konnte. Er sagt, daß sich vor Topp und Takel treiben zu lassen *(laying ahull)* – das heißt, sämtliche Luken zu schließen und sicher in der Koje zu verharren – kein Anzeichen seiner Passivität gewesen sei, sondern, im Gegenteil, eine allgemein akzeptierte Strategie bei schwerem Wetter. Im Widerspruch zu den Erinnerungen des Crew-Mitglieds Karen Stimson besteht Leonard darauf, daß er eine aktive Rolle bei der Führung des Bootes eingenommen habe und daß er erst nach der Ankunft der Küstenwache Alkohol zu sich genommen habe. Daß ihm befohlen wurde, das Boot zu verlassen, so beharrt er, habe seinen Grund darin gehabt, daß seine beiden Crew-Mitglieder unerfahren und verschreckt gewesen seien.

Nachwort

»Es tut mir leid, wie ich mich aufgeführt habe, als wir uns das erste Mal begegneten«, sagte mir Ricky Shatford vor kurzem in einer Kneipe in Gloucester. Das Buch war ungefähr seit drei Monaten im Handel, und die Familie Shatford – und ganz Gloucester – war von einer Welle der Publicity überschwemmt worden. Leute, die den Sommer in ihren Ferienhäusern verbrachten, besuchten »Cape Pond Ice«, die Eisfabrik, Touristen mieteten Zimmer im »Crow's Nest«, die Shatfords wurden auf der Straße angesprochen. »Sie haben über meinen kleinen Bruder geschrieben und damit bin ich nicht zurechtgekommen«, fuhr Ricky fort. »Ich hab' überall rumerzählt, ich würde Sie umbringen.«

Beim ersten Mal brauchte ich eine halbe Stunde, bis ich mich überwand, das »Crow's Nest« zu betreten. Das Problem war nicht die Kneipe selbst – ich hatte schon früher Lokale besucht, in denen es ziemlich rauh herging –, sondern vielmehr der Grund meines Besuchs. Ich wollte hineingehen, um mit einer Frau über den Tod ihres Sohnes zu sprechen. Doch ich war kein Fischer, ich kam nicht aus Gloucester und ich war auch kein Journalist – zumindest nicht in dem Sinne, wie ich diesen Begriff verstehe. Ich war nur ein Mann mit Papier und Stift und einer Idee für ein Buch. Daher schob ich einen Stenogrammblock unter den Hosengürtel, hinten auf dem Rücken, wo er durch mein Jackett verborgen war, und steckte für alle

Fälle ein kleines Tonbandgerät und einen Notizblock in eine Tasche meiner Jeans. Dann holte ich tief Luft, stieg aus dem Wagen und ging über die Straße.

Die Eingangstür war schwerer, als ich erwartet hatte, der Raum war dunkler, und ein Dutzend Leute saßen in der düsteren Atmosphäre und hielten sich an einem Bier fest. Als ich hereinkam, drehten sich alle, ohne Ausnahme, zu mir um und sahen mich an. Ich ignorierte ihre Blicke, ging durch den Raum und setzte mich an den Tresen. Ethel kam zu mir, und ich bestellte ein Bier und sagte ihr, daß ich etwas über gefährliche Jobs schriebe, insbesondere die Hochseefischerei, und daß ich mich gerne mit ihr unterhalten würde. »Ich weiß, daß Sie vor zwei Jahren Ihren Sohn auf See verloren haben«, sagte ich. »Ich wohnte damals in Gloucester und erinnere mich sehr gut an den Sturm. Es muß sehr schwer für Sie gewesen sein. Unvorstellbar schrecklich.«

Allerdings wußte ich nicht, daß zu dieser Zeit ein Gerichtsverfahren lief und Ethel zunächst dachte, ich wäre ein verdeckter Ermittler für Bob Browns Versicherungsgesellschaft. Sie hatte ihn zwar nicht verklagt, aber wenn ein Schiff untergeht, gibt es immer Leute, die Fragen stellen, weil sie versuchen, etwas aus der Sache herauszuholen. In der Tat waren wenige Wochen nach dem Untergang zwei Anwälte im »Nest« aufgetaucht und hatten versucht, Ethel zu einer Klage zu überreden. Sie waren so hartnäckig, daß einige der Jungens am Tresen sich bemüßigt fühlten, sie gewaltsam zum Gehen zu nötigen.

Ethel war freundlich zu mir, wirkte aber zurückhaltend. Sie erzählte, wie sie die lokalen Nachrichten verfolgt und auf eine Meldung über die *Andrea Gail* gewartet habe. Sie berichtete von dem Gedenkgottesdienst und wie die Leute ihr nach der Tragödie beigestanden hatten. Sie lud mich mich zu einem Bier ein und nannte mir die Namen von Fischern, die mir vielleicht weiterhelfen könnten.

Dann verließ ich das Lokal. Es war ein warmer Vorfrühlingstag, in einigen Nordlagen hielt sich noch etwas Schnee, und ein satter, lehmiger Geruch durchzog die salzige Luft, die vom Ozean herüberwehte. Kühlwagen fuhren langsam die Hauptstraße entlang und rangierende Lieferwagen ließen den Kiesbelag auf Roses Parkplatz aufspritzen. Die Gesichter der Männer am Steuer zeigten kein Lächeln. »Das hier ist nicht gerade eine Stadt, die unbedingt will, daß man über sie schreibt«, dachte ich damals. »Diese Männer möchten bestimmt nicht gerne über ihr Leben ausgefragt werden.«

Und bis zu einem gewissen Grad hatte ich damit recht. Die Männer in den Lieferwagen – und die auf den Barstühlen im »Crow's Nest« und diejenigen, die in Seestiefeln und Fischerkleidung die Hauptstraße entlangkamen – hatten keinen besonderen Grund, sich mit mir zu unterhalten. Männer in Arbeiterstädten werden oft von einem harten Pragmatismus geleitet, der keine Sentimentalität erlaubt – wie sie ein Gespräch mit einem Autor verraten würde –, und es ist gewöhnlich schwierig, sie zu einer anderen Haltung zu bewegen. Wäre ich in Gloucester geboren oder hätte ich in der Fischerei gearbeitet, wäre es vielleicht anders gewesen. Aber so war das einzige, was zu meinen Gunsten sprach – abgesehen von der Tatsache, daß Ethel mich zu mögen schien, was mehr bedeutete, als ich ahnte –, daß ich freiberuflich als

Baumbesteiger für Holzfirmen tätig war. Ich wohnte auf Cape Cod, nahm aber gelegentlich Arbeiten in Boston an und verband Fahrten in die Stadt mit Abstechern nach Gloucester, um dort Nachforschungen anzustellen. Am Ende des Tages kam ich dann ins »Crow's Nest«, müde und dreckig von dem Herumklettern auf den Bäumen, und setzte mich auf einen Barhocker. »Hört mal, ich habe nicht die geringste Ahnung von der Fischerei«, sagte ich. »Wenn ihr mir also nichts erzählt, werde ich alles falsch darstellen.«

Das schien zu wirken. Allmählich begannen die Fischer den Mund aufzumachen. Sie erzählten mir, wie ihre Großväter auf den Grand Banks in Dories auf Kabeljaufang gegangen waren. Sie berichteten von Winterstürmen auf der Georges Bank. Sie erzählten mir, wie sie aus diesem oder jenem Grunde – gewöhnlich aus einem sehr guten Grund – von ihren Freundinnen aus dem Haus geworfen worden waren. Und sie erzählten mir von der See. »Sie ist eine wunderschöne Lady«, meinte einer und schwenkte seinen Daumen in Richtung Ozean, »aber sie bringt dich um, ohne auch nur einen Augenblick zu zögern.«

Gewöhnlich hatte ich während dieser Unterhaltungen nur ein Bier vor mir, aber gelegentlich, wenn das Gespräch vielversprechend genug schien und ich das Gefühl hatte, mich mit meinem Gegenüber gut zu verstehen, zog ich den Stenoblock heraus. Sonst ging ich immer mal wieder auf die Toilette, was unter den gegebenen Umständen für gewöhnlich sowieso notwendig war, machte mir schnell ein paar Notizen und ging dann wieder zurück. Wenn ich mich mit jemand wirklich etwas angefreundet hatte, wie zum Beispiel mit Chris Cotter, fragte ich, ob ich das Gespräch mit dem Tonbandgerät aufzeichnen dürfe, möglichst außerhalb des Lokals, wo wir ungestört wären. Für gewöhnlich stimmte mein Gesprächspartner zu. Einer, der bereits zugesagt hatte, versuchte mir zu entwischen, als ich ihm in meinem Wagen durch die Stadt folgte. Ich stöberte ihn schließlich in der »Green Tavern« auf, und wir redeten drei ganze Stunden miteinander. Und einige Leute – wie Ricky Shatford – wollten überhaupt nichts mit mir zu tun haben.

Ricky war voller Zorn über den Tod seines Bruders, wie er mir später erzählte, und an mir konnte er diesen Zorn auslassen. Es paßte ihm nicht, daß ich über seine Familie schrieb, und es paßte ihm auch nicht, daß ich über Dinge schrieb, die ich nicht mit Sicherheit wissen konnte. Die *Andrea Gail* war untergegangen, ohne eine Spur zu hinterlassen. Warum also noch daran rühren?

Unglücklicherweise sprach Ricky genau das aus, was mich selbst bei diesem Projekt verunsicherte. Jedesmal, wenn ich mich in das »Crow's Nest« hineinwagte, fühlte ich mich wie ein Eindringling, und ich hatte mehrere gräßliche Träume vom Untergang der *Andrea Gail*. Einmal träumte ich, ich hätte vor ihrer letzten Reise kleine Löcher in ihren Rumpf gebohrt, um zu sehen, ob sie wohl schwimmfähig bliebe. Ein andermal befand ich mich mit Billy Tyne im Ruderhaus, als sie unterging. Weil ich ein Journalist war, mußte ich dabei aber nicht sterben, sondern sah nur schuldbewußt zu, als wir in das Tal einer weiteren Riesenwelle hinabstürzten. Ich weiß noch, wie ich dachte: »Mein Gott, du hast dir nie klargemacht, wie schrecklich das für diese Männer gewesen sein muß.

Das waren sechs lebendige Männer da draußen, nicht nur Namen in einer Zeitung. Vergiß das nie.«

Den einzigen Traum, der mir wieder etwas Mut machte, hatte ich 1994, nachdem ich für eine Zeitschrift einen Artikel über die *Andrea Gail* geschrieben hatte. Den meisten Leuten in Gloucester hatte der Artikel gefallen, aber es gab natürlich auch die unvermeidlichen ablehnenden Stimmen, und diese beschäftigten mich monatelang. Der Gedanke, daß man selbst dann, wenn man so gut und gründlich wie möglich recherchiert und geschrieben hatte, immer noch Menschen verärgerte, brachte einige meiner langgehegten Illusionen über den Journalismus ins Wanken. In diesem Traum ging ich einen einsamen Strand entlang, als mir aus den Dünen eine Gestalt entgegenkam. Es war Bobby Shatford, der auf mich zutrat und mir die Hand entgegenstreckte. »Sie sind also Sebastian Junger«, sagte er, während er mir die Hand schüttelte. »Ich wollte Sie schon länger kennenlernen. Ihr Artikel hat mir gefallen.«

»Danke, Bobby«, erwiderte ich. »Aus Ihrem Mund will das eine Menge heißen.«

Wir lockerten unseren Griff nicht, wir standen einfach nur da und drückten einander die Hand. Weiter hinten am Strand waren die übrigen Mitglieder der Shatford-Familie bei einer Grillparty. Dorthin war ich unterwegs, aber Bobby konnte nicht mitkommen. Er durfte nicht dabei sein.

Als ich schließlich mit Ricky sprach, kam mir die Situation fast so vertraut vor, als würde ich Bobby Shatford selbst die Hand schütteln. Ricky war Fischer, er war Bobbys älterer Bruder, und er hätte mich am liebsten umgebracht. Derartige Hürden sind nicht leicht zu nehmen. An einem Sommerabend kamen wir jedoch in einer Kneipe in Gloucester ins Gespräch, und er erzählte mir, was es für ihn bedeutet hatte, einen jüngeren Bruder zu verlieren. [Ich hatte in Ricky immer den einschüchternden älteren Bruder gesehen, der in der Stadt herumzog und Streit suchte; jetzt saß er vor mir und sprach über die schmerzlichste Erfahrung seines Lebens. Das war auch für den Zuhörer keine leichte Sache.]

»Als wir noch Kinder waren, standen wir uns alle sehr nahe«, sagte Ricky. »Ich und Bobby und Rusty schliefen zusammen in einem Bett. Bobby arbeitete auf der Werft, Bob Brown baute die *Miss Penny*, auf der Looper dann das Kommando hatte, und ich erinnere mich, wie wir bei ›Rosie's‹ waren und die letzten Vorbereitungen trafen und beim Auslaufen rief ich Bobby, der auf der Fischpier stand, ›HEY BRO‹! zu. Auf dieser Reise gerieten wir in einen der schlimmsten Stürme, die ich je erlebt hab'; das war 1983 und wir waren verrückt; es war Dezember, und wir standen am südöstlichen Ende der Georges Bank und das Wasser war noch warm. Die *Rush* war genau neben uns, und sie verlor alle ihre Fenster. Wir gaben ihnen unser Loran, damit sie wieder nach Hause finden konnten.«

Ein paar Jahre später ging Ricky nach Florida, um dort als Skipper auf einem Haifangschiff zu arbeiten. »Ich kam damals mit den besten Fangergebnissen nach Hause«, erzählte er. »Auf Haie verstand ich mich sehr gut.« Als Bobby und seine Frau sich trennten, lud Ricky ihn ein, nach Florida zu kommen, um dort zu fischen und verschaffte ihm eine Anstellung auf einem anderen Schiff. Einmal erschien der Bootsführer nicht, und der Eigner übergab Bobby das Kommando. Ricky und Bobby fischten eine zeitlang Seite an Seite und verdienten eine Menge Geld, aber dann geriet Bobby in Schwierigkeiten und landete schließlich wieder in Gloucester. »Ich war immer der Meinung, es wäre sicherer, dreißig Tage lang auf den Grand Banks fischen zu gehen, als dreißig Tage an Land zu bleiben«, sagte Ricky. »Bobby und ich hatten da unten in Florida einige Schlägereien, nur ich und er. Wir hatten eine Keule dabei, und Bobby und ich haben das Lokal richtig demoliert – Tische, Stühle, Leute.«

Von Florida aus ging Ricky nach Hawaii. Im Pazifik spielt der Schwertfischfang eine große Rolle, und Ricky übernahm ein modernes 30-m-Schiff mit zwei angestellten Filipinos als Mannschaft. Im September 1991 rief er im »Crow's Nest« an und ließ Bobby an den Apparat holen. »›Bro‹«, sagte er, »ich hab' hier ein großes, wunderschönes Boot; warum kommst du nicht her und gehst mit mir fischen?«

Der Eigner hatte sogar angeboten, Bobbys Flug zu bezahlen, aber Bobby lehnte ab. »Er sagte, er liebe diese Mieze wirklich«, sagt Ricky. »Also sagte ich nur: ›In Ordnung, ich liebe dich, Bruder‹, und er erwiderte: ›Ich liebe dich auch‹. Und das waren die letzten Worte, die wir wechselten.«

Einen Monat später erhielt Ricky die Nachricht von Bobbys Tod. Er hatte zwei Tagesreisen von Hawaii entfernt gerade sein ganzes Gerät ausgebracht und rief die Seefunkvermittlung an, um über Satellit mit dem Bootseigner zu sprechen, der vor Samoa fischte. Die sagte Ricky, da warte ein Anruf auf ihn und verband ihn dann mit seinem Chef. Der Chef sagte ihm, daß Bob Brown eine Nachricht für ihn auf dem Anrufbeantworter seines Assistenten in Kalifornien hinterlassen habe. Oh je, dachte Ricky, ein wartender Anruf, eine Nachricht von Bob Brown – irgend etwas ist mit Bobby passiert.

So war es auch. Der Warteanruf kam von seiner Schwester Mary Ann. Ich liebe dich, Ricky, begann sie und sagte dann, daß Bobbys Boot verschollen sei. »Ich dachte mir gleich, daß sie tot sind«, sagt Ricky. »Also ging ich an Deck und sagte es meinen Leuten; ich sagte: ›Das Boot meines Bruders wird vermißt und ich denke, wir holen jetzt die Leinen ein und machen uns auf den Heimweg.‹ Beim Einholen hatte ich Tränen in den Augen. Ich war voller Zorn auf Gott, daß so etwas passieren konnte. Wir liefen ein und betranken uns, und dann flog ich nach Hause.«

Beim Gedenkgottesdienst traf Ricky Leute, die er seit zwanzig Jahren nicht mehr gesehen hatte – Freunde aus der Grundschule, alte Kumpel aus der Fischerei, Mütter aus der Nachbarschaft. Er blieb zwei Wochen in Gloucester und flog dann wieder nach Hawaii zurück, wo er bei der ersten Reise gleich in einen Sturm geriet, bei dem sein Schiff zwei Fenster des Brückenhauses einbüßte. Alles, woran er denken konnte war, wie sich seine Mutter wohl fühlen würde, wenn sie noch einen zweiten Sohn verlor, und er beschloß, keine so großen Risiken mehr einzugehen. Er würde nicht später als im Oktober auf die Grand Banks hinausgehen, und selbst das Auslaufen im Oktober würde er von Ethels Zustimmung abhängig machen. »Du sollst das entscheiden«, sagte er ihr. Allerdings ließen sich Risiken nur schlecht vermeiden, und von Zeit zu Zeit ertappte er sich sogar dabei, wie er sich vorsätzlich auf riskante Unternehmungen einließ. Nach ein paar Jahren auf Hawaii kehrte er mit seiner Frau, einer Philippinin, nach Gloucester zurück und begann mit einem Mann auf Fischfang zu gehen, dessen Vater auf See geblieben war. Er erzählte, mit ihm habe er es wirklich verrückt getrieben, sie hätten bei wirklich schwerem Wetter bis spät in die Saison hinein gefischt.

»Wir fühlten uns, als könnte uns nichts passieren«, erklärte er mir. »Uns war, als könnte Gott das denselben Familien nicht zweimal antun.«

[Als ich schließlich mit Ricky sprach, war das Buch – entgegen aller Erwartungen – ein Bestseller geworden, und ich war oft in Gloucester, wohnte im »Crow's Nest« und führte Journalisten durch die Stadt. Es war ein seltsames Gefühl. Ich erinnerte mich an Gloucester als einen grauen, felsigen Ort, wo ich mich als Baumbesteiger durchschlug und mich im Alter von dreißig Jahren fragte, in welche Richtung mein Leben wohl gehen würde.] Jetzt war ich wieder dort und gab Fernsehinterviews im »Nest«, während die Stammgäste versuchten, die Scheinwerfer zu ignorieren und weiter ihr Bier zu trinken. Wenn die Leute sagten, ich hätte den Namen der Stadt Gloucester bekannt gemacht, dann antwortete ich, es sei eher so, daß die Stadt Gloucester den meinen bekannt gemacht habe. Es gibt eine ganze Menge Leute – Chris, Ethel, örtliche Fischer –, ohne die ich dieses Buch nicht hätte schreiben können. Hätten sie nicht das Leben gelebt, das sie gelebt haben, und hätten sie sich nicht bereit erklärt, mit mir darüber zu reden, wäre dieses Buch nicht entstanden. So gesehen stehe ich in ihrer Schuld, und in diesem Sinne ist dieses

Buch genau so sehr ihr Werk wie das meine. Schriftsteller wissen oft nicht viel über die Welt, die sie zu beschreiben versuchen, aber das müssen sie auch nicht unbedingt. Sie müssen nur eine Menge Fragen stellen. Und dann brauchen sie nur noch zurückzutreten und die Geschichte für sich selbst sprechen zu lassen.

Sebastian Junger

New York City, 11. Januar 1998

Danksagung

Eine der größten Schwierigkeiten beim Schreiben dieses Buches war es, etwas über die Männer zu erfahren – soweit das überhaupt möglich ist –, die in dem Jahrhundertsturm auf See geblieben sind. Das machte es nötig, mit ihren Freunden und Familien Kontakt aufzunehmen und dadurch Wunden aufzureißen, die gerade erst dabei waren zu heilen. Im Gedanken daran möchte ich der Shatford-Familie, Chris Cotter, Tammy Cabral, Debra Murphy, Mildred Murphy, Jodi Tyne, Chris Hansen und Marianne Smith für ihre Bereitschaft danken, daß sie mit mir über so ein schmerzliches Ereignis in ihrem Leben gesprochen haben.

Diejenigen, die den Sturm überlebt haben, hatten ebenfalls keine einfache Geschichte zu erzählen, und ich bin Judith Reeves, Karen Stimson, John Spillane und Dave Ruvola zu Dank verpflichtet, daß sie mir so offen von ihren Erfahrungen erzählt haben. Ich möchte auch all den Menschen danken, die meine Fragen über die Fischerei beantwortet haben, mich im »Crow's Nest« zum Bier einluden, mir die Möglichkeit gaben, an Bord der Fischerboote zu gehen, und mir, ganz allgemein, etwas über die See beibrachten. Das sind – in keiner speziellen Reihenfolge – Linda Greenlaw, Albert Johnston, Charlie Reed, Tommy Barrie, Alex Bueno, John Davis, Chris Rooney, »Hard« Millard, Mike Seccareccia, Sasquatch, Tony Jackett und Charlie Johnson. Darüber hinaus war Bob Brown so freundlich, mit mir zu reden, trotz der offensichtlich etwas delikaten Umstände im Zusammenhang mit dem Verlust seines Schiffs.

Dieses Material erschien zuerst als Artikel im *Outside*-Magazin, und ich muß mich bei den Herausgebern für ihre Hilfe bedanken. Auch bei Howie Anders und Richard Green in Los Angeles.

Ich bedanke mich bei meiner Familie und meinen Freunden dafür, daß sie eine Rohfassung dieses Manuskripts nach der anderen kritisch gelesen haben, und auch bei meinem Lektor Starling Lawrence, seiner Assistentin Patricia Chui und meinem Agenten Stuart Krichevsky.